海洋资源开发系列丛书
国家科技重大专项、国家自然科学基金、广西八桂学者成果

深海油气采输结构损伤演化机理与安全寿命评估

黄俊　刘欣　符妃　王华昆　余建星　编著

天津大学出版社
TIANJIN UNIVERSITY PRESS

图书在版编目（CIP）数据

深海油气采输结构损伤演化机理与安全寿命评估 / 黄俊等编著. -- 天津 : 天津大学出版社, 2023.7
（海洋资源开发系列丛书）
国家科技重大专项、国家自然科学基金、广西八桂学者成果
ISBN 978-7-5618-7417-2

Ⅰ. ①深… Ⅱ. ①黄… Ⅲ. ①深海－海上油气田－石油开采②深海－海上油气田－油气集输 Ⅳ. ①TE5

中国国家版本馆CIP数据核字(2023)第029955号

出版发行	天津大学出版社
地　　址	天津市卫津路92号天津大学内（邮编：300072）
电　　话	发行部：022-27403647
网　　址	www.tjupress.com.cn
印　　刷	北京盛通商印快线网络科技有限公司
经　　销	全国各地新华书店
开　　本	787mm×1092mm　1/16
印　　张	14
字　　数	340千
版　　次	2023年7月第1版
印　　次	2023年7月第1次
定　　价	59.00元

前　言

作为世界上最大的能源消费国,我国能源问题日渐突出。为保证稳定的能源供应,坚持可持续发展战略,我国正加快深海开发步伐,为实现海洋强国之梦做不懈的努力。《"十三五"国家战略性新兴产业发展规划》明确提出要重点发展深海、远海油气资源开发的工程装备,以保证国家能源安全。南海北部湾地处南海西北部,东临中国的雷州半岛和海南岛,北临广西壮族自治区,西临越南,与琼州海峡和中国南海相连,属于新生代的大型沉积盆地,沉积层厚达数千米,蕴藏着丰富的石油和天然气资源。同时,北部湾是陆地与南海连接的重要通道,对于国家开采南海深海丰富的油气资源具有战略意义。所以,北部湾丰富油气资源的开采以及北部湾和南海深海海域项目的联合开发,对于实现国家战略具有至关重要的作用。

在深海油气资源的开发利用中,浮式平台扮演着无可替代的重要角色。在风、浪、流等海洋环境载荷的作用下,浮体将会产生多种运动及动力响应,尤其是在极端载荷下,会加剧其发生结构破坏失效的可能性。鲁棒性是一种衡量结构抵抗连锁破坏能力的指标,可以用"偶然事件""局部损伤""不成比例破坏"和"失效后果"等四个关键词概括这种结构性质的内涵。随着深海工程技术水平和安全标准的不断提高,常规失效模式引起的结构事故越来越少,而新近发生的案例多是由不可预见的、偶然发生的极端灾害引发的,同时表现出结构设计鲁棒性的不足。例如,2005 年"台风"号张力腿平台(Tension Leg Platform,TLP)在飓风 Rita 的作用下整个上部模块完全倾覆,2010 年美国"深水地平线"平台垮塌,2015 年美国雪佛龙公司"大脚怪"号扩展式 TLP 在墨西哥湾发生筋腱脱落,这些失效损失与起初诱因之间极不成比例的结构鲁棒性问题具有巨大的危险隐患。

深海海底管道及立管是油气输送的主要途径,随着水深的逐步增加,深海油气输送结构占工程投资的比重越来越大,一旦失效将带来不可挽回的损失。随着新材料和涂层的使用,外腐蚀引起的深海油气输送管道腐蚀失效越来越少,但内部腐蚀依然尚未解决。这主要是由于管道内部环境比外部环境复杂得多。原油开采中往往混杂大量的酸性气体(CO_2,H_2S)、水、沥青和固体砂粒,均属于多相流动。多相流导致的不利条件(高剪切应力和固体颗粒效应)严重影响生产率,由此造成的侵蚀-腐蚀(Corrosion-Erosion,E-C)是深海管道失效的主要诱因,探究 E-C 的损伤演化规律及其对深海管道极限承载力的影响是深海技术亟须突破的瓶颈之一。

海洋结构物在实际工况中往往由于风、浪、流的影响导致结构长期承受交变载荷。在交变载荷作用下,关键部位(应力集中的部位)往往发生疲劳破坏。在腐蚀环境中,力学作用和化学作用总是相互耦合的,实际工程构件(如立管、张力筋腱、海洋风机支撑结构)的失效模式往往是腐蚀疲劳,这可能导致显著的结构损伤,缩短使用寿命。腐蚀疲劳是一种失效机制,它是由于材料电化学相互作用的本质以及腐蚀疲劳过程中涉及的环境和大量相关变量相互作用而产生的，目前国内外尚未完全理解。由于影响腐蚀疲劳的因素很多，到目前为止仍没有较完善的能解释腐蚀疲劳机理的理论。水下结构往往长期作业于腐蚀环境下，且往往承受复杂极端载荷的长期作用，因此降低疲劳腐蚀对深海油气采输结构的影响，提高其安全可靠性也是深海技术亟须突破的瓶颈之一。

此外，结构的部分损伤对深海油气采输系统安全性构成潜在威胁，甚至酿成重大的灾难性事件，近十年国内外学者一直致力于寻找一种能适用于复杂结构的整体损伤评估方法，相关研究仍然处于初级阶段，成果还多集中于简单的平面杆、梁、板结构，对于其他结构的研究较少，损伤识别的算法仍有改进的空间，将类似方法应用于海洋油气管道损伤识别的相关研究很少。目前，我国油气管道在渤海、南海等海域已达近 10 万 km，早期铺设的管道在各种环境载荷的影响下会出现各种各样的损伤、缺陷，亟须一套损伤识别检测方法对现役的油气管道进行评估，并为后期的维修、替换提供依据。

作者

2023 年 3 月

目　录

第 1 章　中海油 - 天津大学海洋工程安全与风险防控联合研究院

1.1　海洋工程安全与风险防控联合研究院简介

为加快海洋油气资源勘探开发，践行国家海洋强国战略，积极贯彻落实国家科技创新战略决策，进一步强化校企之间的"产学研用"合作，发挥优势互补，强强联合，实现共赢发展，中国海洋石油集团有限公司（以下简称中海油）与天津大学共同成立了"海洋联合研究院"（以下简称联合研究院），建立了长期、稳定、互信的深层次战略合作关系。

联合研究院以海洋结构及其油气工程为核心业务定位方向，兼顾相关学科发展，围绕解决海洋工程领域的技术瓶颈和难题，注重"提升能力，解决问题"，按照近期、中期和远期三期规划，力争成为有特色的校企共建产学研用一体化平台、有影响力的国家级海洋工程装备技术开发与成果转化平台和高层次人才培养基地。

联合研究院立足校方在海底管道/立管、浮式结构物、寒区/极地海洋工程结构物、海洋岩土、水下焊接与安全评定、海洋结构腐蚀与防护等领域的技术优势，建立了深海海底管道/立管研究室、海上浮式结构物研究室、寒区/极地海洋工程技术研究室、海洋岩土与工程结构研究室等 4 个专业研究室及 1 个综合管理室，可实现海洋工程领域多方向科学研究。

联合研究院科研人员长期从事海洋油气开发系统结构失效机理、风险评估等方面的科研工作，承担过与本项目密切相关的国家科技重大专项项目、国家自然科学基金项目，在"十一五""十二五""十三五"重大专项的研究过程中建立了丰厚的研究基础，具有深厚的试验技术积累与学术理论储备。在海底管道的局部屈曲和屈曲传播机理方面，针对深海高温高压输送环境的特点，研究了深海水下结构屈曲压溃失效理论，进行了大量的全比尺试验，发现国外管道屈曲正交穿越理论具有严重局限性，在国内相关领域产生了广泛的影响；在结构非线性振动研究方面，建立了具有国际领先水平的非线性参激系统动力学分岔理论方法（国际上称为 C-L（Chen-Lang ford）方法），并将理论研究与重大工程应用研究密切结合，提出了大型旋转机械若干重大故障的非线性治理技术，取得了巨大的经济效益；在海洋工程结构安全与风险控制领域进行了较深入的理论研究和试验工作，建立了管道泄漏频率统计模型和火灾爆炸后果模型，结合人员风险值与经济风险值，对高风险管道因素提出了相应的控制措施；围绕深水油气田浮式生产储卸油装置（Floating Production Storage and Offloading，FPSO）+ 水下生产系统 + 外输系统的典型开发模式，针对设计、施工、安装和维护过程以及安全管理、操作等活动，进行了全面风险辨识，采用各种定量方法，如结构系统可靠性理论、大气扩散原理、能量法、计算流体动力学理论等对风险后果进行精确模拟，创新提出了紧急疏散网络图绘制方法，并将安全完整性等级的概念应用到水下隔离系统风险评价中。所承担项目，在中海油研究总院的历次科研课题验收中均获评优秀。

1.2 海洋工程安全与风险防控联合研究院设备简介

1.2.1 深水结构全尺寸超高压及组合加载试验平台

深水结构全尺寸超高压及组合加载试验平台（图 1-1），全长 11.5 m，内径 1.25 m，设计承压能力 80 MPa，可容纳 8 m 长的全尺寸试验管件。为完成水压试验过程，全尺寸深海压力舱配备了电动压力阀和高性能加压泵，还配置了 16 轴液压螺母装置，将旋进和旋紧自锁以及松开螺母改为按钮操作控制，消除了人工旋进和旋紧螺母过程中的操作问题。该装置可以实现高压环境下结构试件的组合加载，包括侧向激振、轴力、弯矩、扭矩，成为国际领先、国内第一的全尺寸多功能深海压力舱。本试验平台可模拟全尺寸构件在深海高压-地震载荷、高压-弯曲载荷、高压-轴向拉压载荷耦合的极端工况，进一步探究深海结构在极端海况下的局部破坏机理，为深海结构防护设计提供依据。

图 1-1　深水结构全尺寸超高压及组合加载试验平台

组合加载装备主要技术参数如下。

(1)最大轴向拉力载荷为 6 000 kN,拉力加载行程为 400 mm。

(2)加载频率为 0.01~0.1 Hz,满足 0.1 Hz 下最大加载幅值 ±50 mm。

(3)轴力加载油缸满足轴力加载同时施加最大水压 60 MPa。

(4)液压泵站轴力加载泵功率为 150 kW,流量为 250 L/min;增加强制油冷凝机冷却功率为 75 kW。

(5)最大双向扭矩为 200 kN·m。

(6)扭力最大加载角度为 ±45°,加载速度为 1°/s。

(7)最大侧向加载力为 50 kN,侧向加载头数量为 3 个,最大加速度为 20 m/s^2。

1.2.2　缩尺比超高压及组合加载试验平台

缩尺比超高压及组合加载试验平台(图 1-2),旨在完成小尺寸构件在不同极限条件载荷下的近似模拟,从而对深海工程结构设计提供数据和参考。目前,该试验舱可以实现静水压力、轴向力、扭转载荷及双向振动的联合作用,试验舱的最大模拟水深超过 10 000 m,并可实现 70 MPa 水压下对管件施加轴向力载荷、扭力载荷以及双向振动载荷。该试验平台的主要基本技术指标如下。

1. 材质

主体材质应为 16MnMo,或抗拉、压、剪性能高于 16MnMo 的材质。

2. 尺寸规格

满足现有试验试件尺寸要求,能够进行长度为 2.3 m、外径为 8~76 mm 的缩尺比管件的试验,管件固定方式有固支和铰支两种,设备最小壁厚不小于 40 mm。

3. 功能

配备数字式试验台控制系统及相应的载荷数据测试、显示和分析系统,能够实现对动态载荷及应变数据的处理与分析。应变采集设备能够同时采集至少 40 路动态应变数据,并显示相应的载荷数据。此外,还设有控制平台压力应变采集仪。

4. 精度

试验时载荷的波动范围不大于 0.5%,测量精度为 ±0.2%FFS,控制精度为 ±0.2%FFS,系统波动值不大于 ±0.5%。

5. 载荷

设备可对管件施加静水载荷、轴向力载荷、振动载荷和扭矩载荷,且各载荷施加系统独立作业,可施加不同形式的载荷组合。其中,最大可施加轴向力不小于 0.9 MN,最大扭矩不小于 0.35 MN·m,可对高压水环境下的管件在管件横截面内两中轴方向施加单点振动、多点振动或面振动,以模拟随机性动态载荷和周期性动态载荷,频率范围为 0.1~40 Hz,振幅为 0~5 mm。

图 1-2 缩尺比超高压及组合加载试验平台

1.2.3 全尺寸深水细长柔性结构疲劳试验平台

全尺寸深水细长柔性结构疲劳试验平台(图 1-3),能够满足长度为 21.5 m、外径最大尺寸达 24 英寸(609.6 mm)试件的疲劳试验。该试验平台具备轴向、弯矩、扭矩及内水压等多种深水载荷的加载能力,其中轴向加载最大可达 3 000 kN,扭矩加载可达 200 kN·m,弯矩油缸加载能力可达 1 300 kN(采用四点弯的形式加载),加载频率最高可达 30 Hz,内水压加载最大可达 60 MPa,且具备水压低频循环加载功能。

联合研究院已建成的立管疲劳试验平台,可进行深水立管、聚酯缆、采矿混输管等海工细长构件的疲劳试验研究,适用范围广,加载载荷种类与深海载荷更加符合,且加载能力、可试验管件的尺寸均达到世界领先水平。该试验平台同时配套世界先进的美国科泰斯特(CORTEST)腐蚀疲劳机,可进行试样腐蚀疲劳测试,能够对深水细长构件疲劳寿命进行腐蚀修正。该试验平台能够验证深水细长构件本体及焊缝是否符合疲劳设计要求,为深海结构物疲劳设计提供依据。

图 1-3　全尺寸深水细长柔性结构疲劳试验平台

1.2.4　深海管线室内三维动态模拟试验系统

联合研究院建立了一套拥有自主知识产权的深海管线室内三维动态模拟试验系统装置（图 1-4），是国内首个、世界第二个，而且尺度最大、功能最全的深海管线模拟试验系统。该装置可进行最大水深 10 000 m 以上，包括所有海洋管线（深海立管、海管、电缆、脐带缆、系泊和锚链）的全过程全方位模拟试验、动态演示和测定。同时，可实现实时计算机数值模拟，记录和比较全过程运动数据，验证海洋管线和平台运动的耦合响应，并进行激光 3D 摄影数字化数据分析，通过三维图像处理和高精度信号测量校正研究管线动态成型和控制技术。

该试验系统的主体结构如下。

（1）运动桁架系统：通过控制升降，实现模拟海面高度变化。

（2）海洋平台运动模拟系统：通过伺服电机控制，实现海洋平台的三维运动。

（3）工作船系统：通过遥控控制，模拟深海管线的铺设作业过程。

（4）管线模拟系统：模拟错综复杂的深海管线系统。

（5）海图系统：反映油气开发项目的海底情况，确定坐标和方位。

（6）同步数值分析系统：通过图像捕捉，建立模拟管线的真实运动形态。

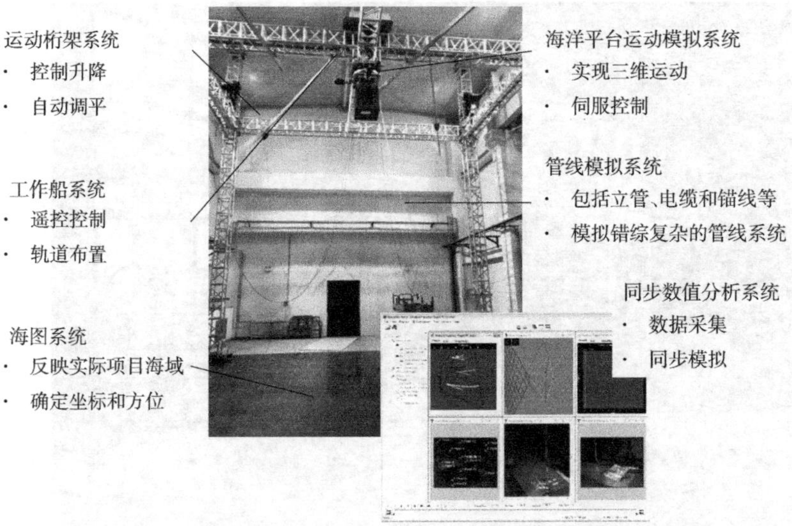

（a）

（b）

图 1-4 深海管线室内三维动态模拟试验系统装置

（a）试验系统构成 （b）运动模拟器及其精度调节

依托本试验平台，可通过在室内开展深海管线系统的三维动态模拟试验研究，对海洋油气田开发中可能存在的突发性灾害进行预测和报警，为油气田开发作业过程中的安全运行提供保障。研究内容和成果可涵盖超深海油气田开发的完整体系设计及分析建造安装检测（从井口到海底采集系统，即海底管道、海洋立管、海上设施，再到外输系统至供给油船和岸上用户终端）；预期获得的成果将填补我国在海洋工程深水管线系统安全运行领域的空白，对我国海洋工程技术与装备的发展具有深远的战略意义。

1.2.5　深水细长柔性结构触地段海床扰动试验平台

浮式结构在波浪、海流作用下，会发生垂荡、纵荡等六自由度运动，导致深水立管等细长柔性输送结构与海床不断接触，引起立管触地段部分应力变化显著、疲劳损伤增大，这是影响立管使用寿命的关键因素。同时，由于浮式结构与海床土体接触过程难以准确还原，立管触地段部分也成为设计过程中的难点与关键点。为探究管土接触机理，明确立管等输送结构应力变化情况，建造深水细长柔性结构触地段海床扰动试验平台，截取实际工程中的触地段部分进行全尺寸试验。

深水细长柔性结构触地段海床扰动试验平台（图 1-5），采用钢框架结构，安装两台 10 t 级天车进行装置及试验管道的运输安装。该试验平台主体结构包括钢筋混凝土试验槽、加载装置及端部弹性支座。试验槽总长 20.0 m、宽 3.0 m、深 2.0 m，为现有试验槽中尺寸最大的。加载装置可在试验槽上滑动，满足不同长度的立管试验需求。加载装置固定后，可对立管端部施加 20 kN · m 的弯矩载荷，并在加载过程中保持转角固定，模拟细长柔性结构触地段位置处截断点的受力、变形状态。在施加弯矩载荷的同时，加载装置可带动立管截断点位置同时发生竖向 ±0.5 m、横向 ±0.5 m 的正弦复杂加载，还原在上部浮体结构带动下结构截断点的运动状态。端部弹性支座可还原结构尾端截断部分对试验部分的约束作用。试验过程中全程记录触地段处管土相互作用情况及管道应力状态。

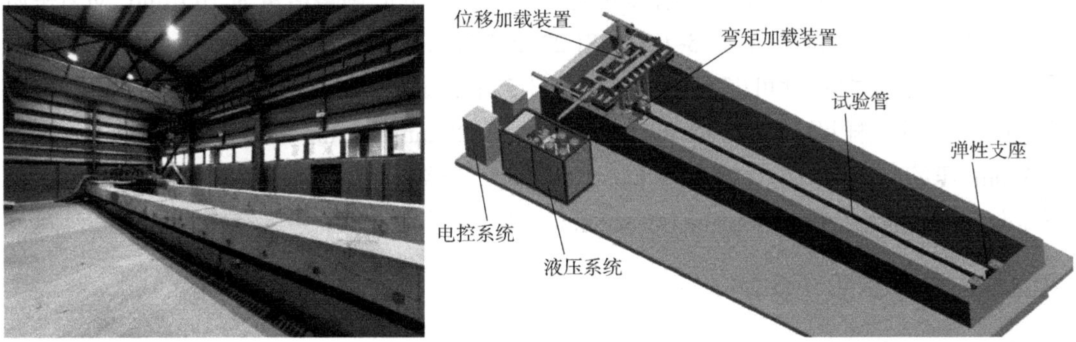

图 1-5　深水细长柔性结构触地段海床扰动试验平台

1.2.6　腐蚀疲劳试验平台

腐蚀疲劳试验平台（图 1-6）配套世界先进的上海百若腐蚀疲劳机和 CORTEST 腐蚀疲劳机。腐蚀疲劳机具备实时更新溶液的水循环系统，慢拉伸、低频疲劳加载功能，可编程加载功能，满足高温（100 ℃）和高压（30 MPa）腐蚀疲劳的需求，具有多种加载波形（三角波、正弦波、随机波、梯形波），可进行试样腐蚀疲劳测试，能够对深海细长构件疲劳寿命进行腐蚀修正，便于探究腐蚀疲劳及裂纹扩展机理，为深海海洋装备腐蚀研究提供依据。

（a）　（b）

图 1-6　腐蚀疲劳试验平台

（a）上海百若腐蚀疲劳机　（b）CORTEST 腐蚀疲劳机

1.2.7　金相抛磨机

联合研究院拥有美国标乐（BUEHLER）AutoMet 250 型金相磨抛机（图 1-7），其兼具可靠性、灵活性和易用性，使日常磨抛操作更简便。AutoMet 250 型金相磨抛机磨盘直径可选择 8 in 或 10 in（1 in = 25.4 mm），磨盘转速为 10~500 r/min，调整增量为 10 r/min，动力头质量为 32 kg，中心力加载力值为 5~60 LBS（22~267 N），单点力加载力值为 1~10 LBS（4~44 N），中心力模式试样尺寸可以为 1 in、1.25 in、1.5 in、25 mm、30 mm、40 mm 及较大不规则样品，单点力模式试样尺寸可以为 1 in、1.25 in、1.5 in、25 mm、30 mm、40 mm，压缩空气管外径为 6 mm，压缩空气压力为 2.4 bar（1 bar=100 kPa），机器耗电量极限为 630 W、5.5/2.7 A，受控标准采用欧洲统一（Conformite Europeenne，CE）认证的 EC 指令。

1.2.8　电化学试验工作站

联合研究院拥有瑞士万通（PGSTAT）302N 型电化学工作站（图 1-8），其是一款模块化、大电流的电化学综合测试仪。PGSTAT 302N 型电化学工作站能够配置大量功能模块和外部设备，满足各种电化学研究的需要，在腐蚀与防护应用领域有良好的应用。

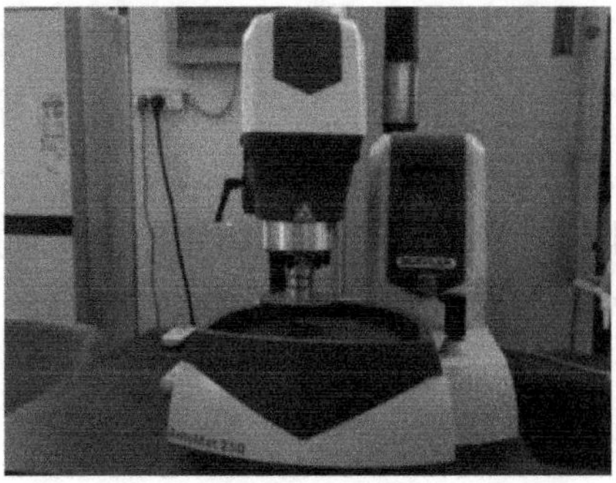

图 1-7　AutoMet 250 型金相磨抛机

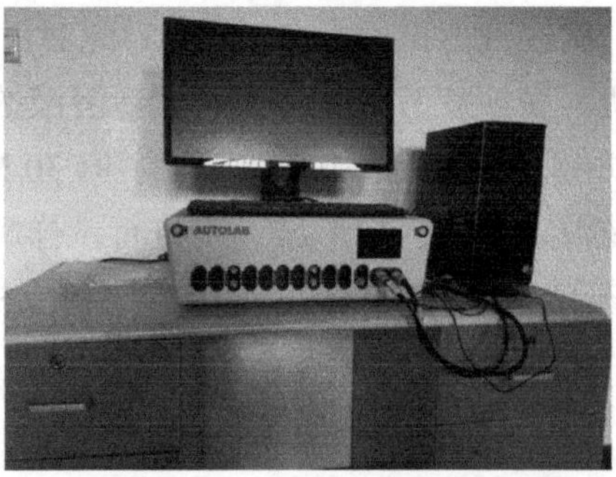

图 1-8　PGSTAT 302N 型电化学工作站

第 2 章　极端载荷下深水浮式平台动力特性与鲁棒性研究

在深海油气开采中，张力腿平台是典型的浮式平台结构之一，通常包括平台浮体、张力筋腱以及立管系统。近年来，深海工程中重大事故频发，往往是由于结构抵抗连锁破坏能力即鲁棒性不足造成的。深海张力腿平台（Tension Leg Platform，TLP）是一个十分复杂的刚柔耦合多体系统，部分筋腱的失效会诱发连续失效进而导致平台倾覆。从张力腿平台-张力筋腱-立管系统的完整耦合系统的动力分析入手，对局部系泊失效下平台系统的动力特性变化及平台失效机理展开研究，完成了局部系泊失效下张力腿平台系统的鲁棒性评估及鲁棒性优化方法的研究。同时，提出了兼具发电功能的张力腿平台模型，基于多体动力学理论，考虑平台本体有限位移、瞬时湿表面、瞬时位置、六自由度运动耦合、自由表面效应和黏性力以及气室空气压缩性等多种非线性因素的影响，建立新系统耦合动力学方程，计算新型张力腿平台在设计海况下的动力响应，分析其是否满足油气生产作业要求，并计算分析不同运行状态、不同浪向角、不同节流孔板开孔率下，新系统的动力响应，探究其运动性能的稳定性，输出不同工况下新系统的发电量，探究其水动力特性及发电性能，为多功能浮式平台设计和海洋波浪能开发提供设计参考。

2.1　TLP-张力筋腱耦合系统局部系泊失效下运动响应模拟及动力特性分析

2.1.1　建立水动力模型及确定求解路线

以一座具有 4 个立柱及 4 个浮箱的经典张力腿平台为研究对象，平台包括张力腿系泊系统及顶部张紧式立管（Top Tensioned Riser，TTR）系统。平台的工作水深为 450 m，属于深水平台。基于选取的目标 TLP，建立一套完整的复合水动力模型。该模型包括三部分，即平台湿表面面元模型、Morison 单元模型及 Tether 单元模型，如图 2-1 所示。

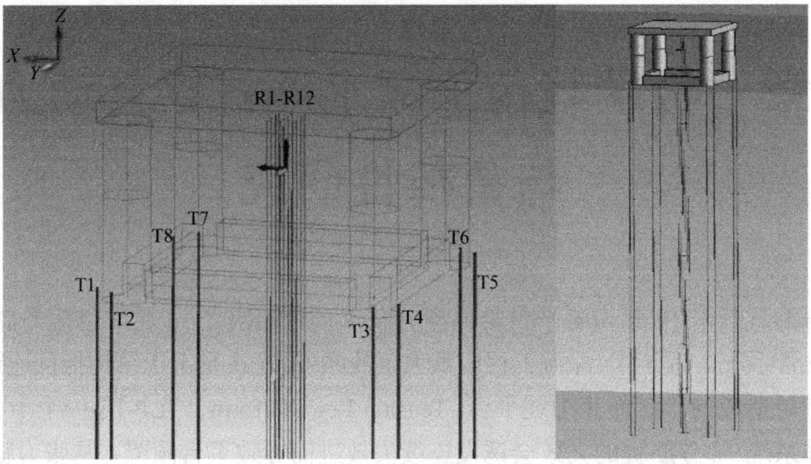

图 2-1 TLP 平台的复合水动力模型

张力筋腱和 TTR 的编号以及平台艏向和环境载荷方向的定义如图 2-2 所示。局部结构坐标系(Local Strultures Coordinate，LSC)固结在平台的质心处,跟随平台一起运动;固定参考系(Fixed Reference System，FRS)设定在模型空间的原点,属于全局坐标系,不随结构运动。风、浪、流的方向在本项目研究中均定义为它们在平面内的方向。在筋腱失效过程中,结构响应更多地取决于环境载荷方向相对于失效筋腱的位置,而非其绝对方向。由于 TLP 结构的对称性,改变环境载荷的方向与改变失效筋腱的位置(编号)存在一定的等效关系。当仅关注 1、2 号筋腱的失效情况时,选取 45° 及 225° 的环境载荷方向,并分别命名为"背浪"方向及"迎浪"方向。

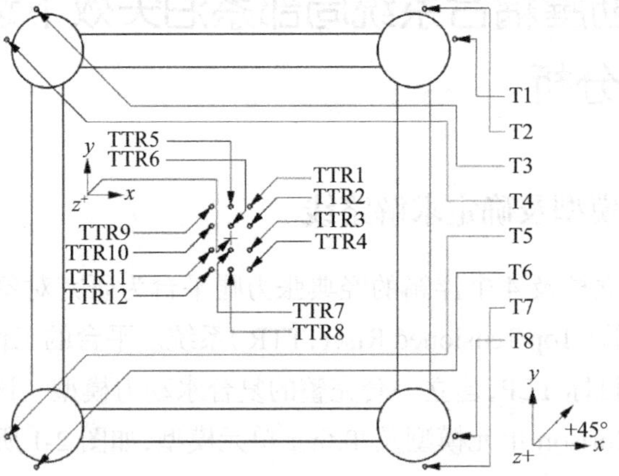

图 2-2 张力筋腱和 TTR 的编号以及平台艏向和环境载荷方向

在时域响应分析中,浮式结构的基本运动方程为

$$\{\boldsymbol{m}+\boldsymbol{A}_\infty\}\ddot{\boldsymbol{X}}(t)+\boldsymbol{c}\dot{\boldsymbol{X}}(t)+\boldsymbol{K}\boldsymbol{X}(t)+\int_0^t \boldsymbol{R}(t-\tau)\dot{\boldsymbol{X}}(\tau)\mathrm{d}\tau=\boldsymbol{F}(t)$$

式中：$\ddot{\boldsymbol{X}}$、$\dot{\boldsymbol{X}}$、$\boldsymbol{X}$分别为浮体质心处的实时加速度、速度、位移，$\boldsymbol{m}$ 为结构质量矩阵，$\boldsymbol{K}$为静水力刚度矩阵，ω_o为所选定的规则波频率，其用来反映结构特性的水动力系数，由时域分析之

前的频域分析得到。求解本项目问题的技术路线如图 2-3 所示。

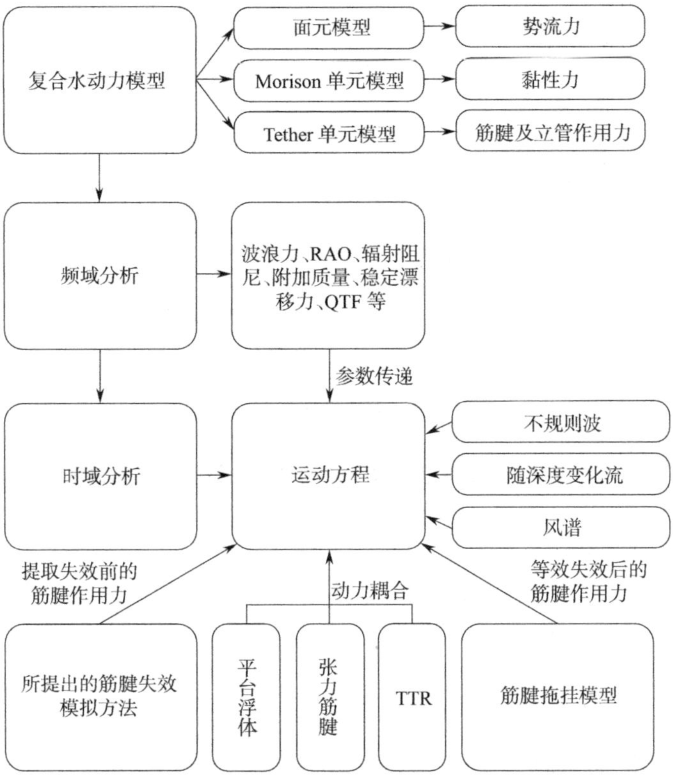

图 2-3 求解本项目问题的技术路线

RAO—响应幅度算符(Response Amplitude Operater);QTF—二阶波浪传递函数(Quadratic Transfer Function)

2.1.2 TLP-张力筋腱耦合系统系泊失效下运动响应模拟

1. 单筋失效下运动响应模拟

在单筋失效工况下,设定 T1 于 250 s 发生失效,并为其他 7 根剩余筋腱设定 225° 迎浪及 45° 背浪条件。当载荷方向为 225° 时, T1/T2 为迎浪筋腱, T5/T6 为背浪筋腱;当载荷方向为 45° 时,反之。

当仅单筋失效时,TLP 仍然在其四角具有 4 根张力腿,失效筋腱的张力在其失效瞬间转移至 T2,整个结构在此情况下仍然具有稳定性。剩余筋腱及 TTR 的有效张力以不同颜色的曲线进行表达,如图 2-4 至图 2-6 所示。当单筋失效发生在迎浪筋腱位置时,对于剩余筋腱的张力冲击相比于单筋失效发生在背浪筋腱位置要剧烈很多。单筋失效发生在迎浪筋腱位置,T2 的张力峰值接近筋腱的破断张力。如果 T2 在这一冲击下不能幸存,那么将形成后文即将进行讨论的渐进性失效工况。单筋失效发生在背浪筋腱位置,T2 的张力峰值要小得多,没有继续破断的风险。而且当单筋失效时,对角线另一侧的筋腱张力会略有下降,但并没有形成筋腱的松弛或屈曲,因为失效筋腱同立柱下的剩余筋腱将阻止此现象发生。在单筋失效时,TTR 张力不会出现大幅增长。

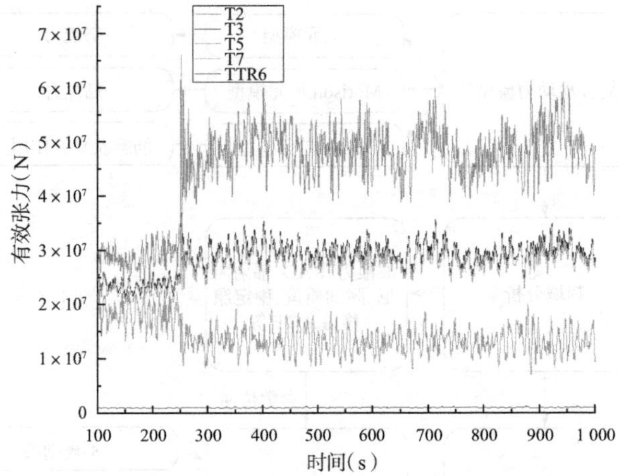

图 2-4 迎浪单筋失效下的筋腱及立管有效张力曲线

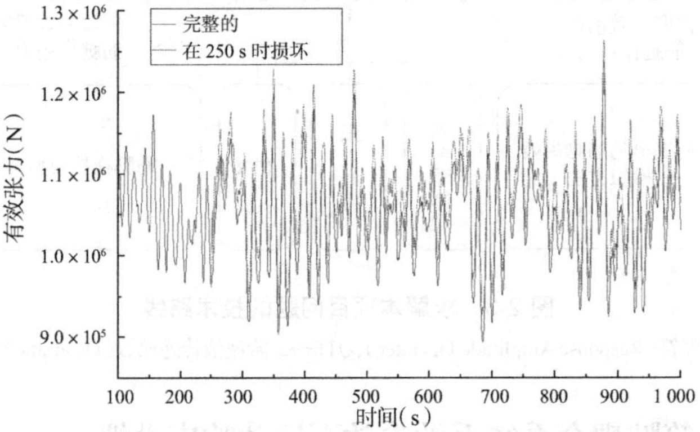

图 2-5 迎浪完整/单筋失效下的 TTR6 有效张力曲线对比

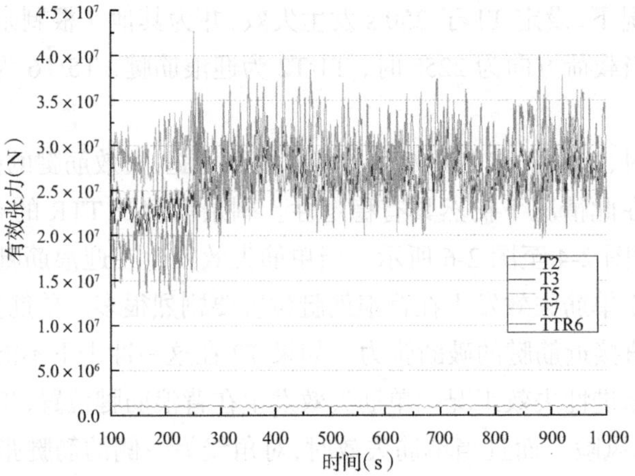

图 2-6 背浪单筋失效下的筋腱及立管有效张力曲线

2. 双筋失效下运动响应模拟

在双筋失效情况下，设定 T1 和 T2 于 250 s 同时失效。当 TLP 失去一条张力腿后（同一立柱下的两根筋腱），结构进入另一种稳定形态，出现了大幅倾斜。在分析中发现，平台的漂移力通常占总横向载荷的 10% 左右，但某些时刻的最大占比可达到 40%，对于一个具有不完整系泊的浮式平台而言，漂移力将放大其水平运动范围，故需要在研究中考虑并计算浮体漂移力。通过对比静水中及极端海况下的筋腱失效情况可以发现，筋腱失效后的平台瞬态效应依赖于具体的环境载荷条件。当筋腱失效发生时，平台的位置越接近其运动极限，失效后的瞬态效应就越小。

在千年一遇的海况下，同一立柱下的双筋失效对于整个 TLP 系统是致命的，尤其是失效发生在迎浪位置时，如图 2-7 至图 2-10 所示，T3 具有很大的继续破断风险。与之相比，背浪位置下的风险将降低很多。在如此恶劣的海况下，一旦失效筋腱多于双筋，其他剩余筋腱将无法继续保持平台的在位稳定性，甚至会出现剩余筋腱的渐进性失效，筋腱也会出现屈曲现象。对于一个完整平台而言，迎浪的筋腱往往承受着所有筋腱中最高的张力。立管方面，最大有效张力达到了 1.6 倍的初始预张力。根据张紧器冲程和刚度的设计资料，这样的冲击足以使张紧器发生 bottom-out 而损坏。

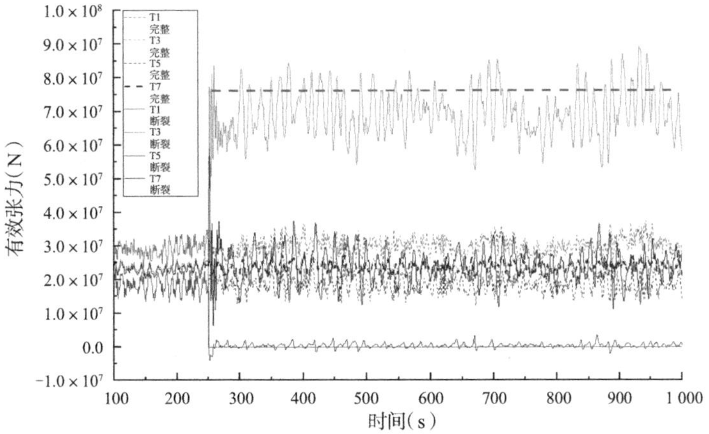

图 2-7　迎浪完整/双筋失效下的筋腱有效张力曲线对比

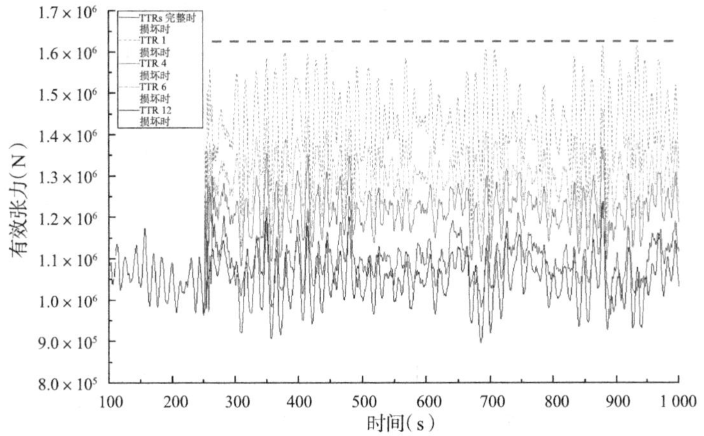

图 2-8　迎浪完整/双筋失效下的立管有效张力曲线对比

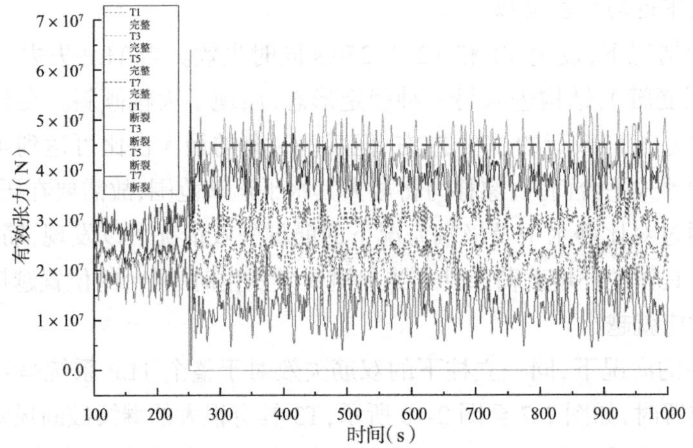

图 2-9 背浪完整/双筋失效下的筋腱有效张力曲线对比

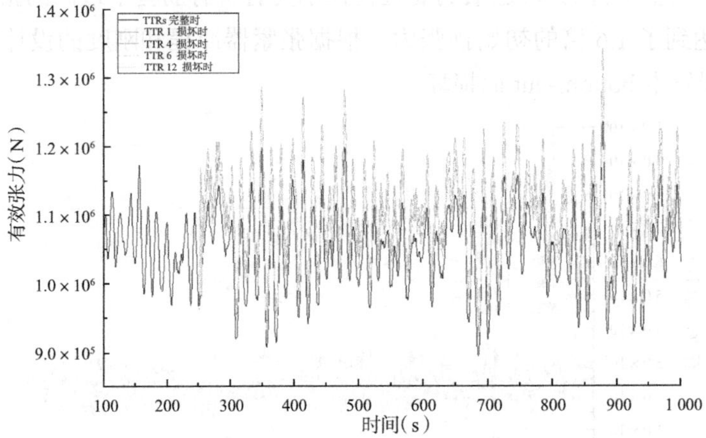

图 2-10 背浪完整/双筋失效下的立管有效张力曲线对比

3. 筋腱拖挂下运动响应模拟

筋腱有两种典型的失效形式:一种是筋腱顶部与平台立柱之间的连接失效;另一种是筋腱底部与海底插座的连接失效,称为筋腱拖挂。前者可以通过直接抑制失效筋腱的模型单元实现,而后者需要在抑制失效筋腱的同时附加拖挂筋腱的计算模型,并以此考虑筋腱失效后仍然存在于平台上的运动及受力影响。

为了对筋腱拖挂工况进行分析,项目组编写了一套 FORTRAN 子程序,并将其编译为 DLL 动态链接库文件,在进行供水动力分析主程序运算时调用。平台的实时运动参数将会被输入子程序,然后由子程序向主程序输出并返回拖挂筋腱的受力情况,以此来完成一次完整的调用过程。该子程序描述了拖挂筋腱对平台的作用力与平台运动之间的实时函数关系。

作为筋腱顶端失效的补充,筋腱拖挂与非拖挂的平台运动响应对比如图 2-11 和图 2-12 所示。由于海流作用在拖挂筋腱上的水平力,平台纵荡方向上的偏移量比非筋腱拖挂时大

0.8 m，占总偏移量的 1.45%。在垂荡方向上，除短暂的瞬态冲击外，拖挂筋腱造成了平台更多的升降 set-down 运动，向下约 0.2 m，占总运动量的 4.44%，这是由于拖挂筋腱自身浮重和其所受侧向载荷的组合作用。总之，当 TLP 处于极端海况下时，拖挂筋腱可能会放大平台的运动响应，但其增长率十分小，以至于无须对该工况进行单独分析。

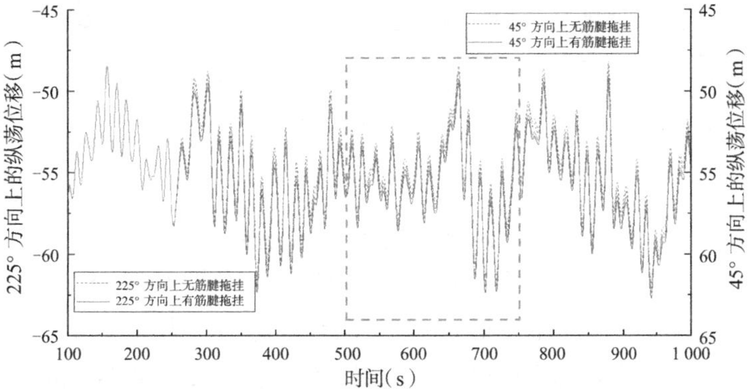

图 2-11　筋腱顶端及底端失效下的纵荡响应对比

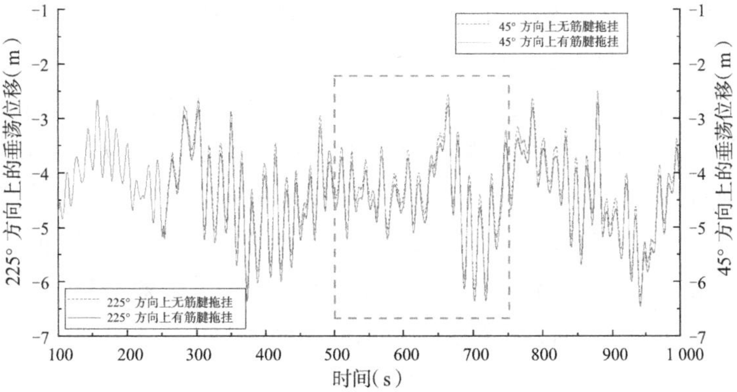

图 2-12　筋腱顶端及底端失效下的垂荡响应对比

2.1.3　局部系泊失效下 TLP-张力筋腱耦合系统的渐进性失效过程分析

筋腱渐进性失效工况主要为迎浪时诱发单根筋腱失效后引起的其他筋腱的自发性陆续失效过程，由迎浪位置筋腱向对角线位置筋腱逐渐推进，直至平台整体性系泊失效。经过计算，背浪情况下同样的诱发条件不会引起筋腱的渐进性失效。通过对比渐进性失效和一次性失效的响应，可以得到一个规律：在分析渐进性失效时，如果两根筋腱失效的时间差足够短，即短到可忽略中间这个瞬态过程，那么便可以使用这两根筋腱的一次性失效来替代这段时间响应。另外，一个初始局部系泊失效可能导致全局性的系泊失效。由渐进性失效的算例可知，在该测试极端海况下， TLP 没有足够的承载能力来抵御发生在关键位置的筋腱失效，并最终发展为一次全局系泊失效，甚至导致平台完全倾覆。

根据筋腱一次性失效的分析结论，选择最危险的 225° 迎浪工况作为渐进性失效工况的环境载荷条件，仍然设定 T1 于 250 s 失效，并将其作为整个渐进性失效的诱导条件。经过数值模拟,整个失效过程可以划分为 3 个阶段,如图 2-13 所示。

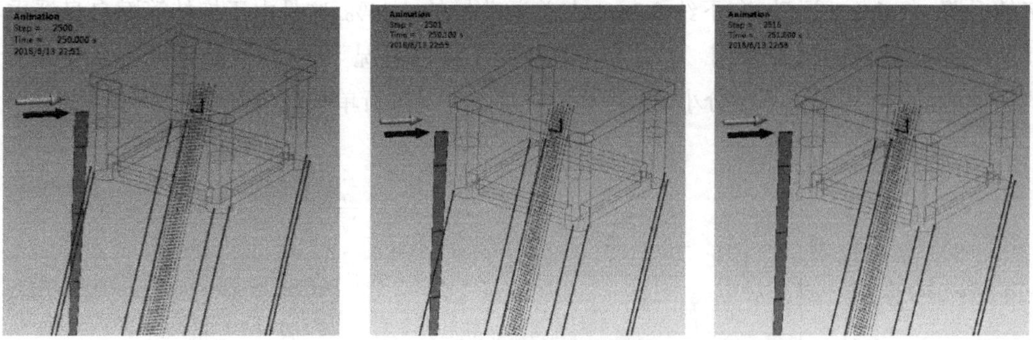

(a) (b) (c)

图 2-13 渐进性失效(迎浪)

(a)完整平台 250 s (b)单筋失效 250.1 s (c)双筋失效 251.6 s

对于千年一遇的海况下一座完整的 TLP 而言,筋腱的张力储备通常在 55%~70%,这是非常充足的张力储备。若使其发生渐进性失效,外界诱导条件是必要的。如图 2-14 所示,在第一阶段中,T2 的破断时刻由其自身的有效张力时程决定,并以此类推。在 251.5 s 时,T2 的有效张力十分接近其破断张力,当 T2 无法继续幸存时,渐进性失效过程就此开始。由于双筋一次性失效与渐进性失效仅存在 1.5 s 的时间差,通过对比两种情况下筋腱的响应曲线发现,只有在 250~300 s 时间范围内,响应才有明显不同,之后便几乎重合。这说明该响应差异实际上源于上述 1.5 s 的脉冲响应,在 300 s 之后,该脉冲响应的能量逐渐被结构所耗散。当研究无须对瞬态响应差异进行关注时,可以采用简化后的一次性失效替代渐进性失效过程进行分析。在这一阶段,T1 和 T2 不再参与对平台的系泊作用,而后 T3 和 T8 被拉伸至极限状态。第二阶段的平台姿态如图 2-15 所示。在 T_2 失效 9.3 s 后,平台出现了绕其对角线大角度的倾斜。一方面,当双筋失效后,立柱周围的超越浮力使平台倾斜;另一方面,倾斜后的平台底面会受到来自波和流的侧向载荷,这会继续加剧平台的倾斜。在这一阶段,平台各自由度的运动出现了明显的增长。在 T3 和 T8 失效后,剩余的筋腱系泊系统将立即进入第三阶段,整体系泊失效。

如图 2-14 所示,整体系泊失效开始于 T3 和 T8 失效之后。当 T4 和 T7 继续失效,在这一极端海况下,平台已失去 8 根张力筋腱中的 6 根,剩余 2 根筋腱没有足够的强度来继续维持平台在位稳定。筋腱渐进性失效的上述 3 个过程描述了一个局部系泊失效如何最终发展为灾难性的整体系泊失效的典型案例。另外,如果第一根失效筋腱在 45° 背浪位置,那么任何其他筋腱都没有继续失效的危险。

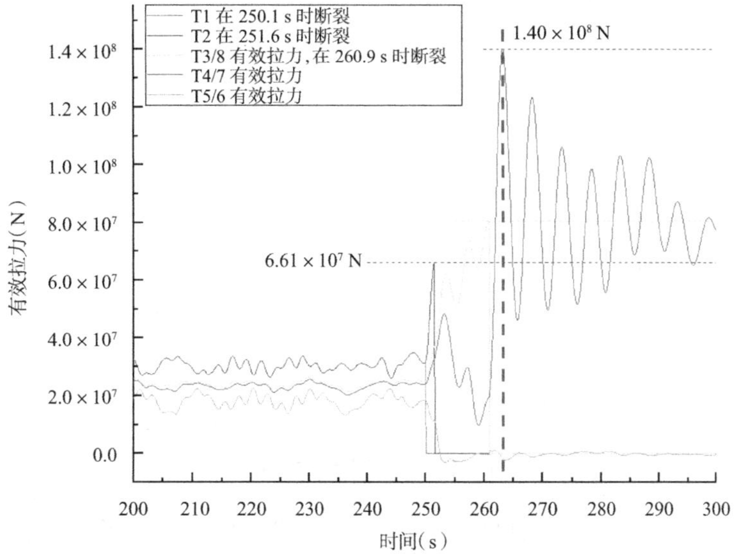

图 2-14 整个渐进性失效过程中的筋腱有效张力曲线(迎浪)

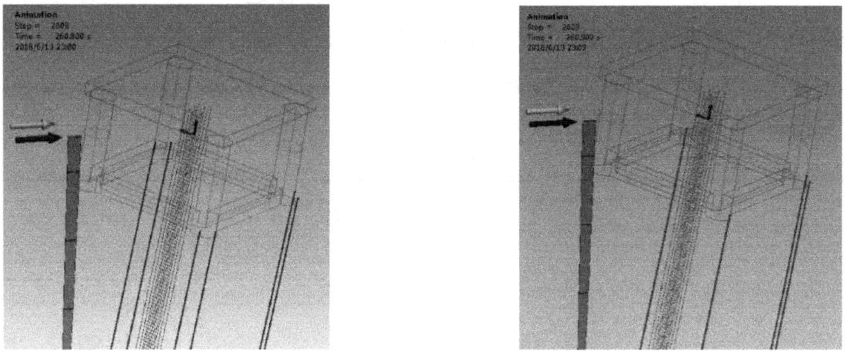

(a) (b)

图 2-15 第二阶段渐进性失效(迎浪)

(a)双筋失效 260.8 s (b)4 筋失效 260.9 s

2.1.4 局部系泊失效下 TLP 复杂运动机理分析

为了分析筋腱失效后稳态响应的变化规律，本研究采用一阶规则波作为环境载荷，忽略包括漂移力在内的所有二阶力的影响。当分析平台在环境载荷下的平衡位置时，可以转化为分析平台在静水中的平衡位置，图 2-16 给出了筋腱失效后平台垂荡的平衡位置。

由图 2-16 可知，T1 筋腱失效后平台垂荡的平衡位置较筋腱完整时提高了 20.2%，T1 和 T2 筋腱同时失效时垂荡的平衡位置较筋腱完整时提高了 93.6%。通过对垂荡平衡位置改变与刚度的对比可以发现，垂荡平衡位置的改变明显大于刚度的改变；通过对筋腱张力的分析可以发现，虽然平台总预张力下降了一小部分，但因为平台静水力减小，使平台整体吃水变浅，再加上某些立柱上的筋腱张力改变较大，导致平台旋转产生不可忽略的倾斜角，由于旋转中心并不在重心位置，所以重心会绕旋转点产生额外的垂向位移。

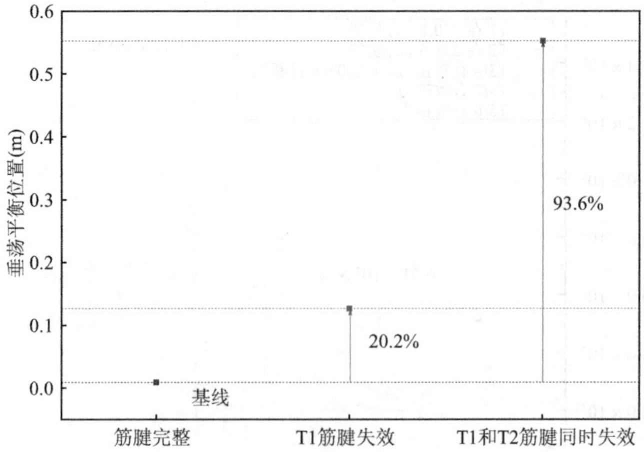

图 2-16 垂荡平衡位置对比

根据图 2-17 对张力的分析,可以认为平台在筋腱失效后经历了两个过程:第一个过程是筋腱失效后,损失的预张力平均分配给剩余筋腱,使平台产生垂向的平移;第二个过程是由于筋腱张力不对称,会产生力矩,使平台绕某个轴转动,在这个过程中重心也会有垂向运动,如图 2-18 所示。经过计算,在 T1 筋腱失效的情况下,转动引起的重心垂向位置的改变约占垂向总位移的 3%;在 T1 和 T2 筋腱同时失效的情况下,转动引起的重心垂向位置的改变约占垂向总位移的 20%。

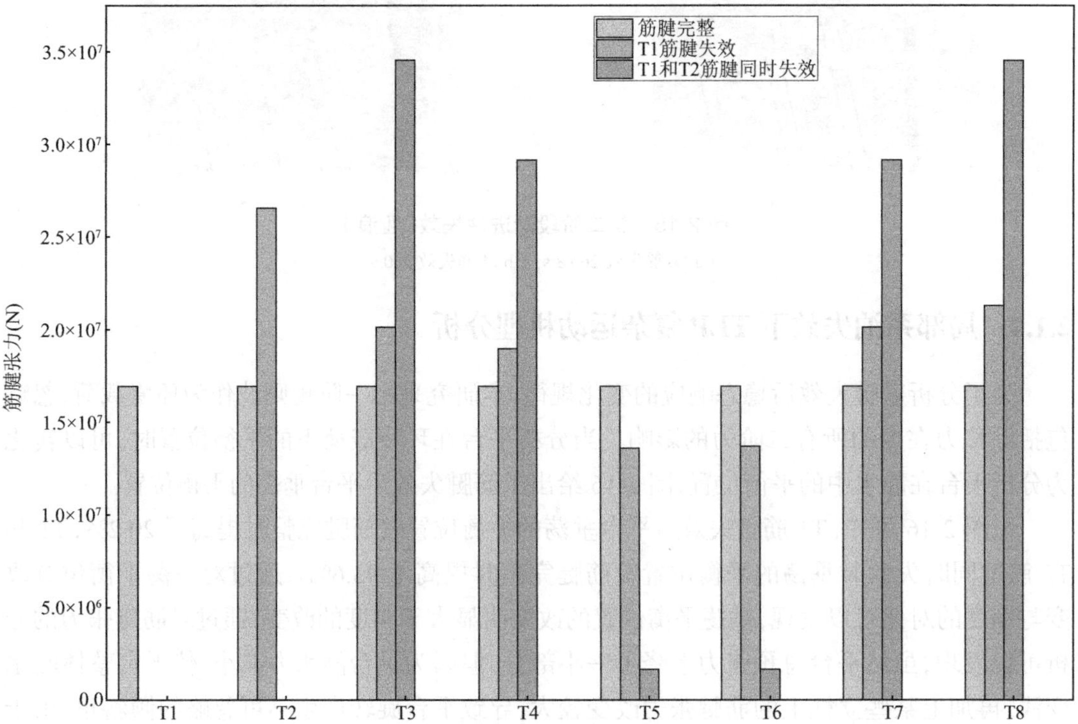

图 2-17 各筋腱张力

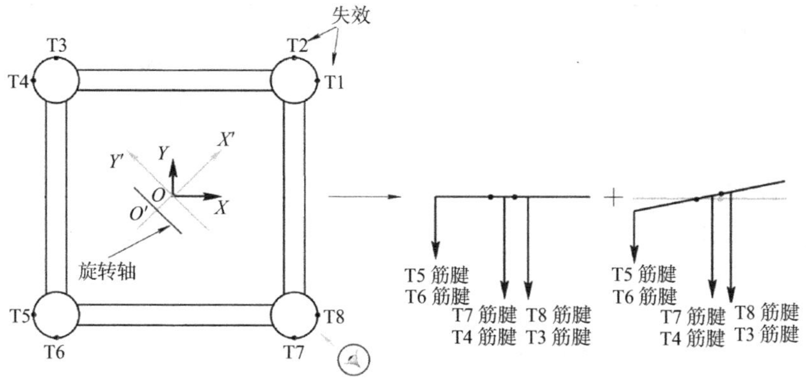

图 2-18　平台静水平衡分析

如图 2-19 所示，根据筋腱完整、单根筋腱失效、两根筋腱失效情况下的垂荡响应对比可知：在环境载荷作用下，平台垂荡平衡位置与静水中基本相同；T1 筋腱失效的平台垂荡幅度较筋腱完整时增大了约 30%，T1 和 T2 筋腱同时失效的平台垂荡幅度较筋腱完整时增大了约 2.7 倍。图 2-19 中显示了筋腱完整和 T1 筋腱失效两种情况下的垂荡运动响应呈线性特点（简谐振动），而当 T1 和 T2 筋腱同时失效后垂荡运动响应中出现了大量高频成分。

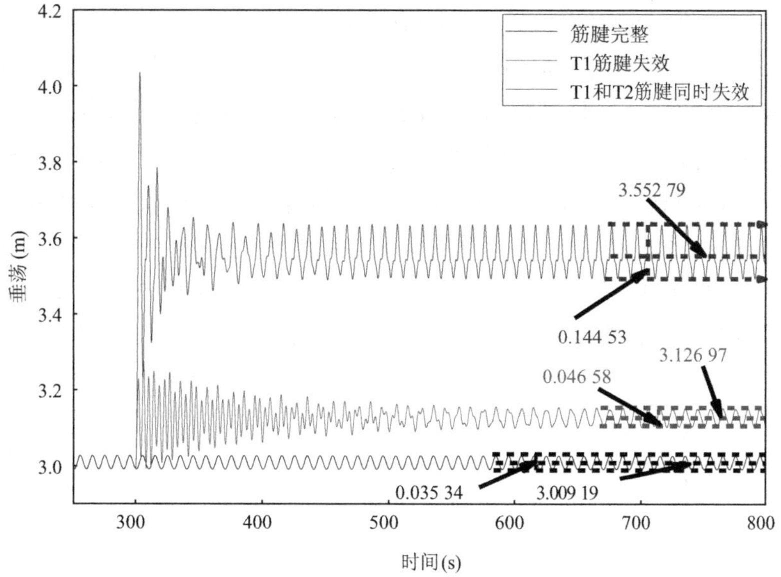

图 2-19　垂荡运动响应

TLP 及其系泊系统本身是一个复杂的非线性系统，但对于筋腱完整和 T1 筋腱失效两种系泊状态，线性部分在垂荡运动响应中占主导作用，非线性并不明显，因此大多数情况下把该弱非线性系统作为线性系统考虑。然而，当 T1 和 T2 筋腱同时失效后，环境载荷激发出结构自身非线性部分的响应，使实际垂荡幅值远大于线性部分产生的幅值。从图 2-20 可以看出，垂荡响应中出现了二倍频和三陪频的响应，分别为波频响应的 25.9% 和 30.9%。

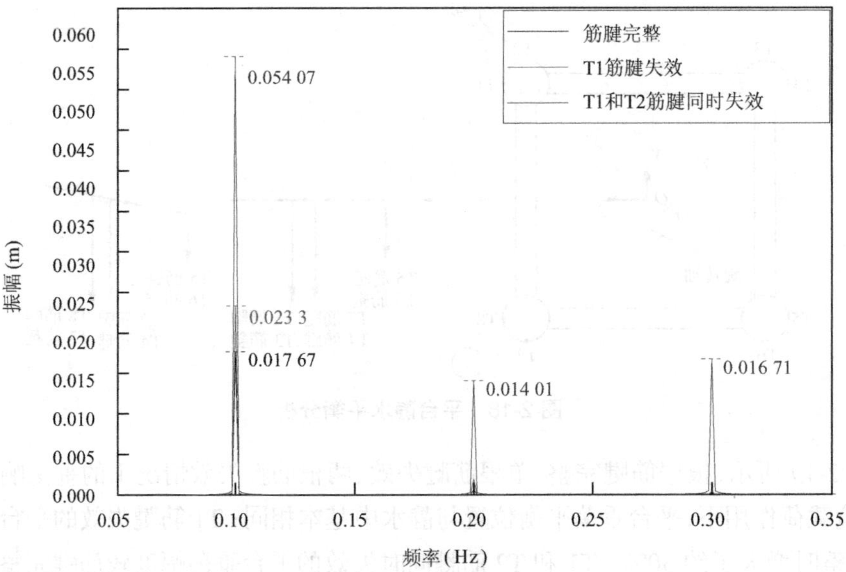

图 2-20 垂荡频谱分析

2.1.5 局部系泊失效下 TLP 运动稳定性研究

针对 T1 和 T2 筋腱同时失效后运动响应的非线性展开分析。张力腿平台的回复力由静水回复力和系泊力共同提供,但由于平台自身回复刚度与系泊线的刚度差了两个数量级,所以系泊系统提供的回复力是平台回复力的主要来源;系统的阻尼力由辐射力和莫里森拖曳力提供。通过分析可知,相较于其他两种力,莫里森拖曳力的量级较小,对平台运动影响较小;垂荡运动响应与辐射力同步,垂荡响应的峰值与谷值和辐射力的峰值与谷值一一对应;虽然运动响应和系泊力同步,但运动的幅值与系泊力的谷值一一对应;虽然结构的静刚度(静水中分析出的刚度)呈现线性的特点,但由于外部载荷的影响,使系泊系统中各筋腱受到随时间不同而变化的外力,最终导致结构的动刚度呈现非线性,如图 2-21 所示。

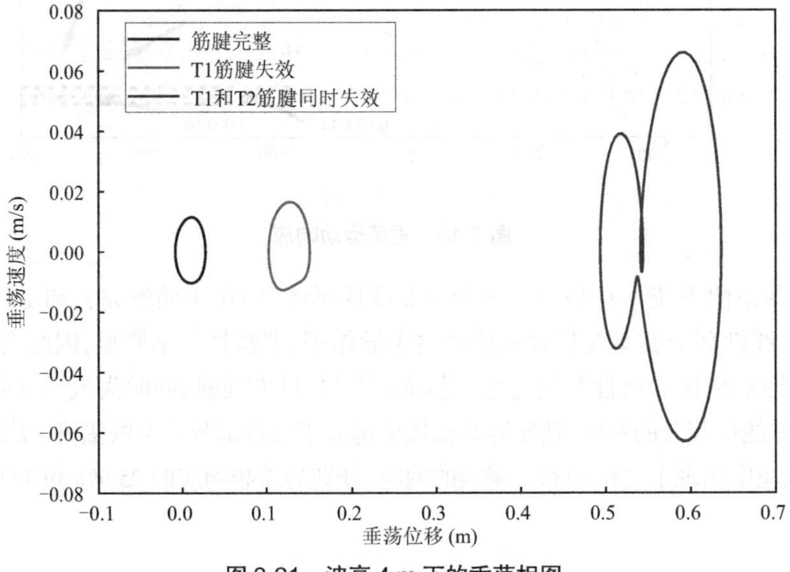

图 2-21 波高 4 m 下的垂荡相图

为了更直观地观察张力腿平台在筋腱失效前后的非线性影响,采用庞加莱映射图(图 2-22)进行分析。在筋腱完整的情况下,庞加莱截面上只有 1 个相点,因此平台垂荡为周期运动;在 T1 筋腱失效的情况下,相图分析表明平台垂荡依然为周期运动,线性部分处于支配地位,非线性因素看作对线性振动的干扰;在 T1 和 T2 筋腱同时失效的情况下,在庞加莱截面上可以发现 3 个相点,因此平台垂荡为 3 周期运动。

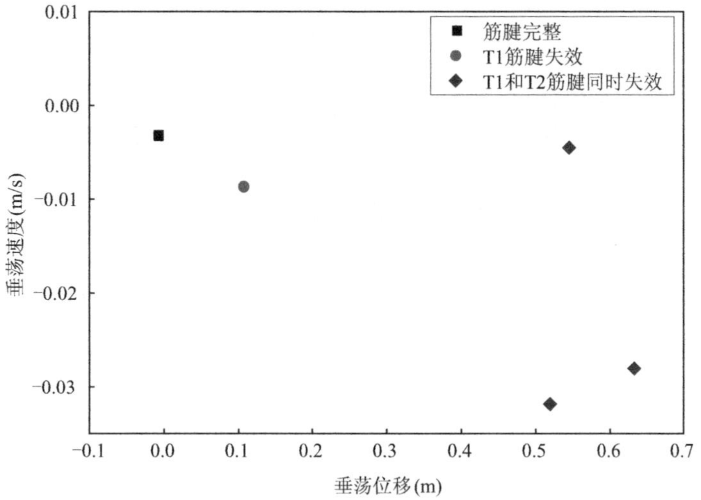

图 2-22　波高 4 m 下的垂荡庞加莱映射图

为了更深入地理解平台在 T1 和 T2 筋腱同时失效下的非线性特点,通过改变波高(H)来观察平台高频响应的变化规律(图 2-23)。当波高为 1 m 时(记为“H1”),平台垂荡相图为一个圆圈,平台的垂荡运动表现为线性特点;当波高为 2 m 时(记为“H2”),平台垂荡相图出现了局部凹陷的现象,二倍频响应出现,但垂荡运动依然为周期运动,非线性部分只能作为对线性响应的微小干扰,其原因为当波高为 1 m 或 2 m 时,波浪能量较小,不足以完全激发出平台的高频响应;当波高为 3 m 时(记为“H3”),平台垂荡相图发生了较大变化,非线性部分开始明显,二倍频成分增加,三倍频成分激增,垂荡响应曲线明显出现非线性部分,平台开始做多周期运动;当波高为 5 m 时(记为“H5”),平台垂荡相图较波高为 4 m 时非线性部分更加明显,非线性部分的轨迹线对线性部分轨迹线的影响加强,平台做 3 周期运动,其原因为垂荡运动方程稳定解中的高频分量为波高的高次方,随着波高的增加,高频响应的幅值会呈现幂次增长。

不同波高下垂荡运动的频谱分析(图 2-24)再次说明,当波高较小时,二倍频和三倍频的振幅较波频振幅可以忽略不计,从图中还可以定量地分析平台高频响应的变化规律。通过拟合发现,二倍频振幅含有波高的二次方,三倍频振幅含有波高的三次方,但由于系数比较小,只有波高足够大,高频成分才能体现出来。从图 2-24 中也能发现随着波高的增加,三倍频增长的速度明显快于二倍频增长的速度。

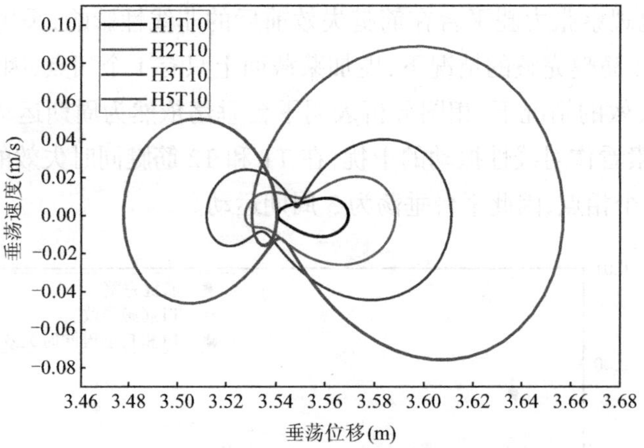

图 2-23　不同波高下的相图

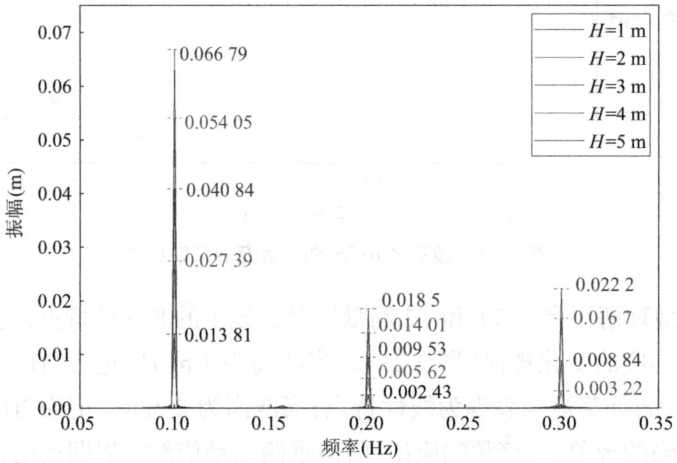

图 2-24　不同波高下的运动频谱分析

下面将对不同波高下该平台系统的回复力进行研究。图 2-25 为不同波高下辐射力和系泊力的频谱分析。由图可知，当波高为 1 m 时，辐射力和系泊力以波频幅值为主，二倍频和三倍频幅值较小，对波频运动的影响可以忽略；当波高为 2 m 时，辐射力的三倍频幅值超过波频和二倍频幅值，系泊力的三倍频成分开始占主导地位，但由于系泊力的波频幅值比辐射力的高频幅值大了一个数量级，使平台依然表现为波频响应；当波高为 3 m 时，辐射力的三倍频幅值约为波频和二倍频幅值的 2 倍，系泊力的三倍频幅值与波频幅值接近，因此平台垂荡响应中三倍频成分出现；当波高为 4 m 时，辐射力的三倍频幅值分别约为波频和二倍频幅值的 3 倍和 2.5 倍，系泊力的三倍频幅值约为二倍频的 3 倍，导致平台的三倍频响应幅值超过二倍频。从频谱分析的整体走势可以发现，系泊力的波频幅值比辐射力的波频幅值大了一个数量级，两者的二倍频幅值大约呈二分之一的关系，系泊力的三倍频幅值大约为辐射力三倍频幅值的 2.4 倍。因此，认为平台的波频运动受系泊系统的影响较大，高频运动由辐射力和系泊力共同作用。

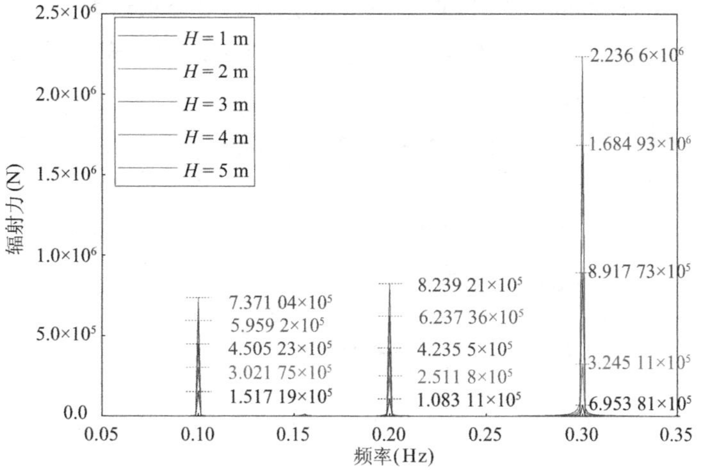

(a)

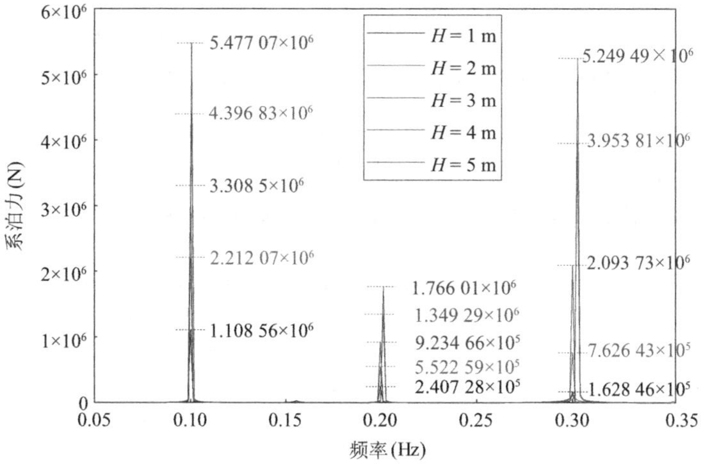

(b)

图 2-25　不同波高下辐射力和系泊力的频谱分析

(a)不同波高下辐射力的频谱分析　(b)不同波高下系泊力的频谱分析

2.2　局部失效对 TLP 浮体-张力筋腱-立管系统耦合系统下立管响应研究

深水 TLP 的立管张紧器局部失效问题是继平台局部系泊失效问题后又一个值得加以补充研究的问题。张力筋腱和立管都是与 TLP 浮体相连的重要结构,而立管张紧器的偶然局部失效会像张力筋腱失效带给平台变化那样带给张紧器和立管明显变化。

2.2.1　TLP 浮体-张力筋腱-立管系统耦合系统响应特性研究

以一座具有 4 个立柱及 4 个浮箱的经典张力腿平台为研究对象,包括其张力腿系泊系统及顶部张紧式立管(Top Tensioned Riser,TTR)系统。目标平台的工作水深为 450 m,属于深水平台范围。基于选取的目标 TLP，建立一套完整的复合水动力模型，该模型包括三部分，分别为平台湿表面面元模型、Morison 单元模型及 Tether 单元模型，如图 2-26 所示。

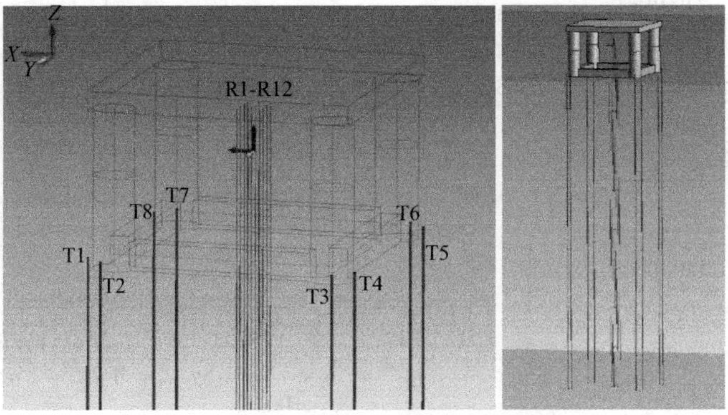

图 2-26　TLP 平台的复合水动力模型

在本问题的时域分析中，将平台上部浮体及张拉环以上的 TTR 管节视为两个刚体，将张力筋腱及张拉环以下的 TTR 作为柔性体进行建模。张力筋腱将平台上部浮体连接至海底。张拉环以下的 TTR 是指立管在张拉环与海底之间的部分。四油缸张紧器模型通过相互作用力将张拉环以上的立管部分与平台上部浮体相连。

如图 2-27 所示，构建全耦合系统的求解模型，求解技术路线如图 2-28 所示。

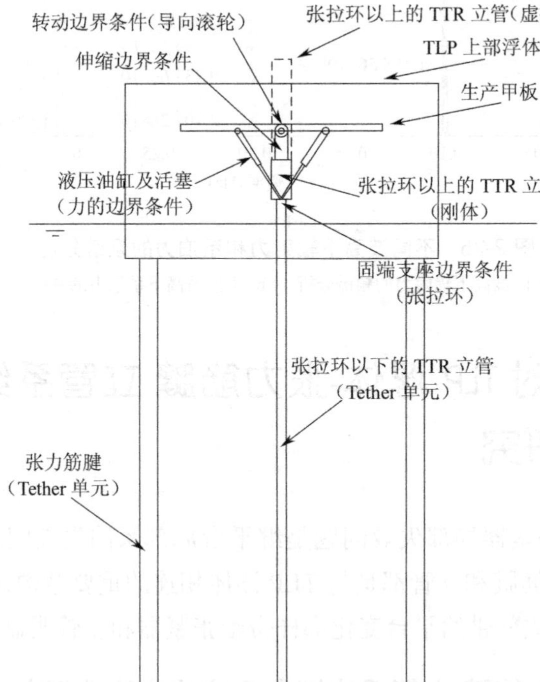

图 2-27　全耦合系统的模型构建

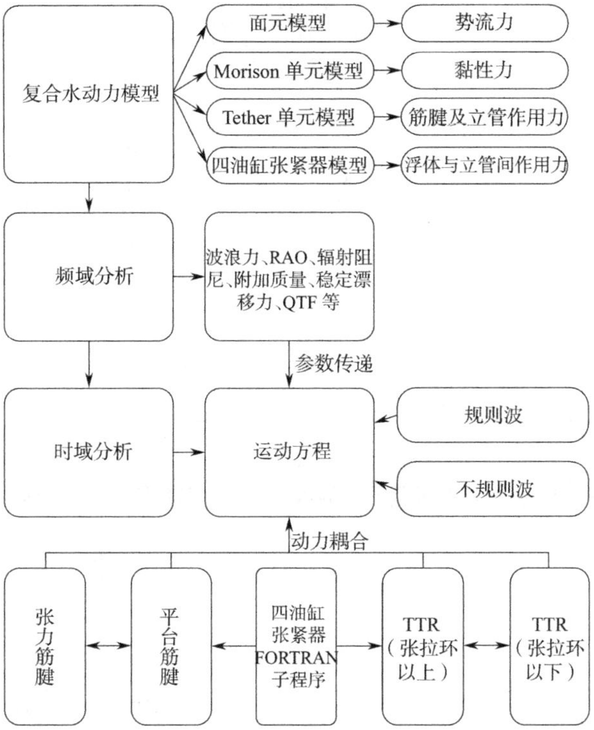

图 2-28　构建及求解全耦合水动力模型的技术路线

液压油缸张力模型应用于每一对油缸和活塞之间。该模型定义了沿冲程方向的张力与油缸-活塞相对运动（例如冲程位置及冲程速度）之间的关系。

$$T(x_{\text{stroke}}, v_{\text{stroke}}) = T_{\text{stroke}}(x_{\text{stroke}}) + T_{\text{strb}}(v_{\text{stroke}}) + T_{\text{visc}}(v_{\text{stroke}})$$

式中：x_{stroke} 为某一活塞的冲程位置；v_{stroke} 为活塞的冲程速度；T 为单个油缸来自上述三种成分的张力总和；T_{stroke} 为基于冲程位置的张力；T_{strb} 为斯特里贝克（Stribeck）摩擦力；T_{visc} 为润滑油的黏性摩擦力。

通过模拟规则波海况及不规则波海况，对所建立的全耦合系统进行分析。使用联合北海海浪大气计划（Joint North Sea Wave Atmosphere Program，JONSWAP）谱生成不规则海况。为了获得不同海况下的张紧器行为，选取了不同波浪周期、波幅及浪向下的规则波（10 s，10 m，0°）。在规则波作用下，张拉环在张紧器中的水平及竖直偏移量如图 2-29 所示。导向滚轮和张拉环在 FRA 中的水平及竖直偏移量如图 2-30 所示。立管冲程和不同油缸冲程位置的时间历程如图 2-31 所示。不同油缸张力变化的时间历程如图 2-32 所示。

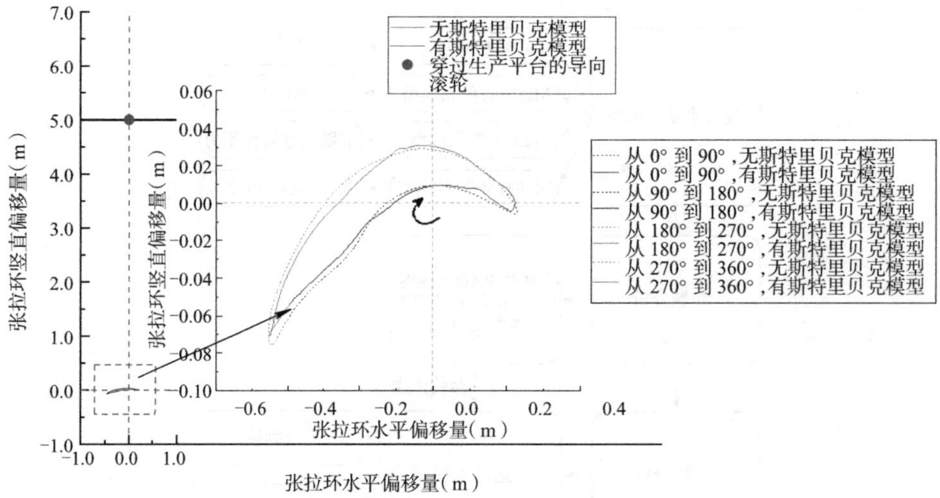

图 2-29 张拉环在张紧器中的水平及竖直偏移量(基于波浪相位)

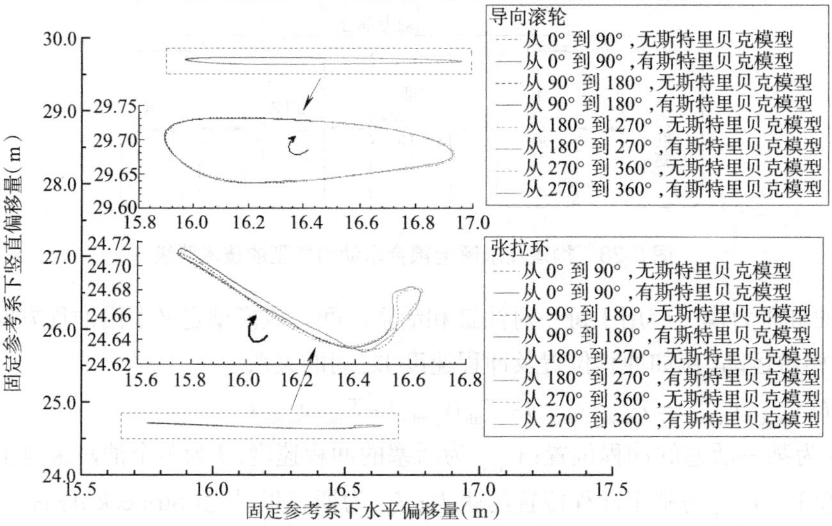

图 2-30 导向滚轮和张拉环在 FRA 中的水平及竖直偏移量

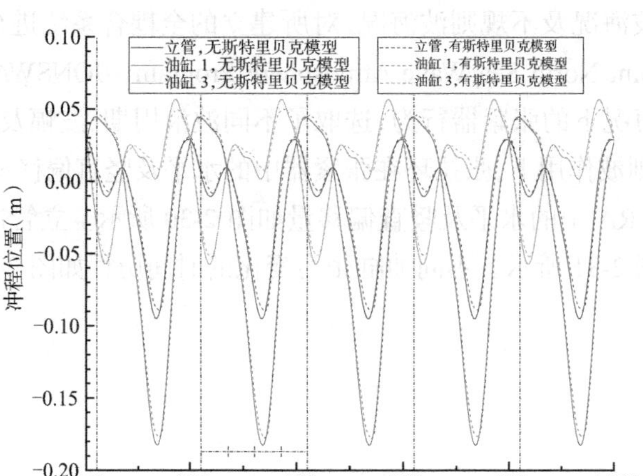

图 2-31 立管冲程和不同油缸冲程位置的时间历程(10 s,10 m,0°)

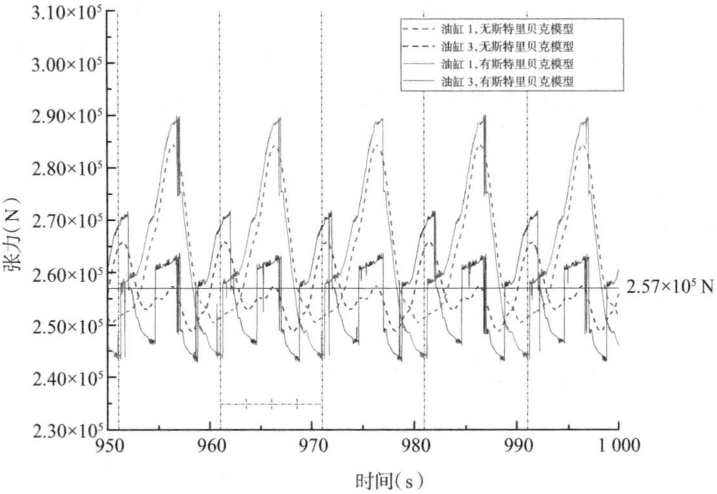

图 2-32　不同油缸张力变化的时间历程(10 s,10 m,0°)

在 TLP 全耦合模型水动力响应分析中,首先,张紧器为 TTR 提供的轴向力及为其提供的侧向回复力都很重要,对张拉环的运动具有很大影响,所以考虑液压气动式张紧器的详细构造是十分必要的;其次,在一个 TLP-TTR 耦合系统中,张拉环的具体运动对波浪条件的依赖性很强, TTR 的运动是其摆动运动和轴向运动的组合运动,张拉环以上较大质量的惯性将放大立管的摆动运动,因此考虑张拉环以上的 TTR 很关键;再次,张紧器提供张力的所有剧烈波动完全由 Stribeck 摩擦模型导致,当张紧器提供的张力过小时,使用该摩擦模型得到的结果将偏离真实情况;最后, Stribeck 摩擦模型对张紧器张力的影响要大于其对张拉环运动的影响。

2.2.2　带液压气动式张紧器的顶张式立管的动力响应特性研究

整个张紧器的液压气动系统形成一个动态的密闭结构。在平台运动时,张紧器的液压缸随平台一起运动。由于活塞杆底部与张力环连接,活塞与液压缸之间发生相对运动。在这个过程中,各部分结构的体积、压强等参数随之发生动态变化,进而引起张紧器的张力变化。下面先对液压缸、高压蓄能瓶、油管分别建立控制方程,然后组合得到整个张紧器液压气动系统的张力计算模型。在数学模型的推导过程中,假设气体压缩过程为绝热过程。

1. 液压缸

液压缸内活塞和活塞杆的受力如图 2-33 所示。根据牛顿第二定律,活塞和活塞杆的垂向运动方程为

$$M\ddot{y}_{\rm p} = -T + p_{\rm o}(A_{\rm p} - A_{\rm r}) - p_{\rm l}A_{\rm p} - Mg + F_{\rm f}$$

式中: M 为活塞和活塞杆的质量; $\ddot{y}_{\rm p}$ 为活塞和活塞杆的绝对加速度; T 为活塞杆的张力; $p_{\rm o}$ 为液压缸下油腔的瞬时压强; $p_{\rm l}$ 为低压氮气的气体压强, $A_{\rm p}$ 为活塞的面积; $A_{\rm r}$ 为活塞杆的面积; $F_{\rm f}$ 为活塞与液压缸之间的摩擦力。

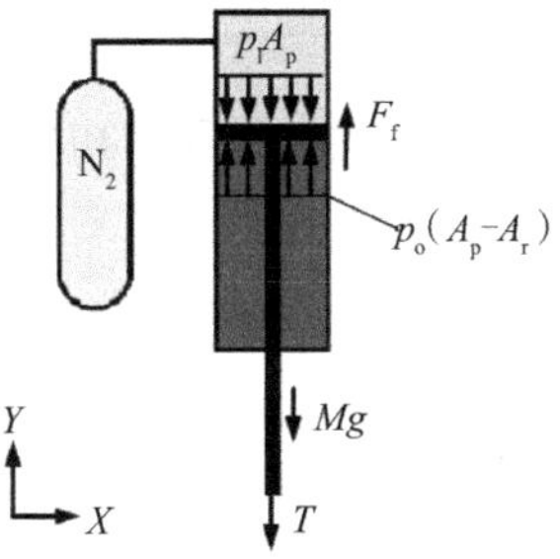

图 2-33　液压缸内活塞和活塞杆的受力

假设低压氮气为理想气体，且气体状态变化过程与外界无热交换（即为绝热过程）。令(p_{10},V_{10})表示初始状态下低压气体的压强和体积，(p_1,V_1)表示任意工作时刻低压气体的压强和体积。根据热力学定理，低压气体的压强与体积有如下关系：

$$p_1V_1^k = p_{10}V_{10}^k$$

式中：k为气体的绝热指数。

进一步可得低压气体在任意时刻的压强计算公式为

$$p_1 = \frac{p_{10}V_{10}^k}{V_1^k} = \frac{p_{10}V_{10}^k}{(V_{10}-A_p s_p)^k}$$

式中：s_p为活塞冲程，$s_p = y_p - y_c$，其中y_p为活塞和活塞杆的位移，y_c为液压缸（或平台）的位移。

液压缸的缸筒与活塞存在相对运动，它们之间的摩擦力对张紧力有很大影响。本书使用 Stribeck 模型计算摩擦力F_f，公式如下：

$$F_f = [F_c + (F_s - F_c)\exp(-\frac{|\dot{s}_p|}{v_s})]\mathrm{sign}(-\dot{s}_p) - k_v\dot{s}_p$$

式中：F_c为库伦摩擦力；F_s为最大静摩擦力；v_s为 Stribeck 速度，是经验常数，其取值决定了润滑摩擦曲线的形状；$\dot{s}_p$为活塞冲程速度，当$\dot{s}_p$变号时摩擦力方向发生变化；k_v为黏性摩擦系数。在相对滑动速度较低的范围内，该模型描述了摩擦力随着相对速度的增加反而下降的现象。

2. 高压蓄能瓶

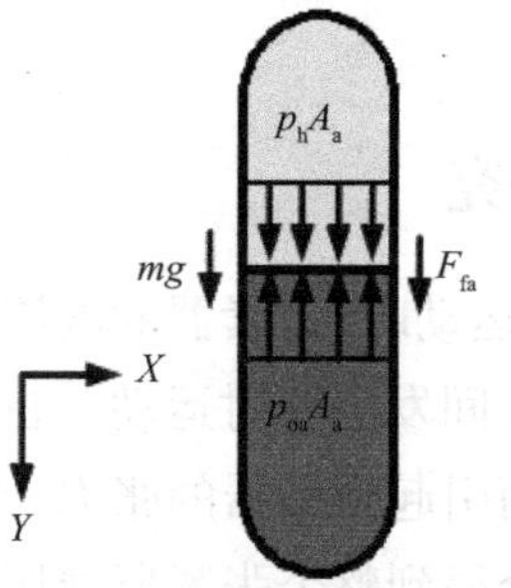

图 2-34 高压蓄能瓶内活塞的受力

图 2-34 所示为高压蓄能瓶内活塞的受力。根据牛顿第二定律，活塞的控制方程为

$$ma_a = -p_{oa}A_a + p_hA_a + mg + F_{fa}$$

式中：m为活塞的质量；a_a为活塞的加速度；p_{oa}为下油腔的瞬时压强；p_h为高压氮气的气体压强；A_a为活塞的面积；F_{fa}为活塞与蓄能瓶内壁之间的摩擦力。

假设高压蓄能瓶中的氮气为理想气体，且气体状态变化过程为绝热过程，任意时刻的气体压强为

$$p_h = \frac{p_{h0}V_{h0}^k}{V_h^k} = \frac{p_{h0}V_{h0}^k}{(V_{h0}+A_a s_a)^k}$$

式中：p_{h0}、V_{h0}分别为初始状态下高压气体的压强和体积；s_a为活塞相对于高压蓄能瓶内壁的位移。

活塞与高压蓄能瓶内壁的摩擦也采用 Stribeck 模型进行计算：

$$F_{fa} = [F_{ca} + (F_{sa} - F_{ca})\exp(-\frac{|\dot{s}_a|}{v_s})]\mathrm{sign}(-\dot{s}_a) - k_v\dot{s}_a$$

式中：F_{ca}为库伦摩擦力；F_{sa}为最大静摩擦力；$\dot{s}_a$为活塞冲程速度，当$\dot{s}_a$变号时摩擦力方向发生变化。

3. 油管内的压力损失

实际液体是有黏性的，在流动时会有一定的能量损耗，这种能量损耗表现为压力损失。油管的结构如图 2-35 所示，液压油在油管内流动时产生压力损失的结果是液压缸油腔中的压强 p_o 和高压蓄能瓶油腔中的压强 p_{oa} 并不相等，而这往往被研究者所忽略。油管内的压力损失包括沿程压力损失和局部压力损失。沿程压力损失是指液体在等直径油管内流动时因黏性而产生的压力损失。局部压力损失是指液体流经阀口以及其他截面突然变化处时因流速或流向发生急剧变化在局部区域形成流动阻力而造成的压力损失。本书在计算时考虑沿着油管流动发生的损失 Δp_1 以及在液压油流经反冲阀时发生的损失 Δp_2。油管内的压力损失受到液压油的黏性和流速、油管的截面尺寸、反冲阀的开口情况等因素的影响。

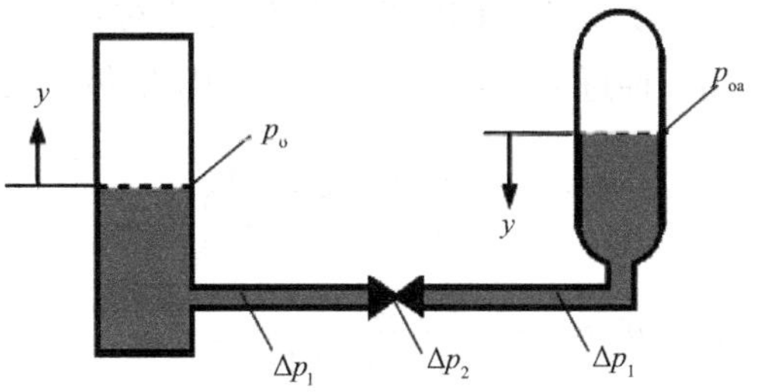

图 2-35　油管的结构

将液压管线看作等径直管，沿着油管流动发生的压力损失可用达西公式计算：

$$\Delta p_1 = \frac{\lambda(l + l_{eq})}{d} \cdot \frac{\rho v^2}{2}$$

式中：λ 为达西摩擦系数；l 为管线的几何长度；l_{eq} 为考虑局部损失（包括弯管、Y 形接头、进口和出口等）的等效管线长度；d 为管线内径；ρ 为管内液体的密度；v 为管内液体的平均流速。

液压油经过反冲阀时，存在局部压力损失，计算公式为

$$\Delta p_2 = \frac{\pi^2 d^4}{8C_v^2} \cdot \frac{\rho v^2}{2}$$

式中：C_v 为反冲阀的流量系数。

因此，管路总的压力损失就等于所有直管中的沿程压力损失和所有元件中的局部压力损失的总和，即

$$p_{oa} - p_o = \frac{\rho}{2}\left(\frac{\lambda l}{d} + \frac{\lambda l_{eq}}{d} + \frac{\pi^2 d^4}{8C_v^2}\right) v|v|$$

当液压缸油腔中的压强 p_o 高于高压蓄能瓶油腔中的压强 p_{oa} 时，液压油将从液压缸流向高压蓄能瓶并压缩高压气体，这样就储存了能量。与之相反，当活塞处在正冲程时，液压缸油腔中的压强 p_o 下降，高压蓄能瓶释放能量，液压油将从高压蓄能瓶流向液压缸。

4. 液压油的可压缩性

本书考虑液压油的可压缩性，液压油的压强变化量 Δp_o 和体积变化 ΔV_o 满足下面的关系式：

$$\Delta p_o = -K \frac{\Delta V_o}{V_{o0}}$$

式中：K为液压油的体积弹性模量；V_{o0}为液压油的初始体积。

由于液压油的体积弹性模量相对较大，则液压油的体积变化ΔV_o相对较小。因此，本书采用一种近似表达计算液压油的压缩体积，即

$$\Delta V_o = -\frac{V_{o0}}{K}\Delta p_o \approx -\frac{V_{o0}}{K}\left\{\frac{p_{h0}V_{h0}^k}{[V_{h0}+(A_p-A_r)s_p]^k} - p_{h0}\right\}$$

其中，$\Delta p_o \approx \frac{p_{h0}V_{h0}^k}{[V_{h0}+(A_p-A_r)s_p]^k} - p_{h0}$。

当活塞进入液压缸或抽出液压缸时，活塞冲程的方向和油管中液压油的流动方向有可能存在相位差。因此，本书采用Δt表示油管中液压油流动的延迟效应。假设流进或流出油管的液压油体积与流进或流出高压蓄能瓶的液压油体积相等，则可得到液压油体积Q的近似表达如下：

$$Q = A_a s_a = (A_p - A_r)\cdot s_p(t-\Delta t) - \Delta V_o$$

液压油的流率$\dot{Q}$同样可以近似表达如下：

$$\dot{Q} = Av = A_a\dot{s}_a = (A_p - A_r)\cdot \dot{s}_p(t-\Delta t) - \frac{\mathrm{d}\Delta V_o}{\mathrm{d}t}$$

式中：A 为油管的内部空心截面面积。

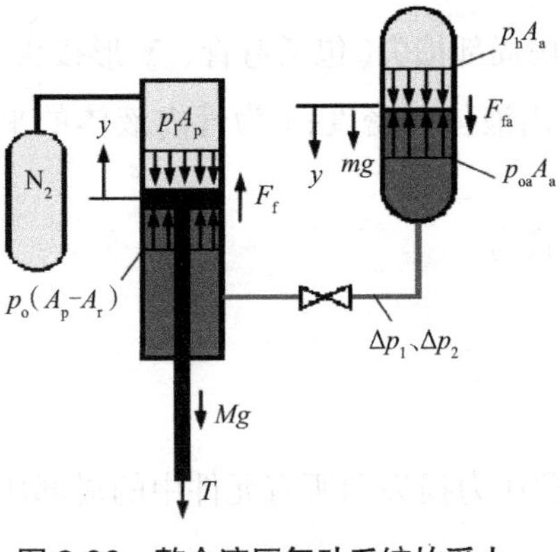

图 2-36 整个液压气动系统的受力

整个液压气动系统的受力情况如图 2-36 所示。通过理论推导，建立了较为详细的液压气动式张紧器张力的数学模型，由计算公式可以看出，张紧器的张力 T 是由液压缸活塞的冲程s_p、冲程速度$\dot{s}_p$、冲程加速度 $\ddot{s}_p$ 以及绝对加速度 $\ddot{y}_p$ 决定的。在计算张力时，活塞冲程 s_p 是已知量，它由平台与活塞之间的相对运动得到。首先，根据 s_p 的时间变化历程，求得活塞的运动速度 $\dot{s}_p$ 和加速度 $\ddot{s}_p$；然后，计算 p_o 和 p_h；最后，将 p_o 和 p_h 代入求得张紧器的张力随时间变化的曲线。

$$\begin{cases} T = p_o(A_p - A_r) - p_1A_p - Mg - M\ddot{y}_p + F_f \\ ma_a = -p_{oa}A_a + p_hA_a + mg + F_{fa} \\ p_{oa} - p_o = \frac{\rho}{2}(\frac{\lambda l}{d} + \frac{\lambda l_{eq}}{d} + \frac{\pi^2 d^4}{8C_v^2})v|v| \\ p_1 = \frac{p_{10}V_{10}^k}{(V_{10} - A_p s_p)^k} \\ p_h = \frac{p_{h0}V_{h0}^k}{(V_{h0} + A_a s_a)^k} \end{cases}$$

采用有限元分析软件 ABAQUS 建立顶张式立管有限元分析模型，如图 2-37 所示。顶张式立管主要由

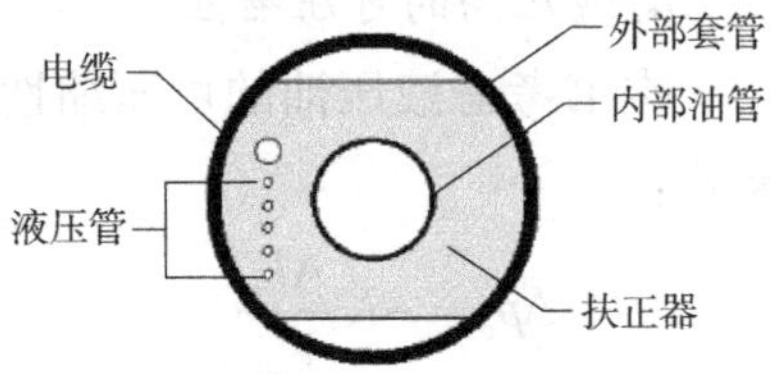

图 2-37 立管截面

外部套管(单层或多层)和内部油管组成，在有限元分析过程中需要对立管截面进行等效。等效截面的拉伸刚度、弯曲刚度以及扭转刚度由以下公式计算获得:

$$EA_{eq} = EA_{casings}$$

$$EI_{eq} = EI_{casings} + EI_{tubing} + EI_{otherlines}$$

$$GJ_{eq} = GJ_{casings} + GJ_{tubing} + GJ_{otherlines}$$

式中: E 为弹性模量; G 为剪切模量; A_{eq}、I_{eq}、J_{eq} 分别为等效后的截面面积、惯性矩和极惯性矩; $A_{casings}$、$I_{casings}$、$J_{casings}$ 分别为外部套管的截面面积、惯性矩和极惯性矩; I_{tubing}、J_{tubing} 分别为内部油管的惯性矩和极惯性矩; $I_{otherlines}$、$J_{otherlines}$ 分别为其他辅助管线的惯性矩和极惯性矩。

采油树是位于立管顶部的质量块，其质量达到立管质量的 15% 以上。而目前关于顶张式立管动力响应的研究，通常忽略采油树的作用，这显然与工程实际不符。因此，在建立立管分析模型时考虑采油树的作用，并采用点质量进行模拟。立管与海底井口之间采用应力接头连接，因此设置为固定边界条件。立管上部受到平台运动的作用，设置为运动边界条件，平台运动施加在平台重心位置。以弹簧-阻尼模型为例，所建立的模型如图 2-38 所示。

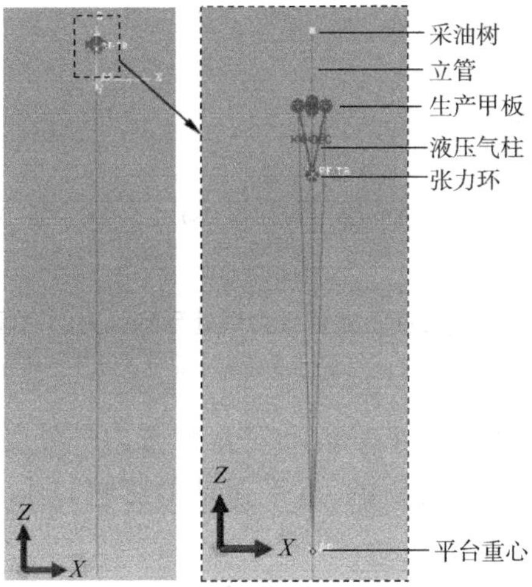

图 2-38　有限元模型

图 2-39 为各工况下立管张力环处受到张力的时间历程。由图可以看出:①在相同的水平振幅下，随着平台升沉振幅的增大，立管受到的张力幅值(张力最大值减最小值)明显增大，以水平振幅为 4 m 为例，升沉振幅为 0 m、1 m、2 m 和 3 m 的张力幅值分别为 31.60 kN、122.33 kN、274.72 kN 和 434.98 kN;②在相同的水平振幅下，随着平台升沉振幅的增大，立管受到张力的峰值出现的时间略有滞后;③在相同的升沉振幅下，随着水平振幅的增大，立管受到的最小张力明显增大。

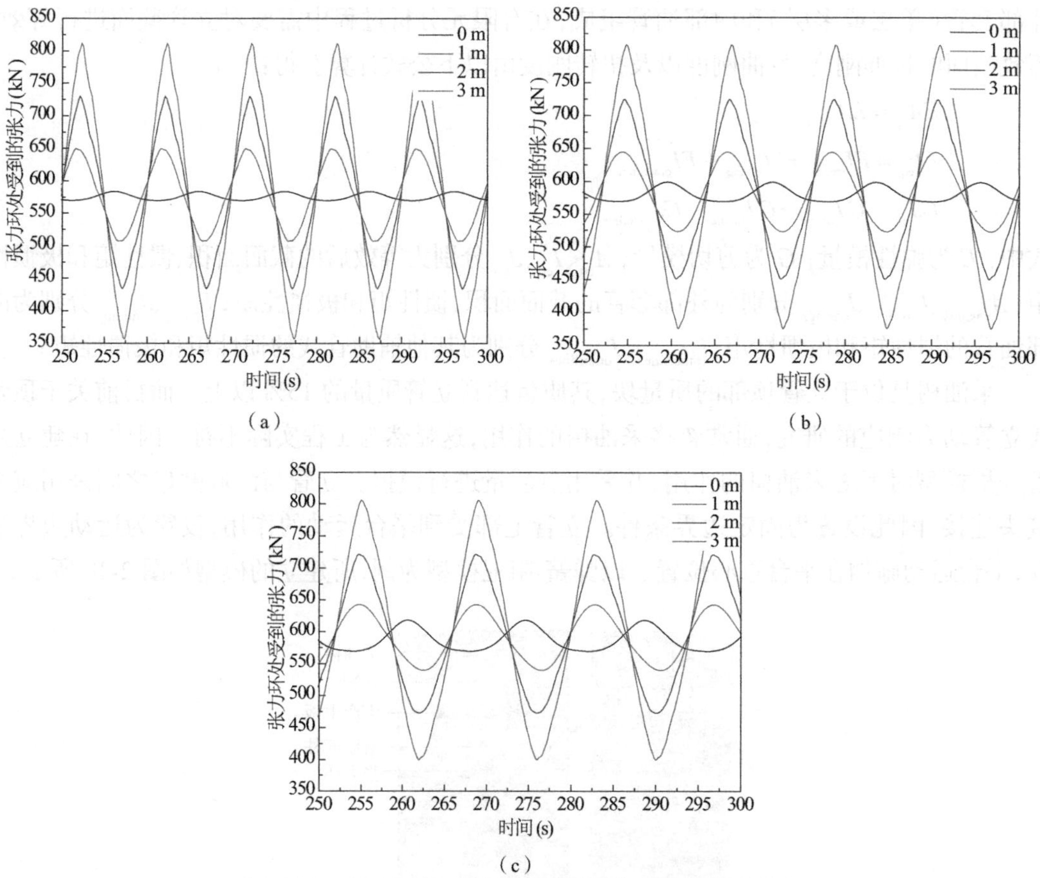

图 2-39　各工况下立管张力环处受到张力的时间历程

(a)水平振幅 2 m　(b)水平振幅 4 m　(c)水平振幅 6 m

研究表明:平台的升沉运动和水平运动对立管张力环处受到的张力都存在影响。相对而言,平台升沉运动的影响是主要的,水平运动的影响较小,但是平台的水平运动也不应忽略。

图 2-40 和图 2-41 分别为各工况下立管张力环向及底部受到弯矩的时间历程,图中的正负值表示弯矩的方向。可以看出,相对立管张力环处受到的弯矩,平台的升沉运动对立管底部受到弯矩的影响较小。

如图 2-42 至图 2-45 所示,针对立管所受到的弯矩、水平位移和垂向位移,平台运动对立管动力响应影响的重要程度与其运动幅值有关。当平台水平运动幅值较小时,平台升沉运动的影响较为明显;当平台水平运动幅值较大时,平台升沉运动的影响也变得更大。

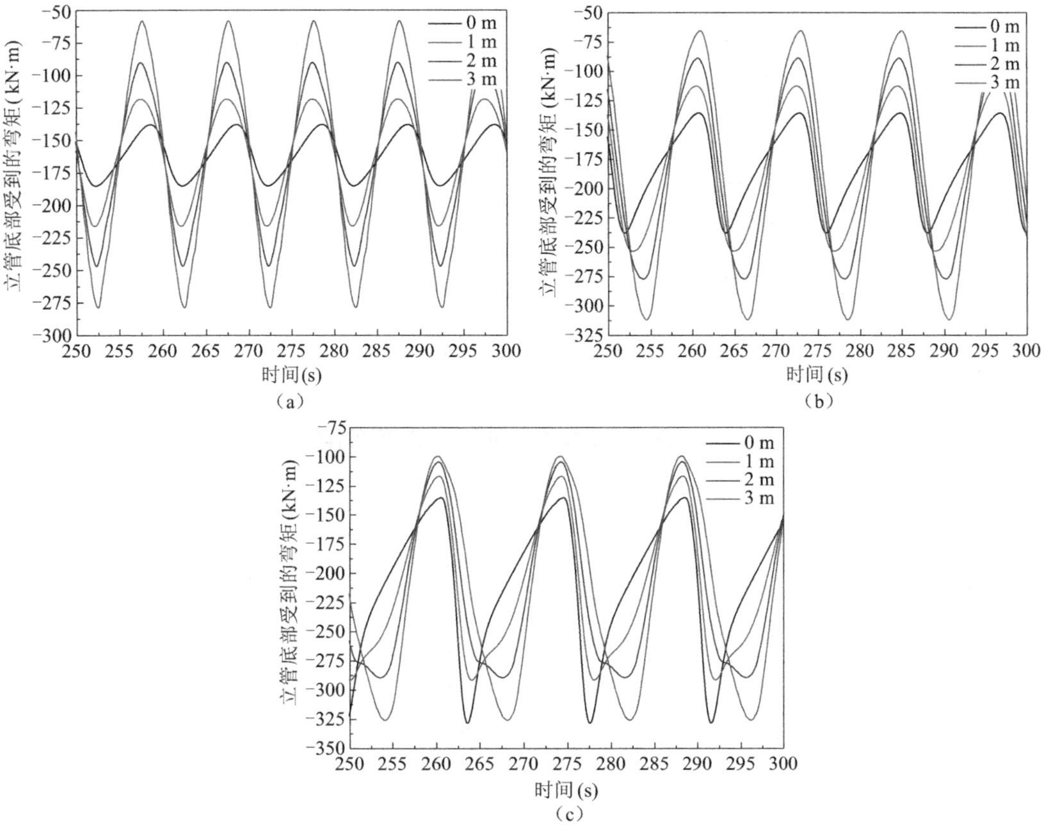

图 2-40　各工况下立管张力环处弯矩的时间历程

(a)水平振幅 2 m　(b)水平振幅 4 m　(c)水平振幅 6 m

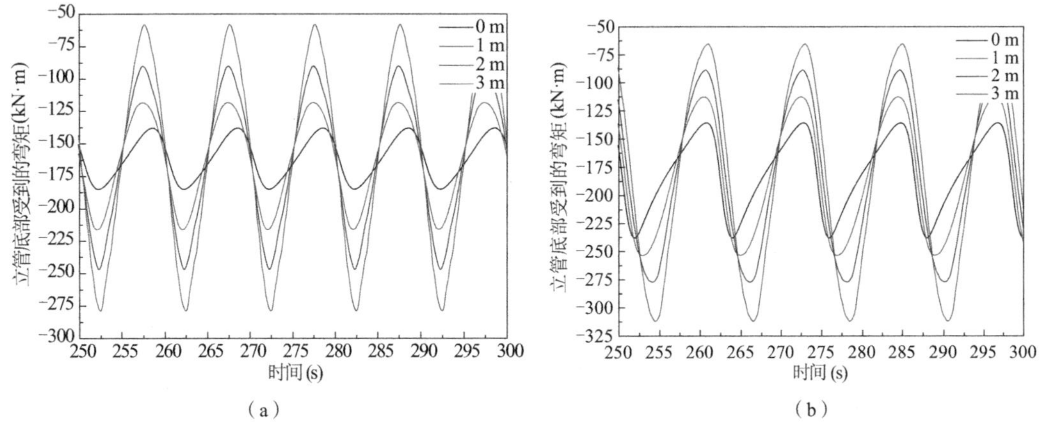

图 2-41　各工况下立管底部弯矩的时间历程

(a)水平振幅 2 m　(b)水平振幅 4 m

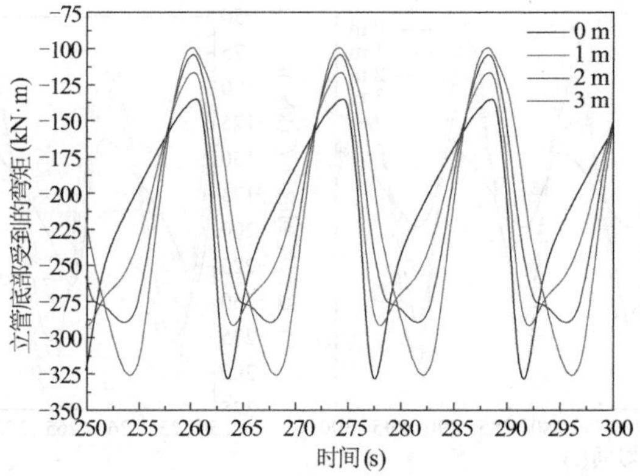

（c）

图 2-41　各工况下立管底部弯矩的时间历程（续）

（c）水平振幅 6 m

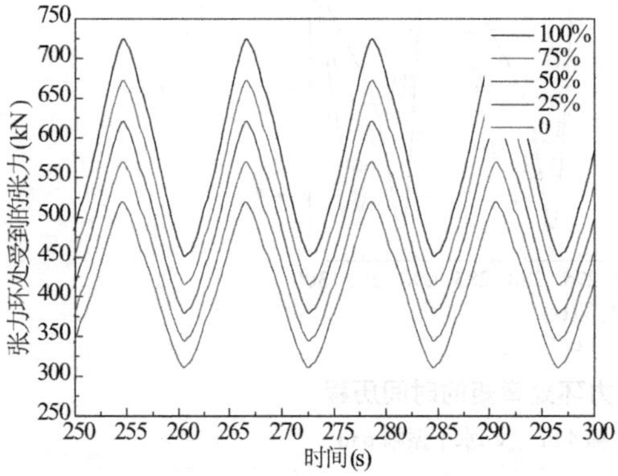

图 2-42　立管张力环处张力的时间历程

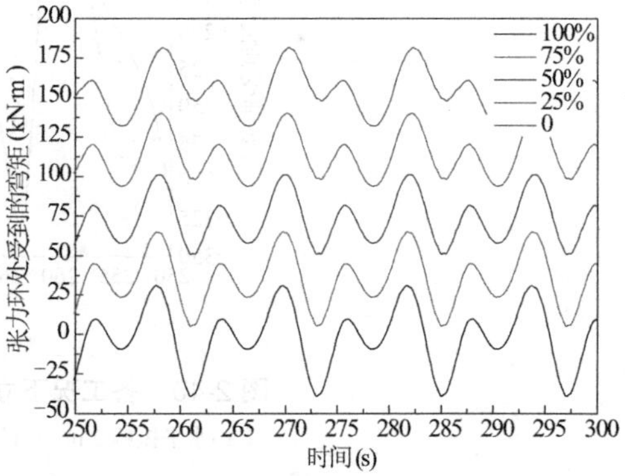

图 2-43　立管张力环处弯矩的时间历程

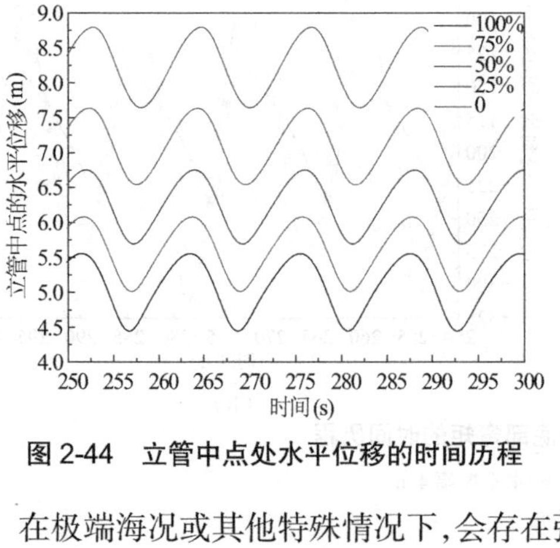

图 2-44　立管中点处水平位移的时间历程

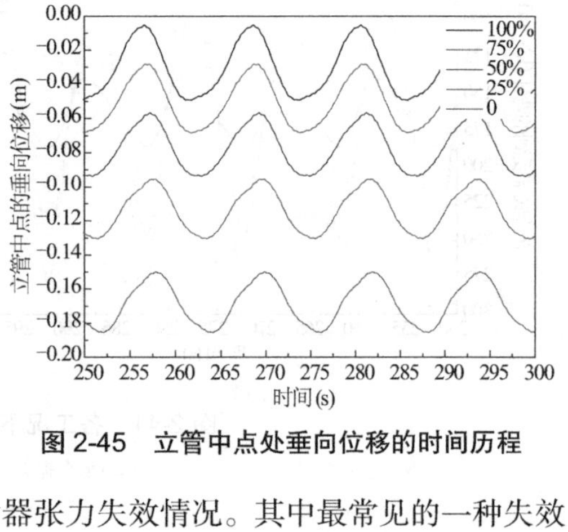

图 2-45　立管中点处垂向位移的时间历程

在极端海况或其他特殊情况下，会存在张紧器张力失效情况。其中最常见的一种失效是高压蓄能瓶中的压强丧失或不足。这种情况下，顶张式立管的受力和运动会有很大的不同，这同时也是极其危险的工况。

随着液压气柱张力的不断丧失，立管受到的张力随之减小，立管受到的弯矩和立管中点的水平位移随之增大，而立管中点的垂向位移也不断向下偏移，这说明张紧器的张力损失对立管的动力响应有明显的影响。

如图 2-46 所示，当张紧器的张力丧失时，立管底部有可能出现张力为负的情况。这种情况在工程中是危险的，有可能造成立管底部管段发生屈曲现象。因此，在张紧器和顶张式立管的设计中，张紧器应保证足够的储存张力，避免由于张紧器失效而造成立管底部发生屈曲现象。

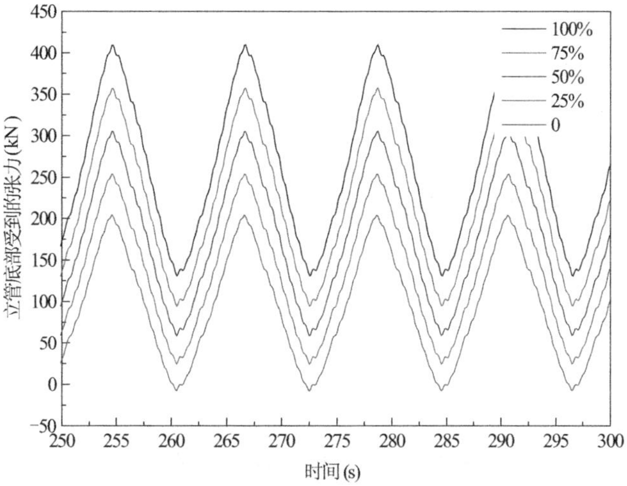

图 2-46　立管底部张力的时间历程

2.2.3　张紧器局部失效下 TLP 耦合系统响应规律研究

张紧器局部失效问题的特殊性在于：①传统的张紧器简化模型并未考虑真实张紧器具有多个油缸的情况，因此只有提出一个多油缸张紧器模型，并将其内嵌到预设即将发生失效的立管上，才能合理地分析本问题；②具有单根立管的水动力模型无法在失效发生后同时考虑失效立管和其他健康立管的响应，此时如果忽略其他健康立管对平台浮体的作用，必然使计算结果偏离实际情况很多，所以只有建立一个多立管的 TLP 平台水动力模型才能合理地分析本问题。

在原始模型的基础上，增加液压气动式张紧器（Hydro Pneumatic Tensioner，HPT）模型，需要从两部分内容入手：第一，在 AQWA 的建模空间中增加用以代表张紧器与立管连接点的模型，即立管张拉环模型，并将其延伸至张拉环以上的 TTR 模型；第二，建立张紧器的传力数学模型，以描述平台生产甲板与立管的张紧器连接点（张拉环）之间的实时传力关系，然后通过内部开发 AQWA 子程序使其参与主程序运算。另外，在细化张紧器模型的同时，作为计算模型精度的配套提升，也对立管模型进行了细化。最后，又将单根 TTR 及其 HPT 模型扩大至 TTR 矩阵中，全耦合系统模型如图 2-47 所示。

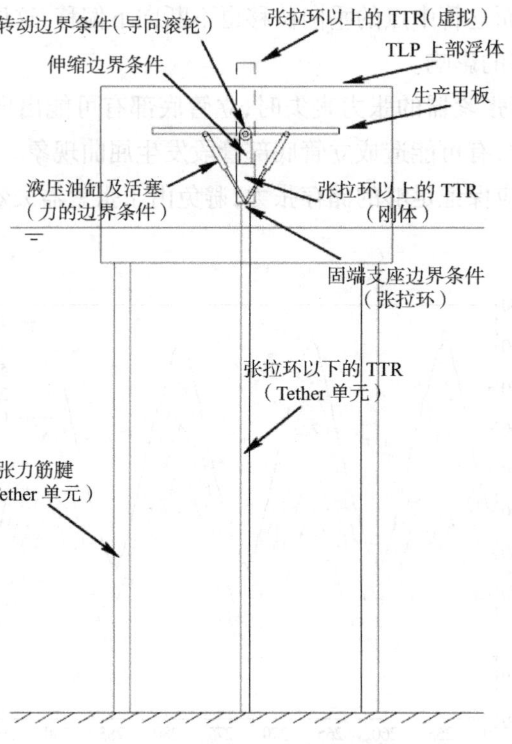

图 2-47 全耦合系统的模型构建

1. 基于冲程的张力

作为油缸张力中占比最大的部分,基于冲程的张力是一条相对活塞冲程的非线性曲线:

$$T_{\mathrm{stroke}}(x_{\mathrm{stroke}})=257\,000-133\,143x_{\mathrm{stroke}}+53\,890x_{\mathrm{stroke}}^{2}-9\,619x_{\mathrm{stroke}}^{3}+10\,931x_{\mathrm{stroke}}^{4}-18\,062x_{\mathrm{stroke}}^{5}-4\,437x_{\mathrm{stroke}}^{6}+11\,114x_{\mathrm{stroke}}^{7}+815x_{\mathrm{stroke}}^{8}-2\,147x_{\mathrm{stroke}}^{9}$$

2.Stribeck 摩擦形成的张力

应用 Stribeck 摩擦模型考虑液压油缸与活塞润滑接触面之间的摩擦:

$$T_{\mathrm{strb}}(v_{\mathrm{stroke}})=[F_{\mathrm{c}}+(F_{\mathrm{s}}-F_{\mathrm{c}})\mathrm{e}^{-|v_{\mathrm{stroke}}|/v_{\mathrm{s}}}]\cdot\mathrm{sign}(v_{\mathrm{stroke}})$$

3. 由黏性摩擦形成的张力

除静力摩擦及滑动摩擦外,润滑介质的黏性所造成的摩擦力也是不能忽略的,黏性摩擦力为

$$T_{\mathrm{visc}}(v_{\mathrm{stroke}})=k_{\mathrm{v}}v_{\mathrm{stroke}}$$

作用在张拉环上的张力合力矢量 $\boldsymbol{T}_{\mathrm{TR,FRA}}$ 可表示为

$$
\boldsymbol{T}_{\mathrm{TR,FRA}}=\begin{pmatrix}
\dfrac{T_1(x_{i,\mathrm{stroke}},v_{i,\mathrm{stroke}})}{L_{\mathrm{cyl}_1}}\times(X_1-X_{\mathrm{TR}})+\dfrac{T_2(x_{i,\mathrm{stroke}},v_{i,\mathrm{stroke}})}{L_{\mathrm{cyl}_2}}\times(X_2-X_{\mathrm{TR}})+\\
\dfrac{T_3(x_{i,\mathrm{stroke}},v_{i,\mathrm{stroke}})}{L_{\mathrm{cyl}_3}}\times(X_3-X_{\mathrm{TR}})+\dfrac{T_4(x_{i,\mathrm{stroke}},v_{i,\mathrm{stroke}})}{L_{\mathrm{cyl}_4}}\times(X_4-X_{\mathrm{TR}})\\
\dfrac{T_1(x_{i,\mathrm{stroke}},v_{i,\mathrm{stroke}})}{L_{\mathrm{cyl}_1}}\times(Y_1-Y_{\mathrm{TR}})+\dfrac{T_2(x_{i,\mathrm{stroke}},v_{i,\mathrm{stroke}})}{L_{\mathrm{cyl}_2}}\times(Y_2-Y_{\mathrm{TR}})+\\
\dfrac{T_3(x_{i,\mathrm{stroke}},v_{i,\mathrm{stroke}})}{L_{\mathrm{cyl}_3}}\times(Y_3-Y_{\mathrm{TR}})+\dfrac{T_4(x_{i,\mathrm{stroke}},v_{i,\mathrm{stroke}})}{L_{\mathrm{cyl}_4}}\times(Y_4-Y_{\mathrm{TR}})\\
\dfrac{T_1(x_{i,\mathrm{stroke}},v_{i,\mathrm{stroke}})}{L_{\mathrm{cyl}_1}}\times(Z_1-Z_{\mathrm{TR}})+\dfrac{T_2(x_{i,\mathrm{stroke}},v_{i,\mathrm{stroke}})}{L_{\mathrm{cyl}_2}}\times(Z_2-Z_{\mathrm{TR}})+\\
\dfrac{T_3(x_{i,\mathrm{stroke}},v_{i,\mathrm{stroke}})}{L_{\mathrm{cyl}_3}}\times(Z_3-Z_{\mathrm{TR}})+\dfrac{T_4(x_{i,\mathrm{stroke}},v_{i,\mathrm{stroke}})}{L_{\mathrm{cyl}_4}}\times(Z_4-Z_{\mathrm{TR}})
\end{pmatrix}
$$

选取立管矩阵中的 6 根 TTR，分别建立相互独立的立管及其张紧器模型。经过此次模型调整，用于求解张紧器局部失效问题的 TLP 全耦合水动力复合模型如图 2-48 所示。

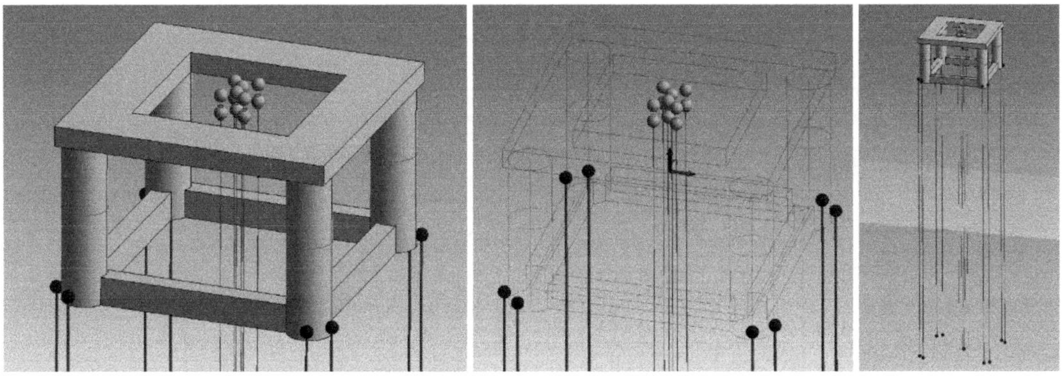

图 2-48　求解张紧器局部失效问题的 TLP 全耦合水动力复合模型

在(10 s，8 m，0°)规则波的作用下，作用于 R1 立管不同油缸的张力时长曲线、不同油缸的冲程位置时程曲线、失效的 R1 立管及健康的 R4 立管在 510 s 时的挠度曲线如图 2-49 至图 2-51 所示。

在风、浪、流均为 0° 方向的极端海况下，作用于 R1 立管不同油缸的张力时程曲线及它们各自冲程位置的时程曲线如图 2-52 和图 2-53 所示。

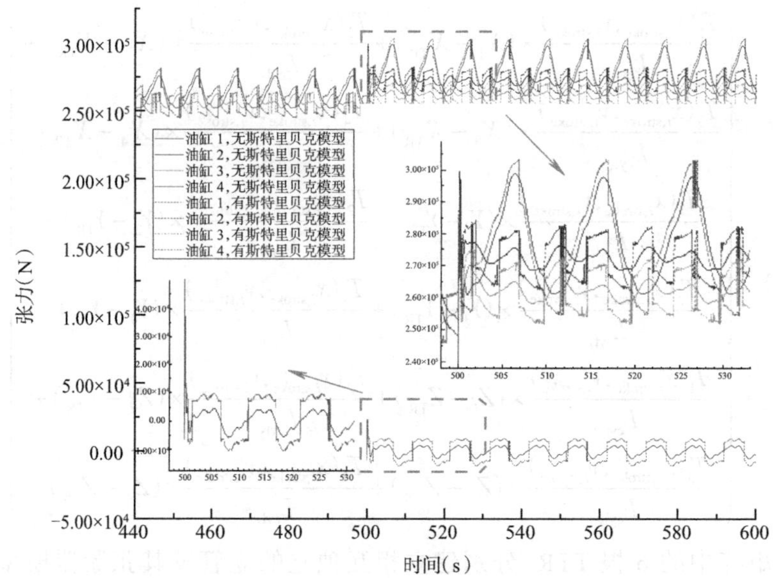

图 2-49 不同油缸上张力变化的时间历程
(10 s,8 m,0°,R1 立管 1 号油缸失效)

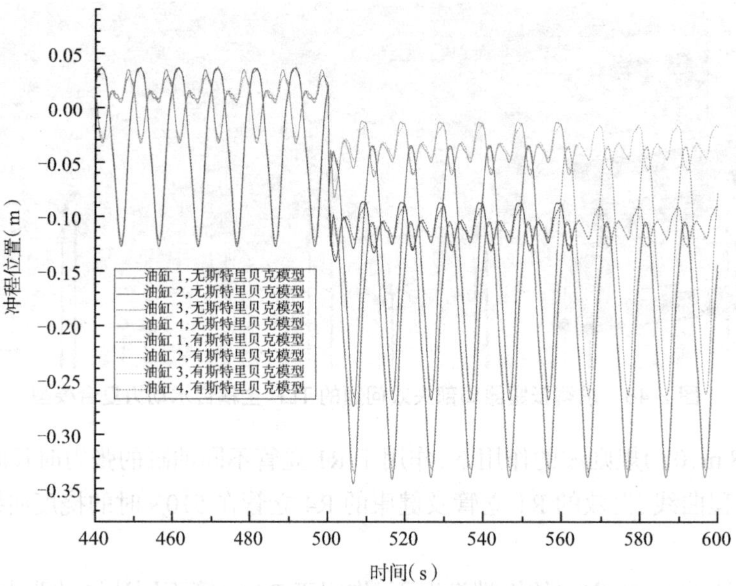

图 2-50 不同油缸冲程位置变化的时间历程
(10 s,8 m,0°,R1 立管 1 号油缸失效)

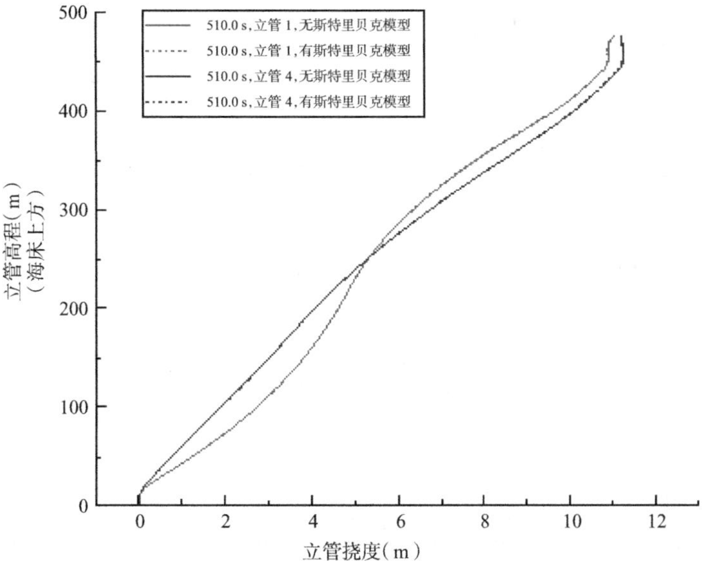

图 2-51　R1 及 R4 立管在 510 s 时刻的挠度曲线
(10 s,8 m,0°,R1 立管 1 号油缸失效)

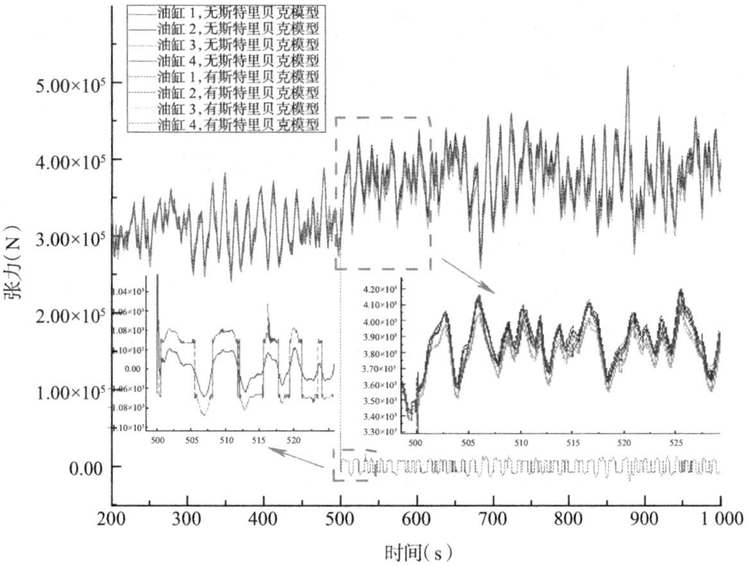

图 2-52　不同油缸上张力变化的时间历程
(0° 极端海况,R1 立管 1 号油缸失效)

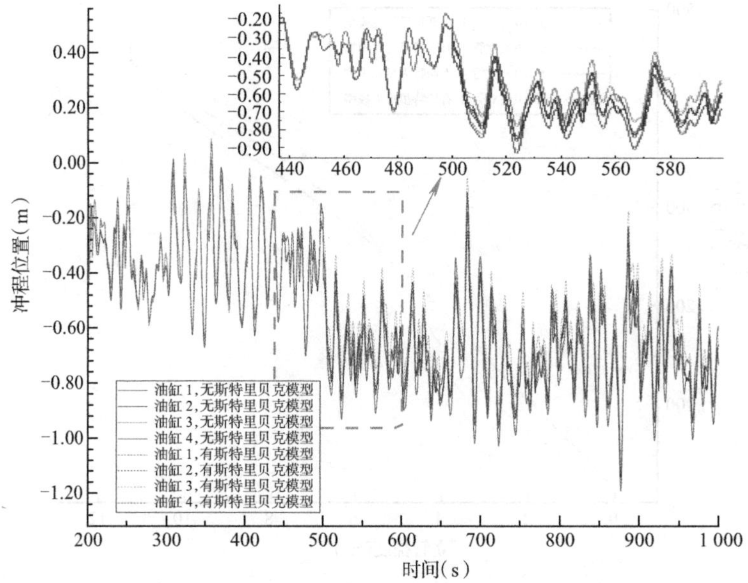

图 2-53 不同油缸冲程位置变化的时间历程

(0° 极端海况,R1 立管 1 号油缸失效)

在立管张紧器局部失效响应分析中,首先,根据整个 HPT 局部失效过程的不同响应特征,可以划分为 3 个基本阶段,分别是健康阶段、瞬态阶段及稳态阶段。其次,在某些 HPT 局部失效的情况下,张紧器和立管的残余响应会出现在瞬态阶段之后的稳态阶段。这种瞬态响应可以沿着 TTR 上下传播若干个循环。当传播出去的瞬态响应再次返回张紧器时,即使张紧器已进入稳态阶段,也可以看到张紧器的残余响应,该现象在静水下非常明显。再次,在张紧器局部失效发生之后,不同油缸不是一次性地达到最终状态,而会出现不同油缸之间的相互作用。这种相互作用会使得瞬态阶段的响应更加复杂。此外,瞬态阶段和稳态阶段的失效响应可以视为静水中局部失效之后的响应与环境载荷条件下健康响应的叠加。最后,一个意外发生的 HPT 局部失效很难发展成后续的渐进性失效。减少因张紧器局部失效而造成损失的关键是提升液压气动式系统的可靠性,而不是优化 HPT 的结构或提升其结构冗余度。

2.3 TLP 浮体-张力筋腱耦合系统的结构鲁棒性评估方法研究

为了对 TLP 在局部系泊失效下进行更全面的鲁棒性评估,本书对张力腿平台在局部系泊失效前后的变化提出了针对 TLP 局部系泊失效下的确定性鲁棒性评估指标。根据结构属性、结构性能、运动性能 3 方面的评估指标并通过熵值法赋权建立了确定性鲁棒性评估指标体系,同时据此设计了鲁棒性评估流程(图 2-54)。

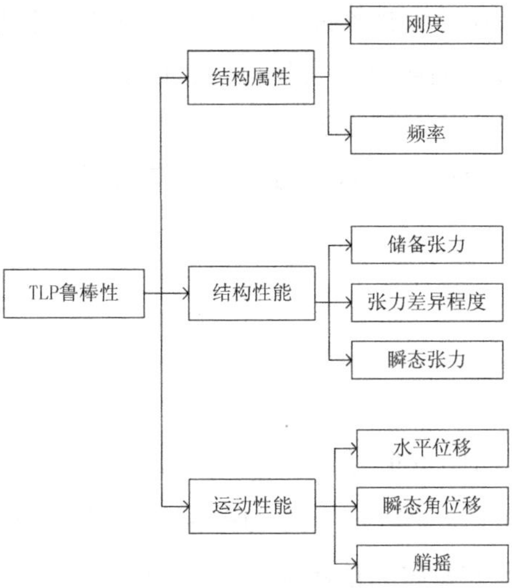

图 2-54　鲁棒性评估指标体系

2.3.1　张力腿局部系泊失效下的鲁棒性评估指标体系

TLP 刚度鲁棒性测度指标 R_s 为平台局部系泊失效后的部分自由度刚度与失效前的刚度的比值，即

$$R_s = \frac{\det \boldsymbol{K}_d}{\det \boldsymbol{K}_0}$$

式中：$\boldsymbol{K}_0$ 为局部系泊失效前的刚度矩阵；$\boldsymbol{K}_d$ 为局部系泊失效后的刚度矩阵。

易知，$R_s \in (0, 1)$，R_s 值越大，表明该结构的鲁棒性表现越好；反之则结构鲁棒性越差。R_s 值越大，则平台在失效后的刚度减少较少，表明其刚度性能越好，能保证平台的在位状态。

TLP 局部系泊失效后，其各自由度固有频率均有不同程度的降低，其中，横荡、纵荡和艏摇 3 个自由度在局部系泊失效后固有频率变化很小，仍远离波浪频率。然而，横摇、纵摇和垂荡自由度的固有频率则有较大幅度的下降，与完好平台相比，固有频率将更加接近谱峰频率，结构在波浪作用下更有可能会发生共振，特别是高次谐波振动会引起筋腱的连续失效，即影响 TLP 的鲁棒性。故提出基于垂荡、横摇、纵摇 3 个自由度进行计算的频率指标来评价 TLP 局部系泊失效后的鲁棒性，定义为

$$R_f = \min\left\{\left|\frac{(1/n)\cdot\omega_{\text{aft},\ i} - \omega_0}{(1/n)\cdot\omega_{\text{bef},\ i} - \omega_0}\right|, (i = Z, RX, RY; n = 1,2,3)\right\}$$

式中：$\omega_{\text{bef},\ i}$、$\omega_{\text{aft},\ i}$ 分别为垂荡、横摇、纵摇三个自由度局部系泊失效前后的一阶固有频率；ω_0 为波浪的频率。易知，$R_f > 0$，R_f 越小，说明局部系泊失效后的 TLP 相较于失效前平台固有频率接近于波浪频率，更易产生共振、高次谐波振动现象，则平台处于较危险的状态，即平台的鲁棒性较差；反之，R_f 越大，平台的鲁棒性越好。

张力腿平台局部系泊失效的结构性能主要关注筋腱的张力，包括局部系泊失效后筋腱

瞬态响应时的张力、稳态响应时的储备张力以及剩余筋腱的张力差异。平台结构冗余度越低,其越关键,在局部系泊失效后越可能引起与初始损伤不符的失效破坏。故需要对平台的储备张力进行鲁棒性评估,提出基于筋腱张力的冗余度,本研究中提出"储备张力指标",定义为局部系泊失效后剩余筋腱的储备张力与设计筋腱的储备张力的比值:

$$(R_t)_i = \frac{T_{u,i} - T_{aft,i}}{T_{u,i} - T_{pre,i}}$$

$$R_t = \frac{\sum_{i=1}^{N}(R_t)_i}{N}$$

式中: $(R_t)_i$ 为各剩余筋腱的储备张力值; $T_{u,i}$ 为结构可承受的张力最大值; $T_{aft,i}$ 为局部系泊失效后筋腱张力稳态响应的最大值; $T_{pre,i}$ 为局部系泊失效前的筋腱张力初始响应最大值; N 为剩余筋腱数量。筋腱的储备张力值越大,则张力冗余度越大,在局部系泊失效后越不易产生连续的失效破坏。

当局部系泊失效后,剩余筋腱的受力发生变化,即使平台剩余筋腱的储备张力值相近,由于储备张力差异的不同,也可能会有部分张力筋腱的储备张力远离平均值而使得部分张力筋腱易发生连续失效破坏。基于此提出了用于衡量 TLP 局部系泊失效之后剩余筋腱张力冗余度与完好系统筋腱张力冗余度的差异程度的鲁棒性测度指标,将其定义为

$$R_v = 1 - V_\sigma$$

$$V_\sigma = \frac{\sqrt{\dfrac{\sum_{i=1}^{N}[\overline{R_t} - (R_t)_i]^2}{N}}}{\overline{R_t}}$$

式中: $\overline{R_t}$ 为局部系泊失效后的剩余筋腱的储备张力的平均值; N 为剩余筋腱的数量。张力差异程度 R_v 越大,部分筋腱的储备张力越远离平均值,可能处于危险情况,引起平台连续失效破坏。在筋腱局部系泊失效时,筋腱的瞬态张力会突然增大,很可能瞬间超过筋腱所能承受的最大张力,所以需要特别关注。

$$(R_{tt})_i = \left(\frac{F_u - F_{max}}{F_u}\right)_i$$

$$R_{tt} = \frac{\sum (R_{tt})_i}{N}$$

式中: R_{tt} 为剩余筋腱的瞬志张力; F_u 为筋腱的极限承载力; F_{max} 为局部系泊失效后筋腱张力瞬态响应的最大值; N 为剩余筋腱的数量。当 $F_{max} > F_u$,即 $(R_{tt})_i < 0$ 时,则筋腱失效。R_{tt} 指标值越大,则表示筋腱瞬态张力的冗余度越大,越不易发生失效,则平台的鲁棒性越优。

平台的运动性能主要考虑平台 6 个自由度的运动响应。平台的水平位移也会加剧升沉运动,甲板上浪将更加严重。此外,当筋腱角度过大时可能超过其所能承受的弯曲应力和筋腱顶端柔性装置的承载范围,而引起筋腱的连续失效破坏。据此提出的水平位移的鲁棒性测度指标 R_h 定义为张力腿平台局部系泊失效前后的水平位移比。

$$R_{\mathrm{h}} = \frac{|s_{\mathrm{h}0}|}{|s_{\mathrm{hd}}|}$$

式中：$|s_{h0}|$、$|s_{\mathrm{hd}}|$分别为局部系泊失效前后 TLP 的最大位移。R_{h}越大，表明平台的鲁棒性越优，反之则越差。

当系泊完整时，筋腱的对称布置保证了平台主体垂直而不发生倾斜。当局部系泊失效后，由于筋腱布置的不平衡，平台发生倾斜，加剧平台的横摇/纵摇运动，导致一侧筋腱受力的增加，而另一侧筋腱受力减小，引起受力的不平衡，不利于平台的稳定，可能引起连续系泊失效。同时，当横摇、纵摇过大时，也不利于平台的正常作业，影响立管、立柱等的在位状态，甚至可能导致平台浮体的整体倾覆。

如图 2-55 所示，局部系泊失效下，平台的角位移A具有明显的瞬态响应，从断缆时刻瞬间增大，故对平台的角位移A的瞬态响应进行评估，将其作为鲁棒性评估指标之一，定义为

$$R_{A} = \frac{A_{\text{int act}}}{A_{\text{damage}}}$$

其中，在波高 2 m，0° 浪向，周期为 15 s 的规则波作用下，A_{intact}为初始阶段的角位移 A 的响应最大值，A_{damage}为角位移A瞬态响应最大值。

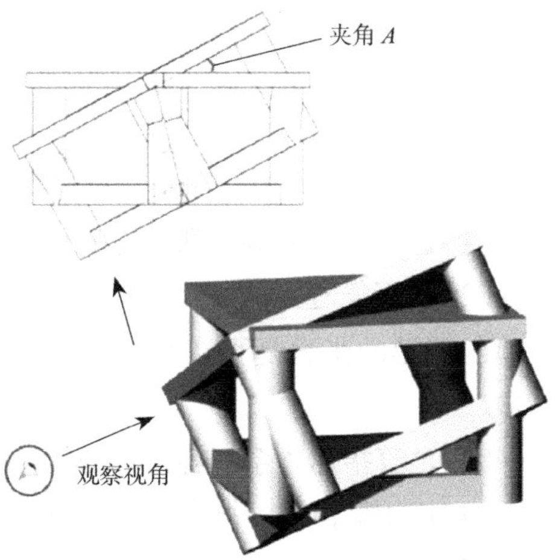

图 2-55　局部系泊失效下张力腿平台角位移A

平台的艏摇自由度虽然为顺应式自由度，但张力腿平台的艏摇与立管的旋转有极大联系，当平台艏摇过大时，立管也会随之产生过大的扭转运动，可能会引起立管的破坏，影响 TLP 的整体稳性，增加筋腱发生连续失效的风险。仅考虑规则波作用下的张力腿平台局部系泊失效时可不考虑平台的艏摇运动，但当平台处于复杂海况下，艏摇运动将可能有较明显的变化。因此将对平台的艏摇运动进行评估，并将其作为鲁棒性的测度指标之一。

$$R_{RZ} = \frac{RZ_{\text{intact}}}{RZ_{\text{damage}}}$$

式中：$RZ_{\text{int act}}$、RZ_{damage}分别为平台局部系泊失效前后的艏摇最大值。R_{RZ}越小，表明平台在局部系泊失效后的艏摇运动增大越多，平台处于较危险状态，平台的鲁棒性较劣。

2.3.2　局部系泊失效下的张力腿平台的鲁棒性评估流程

在上述指标体系的基础上，结合熵值法对指标进行赋权，得到张力腿平台局部系泊失效后的鲁棒性评估结果，评估流程如图 2-56 所示。

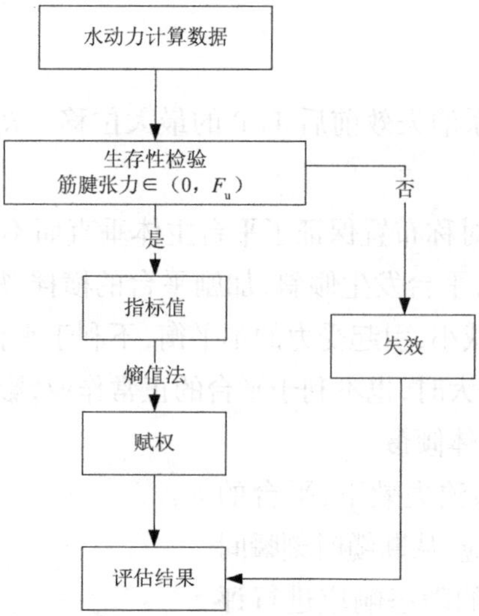

图 2-56 鲁棒性评估流程

（1）通过数值模拟得到张力腿平台局部系泊失效前后的水动力计算数据。

（2）由于筋腱不能承受压力，同时筋腱具有极限张力 F_u，故对筋腱张力进行生存检验，检验各筋腱的张力是否在 $(0,F_u)$，若筋腱张力超出此范围，则判断平台失效，否则进入下一步。

（3）计算指标体系中各指标的数值。

（4）运用熵值法计算底层指标权重，对指标体系中的指标赋权。

（5）得到评估结果。

以规则波作用下的局部系泊失效的张力腿平台的鲁棒性评估为实例，运用上述评估方法对局部系泊失效下的张力腿平台进行鲁棒性评估，验证该评估方法的合理性和通用性，对不同的筋腱失效位置组合的张力腿平台进行鲁棒性评估的结果见表 2-1。

表 2-1 鲁棒性评估结果

失效筋腱	T1 和 T2	T1 和 T4	T1 和 T6	T1 和 T8	T4 和 T5
结果	失效	0.606	0.617	0.593	0.598

可以看出，在筋腱 T1 和 T2 同时失效的时候，引起对角线立柱上的 T5 和 T6 筋腱发生整体屈曲，其鲁棒性表现最差。筋腱 T1 和 T6 同时失效的情况下 TLP 鲁棒性表现相对最优，在这种失效模式下，平台关于对角线对称，平台受力和响应是对称的，筋腱较不容易发生连续失效，所以此时平台的鲁棒性表现较好。对比平台同一浮箱下的两根筋腱失效的 3 种情况（迎浪浮箱、背浪浮箱和侧浪浮箱）发现，三者的鲁棒性评估结果接近，背浪浮箱的两根筋腱失效的鲁棒性表现最差，而侧浪浮箱的鲁棒性表现略优于其余两者。

本书提出的鲁棒性评估方法可以为今后的其他张力腿平台的鲁棒性评估，甚至是其他海洋浮式平台的鲁棒性评估提供参考，以更好地对局部系泊失效的浮式平台进行全面的鲁棒性评估。

2.3.3 考虑不确定性的张力腿平台连续失效概率分析

考虑环境载荷不确定性的影响，将平台载荷效应设为关于波高的函数，并考虑到筋腱抗拉强度和截面几何尺寸的不确定性分布，可建立平台的极限状态函数为

$$g(X)=R(\sigma_{\mathrm{u}},A)-\left\{Q_{\mathrm{wave}}(H)+Q_{\mathrm{wind}}+Q_{\mathrm{current}}\right\}$$

根据之前的确定性分析，初始失效工况分为同一立柱、同一旁通和对角线立柱下筋腱组合失效，但对角线立柱下的筋腱组合失效后平台在千年一遇的海况下都不会发生连续失效，所以重点研究其他两种工况。初始条件分别为 T4 和 T5 筋腱（相同旁通）失效以及 T5 和 T6 筋腱（相同立柱）失效，设置载荷作用方向为 45°。根据有限元计算结果，得到利用波高表示的平台载荷效应曲线，如图 2-57 所示。

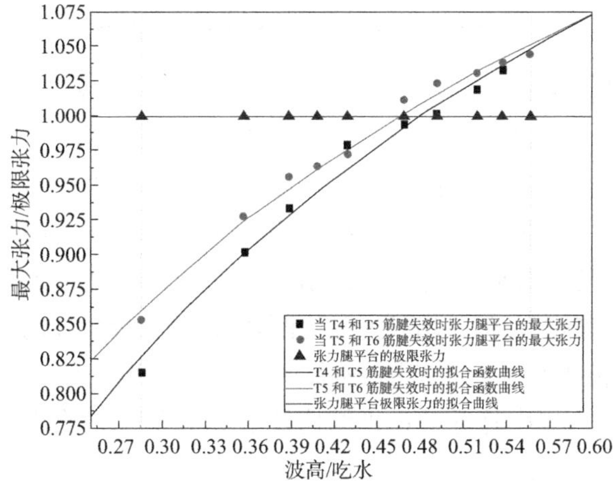

图 2-57　不同波高下局部失效后 TLP 载荷效应曲线

由图 2-57 可知，不同的初始筋腱失效组合对应不同的平台环境载荷效应曲线；平台的环境载荷效应与波高密切相关，随着波高增大，剩余筋腱中的张力最大值呈对数形式增长，且在一些关键节点超越了筋腱的极限抗力值，造成结构连续失效。

利用蒙特卡洛算法对不同初始失效工况下的极限状态函数进行求解，计算得到不同初始失效工况下平台的连续失效概率和可靠度指标。考虑环境载荷、材料应力以及截面尺寸的随机性，同一立柱下筋腱组合失效后，剩余筋腱发生连续失效的概率大于同一浮箱下筋腱组合失效。

在平台连续失效概率分析中，环境载荷的随机性对结构产生的影响远大于构件属性和结构尺寸，而不同的环境载荷随机变量是由不同分布参数来确定的，为深入探究环境载荷对平台失效概率的影响，对威布尔（Weibull）分布的 3 个参数分别进行敏感性分析，计算结果如图 2-58 所示。

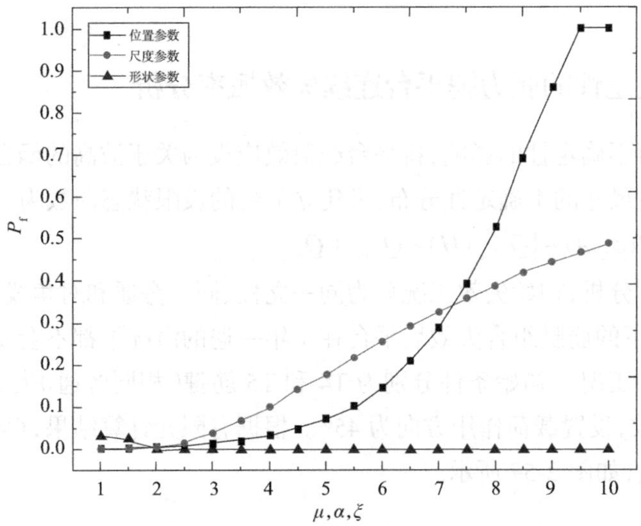

图 2-58 Weibull 分布参数的敏感性计算

根据图 2-58 可以直观地得到不同分布参数对平台失效概率的影响。平台的失效概率对 Weibull 分布的位置参数和尺度参数敏感性较强，对形状参数的敏感性较弱。位置参数控制波高分布的均值水平，所以随着参数的增大，波高的均值水平不断提高，导致结构连续失效的可能性增加，平台失效概率呈现出指数增长的趋势，就本书研究选取的分布参数而言，当 $\mu > 9.5$ 时，平台的失效概率接近 1，即结构处于极其危险的状态；随着尺度参数的增大，结构的失效概率越来越大，但是增长速度逐渐降低；形状参数控制波高的分布形式，但不会改变波高分布的均值水平和分布范围，随着形状参数的增大，结构失效概率逐渐降低，当 $\mu < 2$ 时，平台的连续失效概率趋近于 0，即结构处于安全状态，不会发生连续失效。

2.4 兼具发电功能的张力腿平台系统理论及数值方法基础

威尔斯（Wells）涡轮机在振荡水柱（Oscillating Water Column，OWC）装置中应用广泛，以下将根据不同方法选取原则确保数值模拟的合理性，旨在探究其气动性能和适用性。本节内容主要对 Wells 涡轮理论基础和工作原理进行简要说明，并结合现有的计算流体力学（Computational Fluid Dynamics，CFD）数值模拟基础，选取合适的模拟方法，建立合适的模型，并进行网格划分及独立性检验，为后续 Wells 涡轮机性能的研究工作打好基础。

2.4.1 Wells 涡轮理论基础

Wells 涡轮机也称对称翼型涡轮机，其组成部分包括轮轴、轮缘与翼型叶片，叶片对称分布在垂直于涡轮机旋转轴线的平面上，如图 2-59 所示。Wells 涡轮机除主涡轮转子外没有其他活动部件，因此具有易于维护、高成本效益等优点。

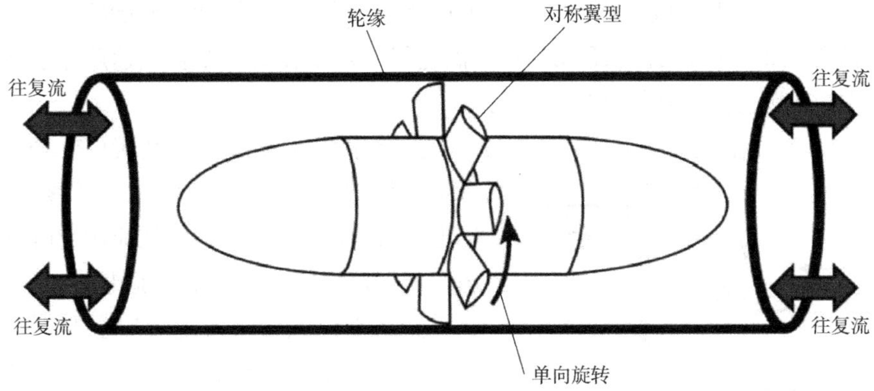

图 2-59　Wells 涡轮机在流场中

Wells 涡轮机的叶片在不同流场下保持相同的旋转方向，在复杂的海洋环境下具有良好的适用性。在不同的来流情况下，其受力形式如图 2-60 所示。

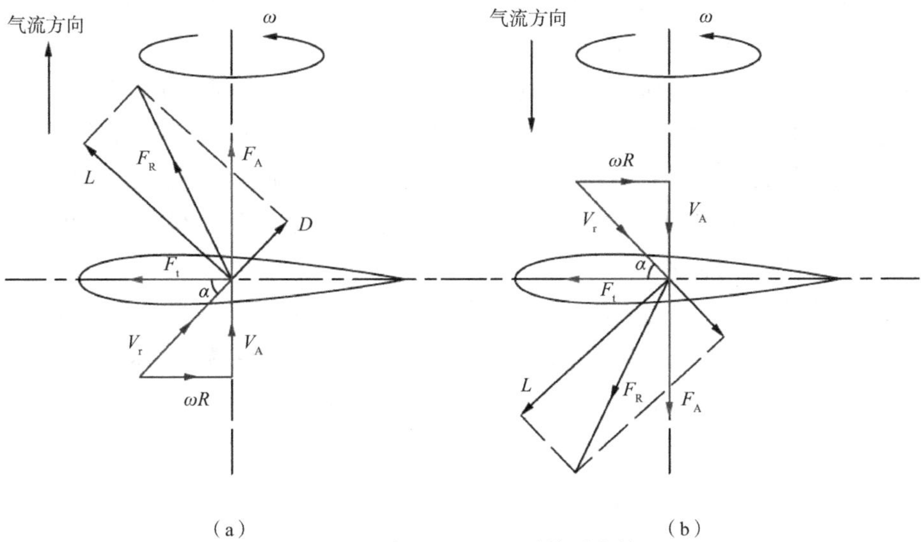

图 2-60　不同来流下 Wells 叶片受力情况

(a)单向来流　(b)反向来流

气流平行于涡轮机轴线，即垂直于叶片弦线，气流垂直向上情况下受力情况如图 2-60(a)所示。当叶片转速为ωR、来流速度为 V_A 时，其所受到的风速为自身转动速度和来流速度的合速度 V_r，即叶片的相对风速。叶片在相对风速 V_r 的作用下，表面流体流速加快，导致静压降低，从而产生升力 L 与拖曳力 D。升力 L 与拖曳力 D 的合力为 F_R，这个力可按升力与拖曳力分解为轴向(F_A)与切向(F_t)两个分量：

$$\begin{cases}F_A = L\cos\alpha + D\sin\alpha \\ F_t = L\sin\alpha - D\cos\alpha\end{cases}$$

同理，当气流方向相反时，考虑到叶片横截面的对称性，切向力 F_t 的方向不变，如图 2-60(b)所示。可见，两种情况下涡轮机所产生的扭矩指向相同方向，使得即使在来流方向相反的情况下 Wells 涡轮机都将保持相同方向旋转。此外，如果叶片初始状态下是静止的，垂直的气流无法推动叶片旋转，所以 Wells 涡轮机一定要先有一个初始速度才能运转起来，也就是说 Wells 涡轮机需要借助外力驱动。

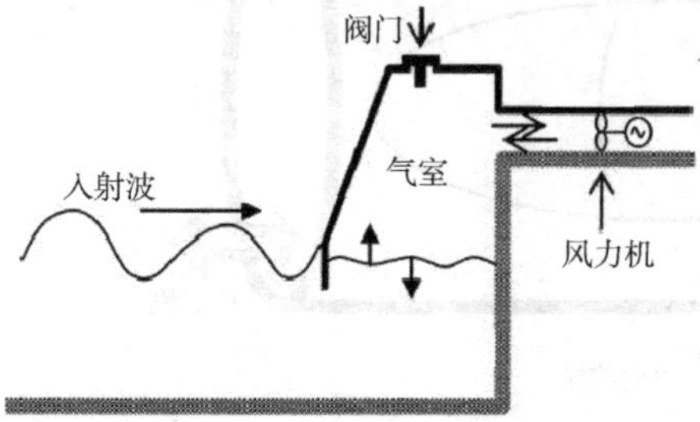

图 2-61　振荡水柱式波浪发电装置

振荡水柱式波浪发电装置(图 2-61)是一种常见的波浪能转换装置，也称空气透平式波浪能发电装置，在全世界范围广泛应用，在国内多地也运行着振荡水柱式波浪能试验电站。

振荡水柱式波浪发电装置主要有一个气室。气室由一个空箱构成，淹没于水面以下的部分有一个开口，在气室上部有气流通道(空气出入口)。波浪向着空箱移动，当波峰接近空箱前壁时，水进入空箱，推动箱内水位上升，上升的水位使箱内气压增加，使气室内的空气通过出入孔排出，由于气孔较为狭小，从而使气体会高速喷出；在波谷接近空箱前壁时，水从空箱内抽出，箱内的水位下降，下降的水位使箱内气压降低，外面空气通过出入孔高速进入气室，流出流进的气体将推动涡轮机旋转，从而将波浪能转换为机械能。

这种连续运动产生双向高速空气流，通过动力输出(Power Take-Off，PTO)系统将气流转换为能量，PTO 系统由双向涡轮机组成，具有两个很大的优点：一是由于没有与水直接接触的活动部件，因此简单且运行维护成本低；二是 OWC 系统由海中的水下气室组成，通过安装双向涡轮机的圆形管道连接到大气，无论气流方向如何，涡轮机总是向相同的方向旋转，从而可以连续产生能量。

Wells 涡轮的性能主要与涡轮的输出扭矩 T、气体流经涡轮的流量 Q 及气体流经涡轮后的压降 Δp 有关。对于稳态研究，重要的无量纲参数(包括扭矩系数C_T、压降系数 C_p、涡轮机效率 η 与流量系数 φ)一起用于 Wells 涡轮机的性能评估，各系数定义如下：

$$C_T = \frac{T}{\frac{1}{2}\rho\left(V_a^{\ 2}+U_r^2\right)blNR}$$

$$C_p = \frac{\Delta pQ}{\frac{1}{2}\rho\left(V_a^{\ 2}+U_r^2\right)blNV_a}$$

$$\eta = \frac{T\omega}{\Delta pQ} = \frac{C_T}{C_p\varphi}$$

$$\varphi = \frac{V_a}{U_r}$$

式中：T 为涡轮的输出扭矩；Δp 为气体流经涡轮后的总压降；Q 为通过涡轮的气体流量；ρ 为气体密度，一般取 1.225 kg/m^3；V_a 为气体轴向平均流速；U_r 为叶片尖端的圆周速度；b 为叶片高度；l 为叶片弦长；N 为叶片数量。

2.4.2　计算流体力学基础

计算流体力学（CFD）是近代流体力学、数值数学和计算机科学结合的产物，是一门具有强大生命力的交叉科学。其利用计算机求解流体流动过程中的质量传递、能量传递、动量传递以及化学反应问题。CFD 是一种方法或者工具，解决对象是流体力学问题，利用手段是数值计算。它是将流体力学控制方程中的积分、微分项近似表示为离散的代数形式，使其成为代数方程组，然后通过计算机求解这些离散的代数方程组，获得离散时间、空间点上的数值解。

FLUENT 是用于模拟流体流动、热传导及其他物理和化学耦合过程的计算机程序。它提供了完全的网格灵活性，用户可以使用非结构与结构化网格，例如，用二维三角形或四边形网格、三维四面体/六面体/金字塔形网格来解决具有复杂外形的流动，甚至可以用混合型非结构网格。它允许用户根据解的情况对网格进行细化或粗化。

不管是什么形式的 CFD，都是基于流体力学基本控制方程，即连续方程、动量方程和能量方程。这些方程表述的物理原理是所有流体力学都必须遵循的三大基本物理定律的数学表达——质量守恒、牛顿第二定律、能量守恒。

质量守恒定律，单位时间内流体流入控制体中质量的增加，等于同一时间间隔内流出该控制体的净质量，由此可导出流体流动连续性方程的积分形式：

$$\frac{\partial}{t}\iiint_{Vol}\rho\mathrm{d}x\mathrm{d}y\mathrm{d}z+\oiint_{A}\rho v\cdot\boldsymbol{n}\mathrm{d}A=0$$

式中：Vol 为控制体；ρ 为流体密度；A 为控制面；v 为流体速度；$\boldsymbol{n}$ 为控制面法向。等式左边第一项表示控制体内部质量的增量，第二项表示通过控制表面流入控制体的净通量。

根据数学中的高斯公式，在直角坐标系下可将其化为微分形式：

$$\Phi=2\mu\left[\left(\frac{\partial u}{\partial x}\right)^2+\left(\frac{\partial v}{\partial y}\right)^2+\left(\frac{\partial w}{\partial z}\right)^2\right]+\left(\mu'-\frac{2}{3}\mu\right)\left(\frac{\partial u}{\partial x}+\frac{\partial v}{\partial y}+\frac{\partial w}{\partial z}\right)^2+$$

$$\mu\left[\left(\frac{\partial w}{\partial y}+\frac{\partial v}{\partial z}\right)^2+\left(\frac{\partial u}{\partial z}+\frac{\partial w}{\partial x}\right)^2+\left(\frac{\partial v}{\partial x}+\frac{\partial u}{\partial y}\right)^2\right]$$

对于不可压缩均质流体，密度为常数，则有

$$\frac{\partial u}{\partial x}+\frac{\partial v}{\partial y}+\frac{\partial w}{\partial z}=0$$

对于圆柱坐标系，其形式为

$$\frac{\partial\rho}{\partial t}+\frac{\rho v_r}{r}+\frac{\partial(\rho v_r)}{\partial r}+\frac{\partial(\rho v_\theta)}{r\partial\theta}+\frac{\partial(\rho v_z)}{\partial z}=0$$

对于不可压缩均质流体，密度为常数，则有

$$\frac{v_r}{r}+\frac{\partial v_r}{\partial r}+\frac{\partial v_\theta}{r\partial\theta}+\frac{\partial v_z}{\partial z}=0$$

纳维-斯托克斯（Navier-Stokes，N-S）方程即黏性流体的运动方程，由 Navier 在 1827 年提出，该方程只考虑了不可压缩流体的流动。泊松（Poisson）在 1831 年提出可压缩流体的运动方程。Saint-Venant 在 1843 年、Stokes 在 1845 年独立提出黏性系数为一常数的形式，现在都称为 Navier-Stokes 方程，简称 N-S 方程。

用于可压缩黏性流体的运动方程：

$$\rho\frac{\mathrm{d}u}{\mathrm{d}t}=\rho f_x-\frac{\partial p}{\partial x}+\left\{\mu\left[2\frac{\partial u}{\partial x}-\frac{2}{3}\left(\frac{\partial u}{\partial x}+\frac{\partial v}{\partial y}+\frac{\partial w}{\partial z}\right)\right]\right\}+$$
$$\frac{\partial}{\partial y}\left[\mu\left(\frac{\partial u}{\partial y}+\frac{\partial v}{\partial x}\right)\right]+\frac{\partial}{\partial z}\left[\mu\left(\frac{\partial w}{\partial x}+\frac{\partial u}{\partial z}\right)\right]$$

$$\rho\frac{\mathrm{d}v}{\mathrm{d}t}=\rho f_y-\frac{\partial p}{\partial y}+\left\{\mu\left[2\frac{\partial v}{\partial y}-\frac{2}{3}\left(\frac{\partial u}{\partial x}+\frac{\partial v}{\partial y}+\frac{\partial w}{\partial z}\right)\right]\right\}+$$
$$\frac{\partial}{\partial x}\left[\mu\left(\frac{\partial u}{\partial y}+\frac{\partial v}{\partial x}\right)\right]+\frac{\partial}{\partial z}\left[\mu\left(\frac{\partial w}{\partial y}+\frac{\partial v}{\partial z}\right)\right]$$

$$\rho\frac{\mathrm{d}w}{\mathrm{d}t}=\rho f_z-\frac{\partial p}{\partial z}+\left\{\mu\left[2\frac{\partial w}{\partial z}-\frac{2}{3}\left(\frac{\partial u}{\partial x}+\frac{\partial v}{\partial y}+\frac{\partial w}{\partial z}\right)\right]\right\}+$$
$$\frac{\partial}{\partial x}\left[\mu\left(\frac{\partial u}{\partial z}+\frac{\partial w}{\partial x}\right)\right]+\frac{\partial}{\partial y}\left[\mu\left(\frac{\partial w}{\partial y}+\frac{\partial v}{\partial z}\right)\right]$$

式中：ρ为流体密度；u、v、w 分别为流体 t 时刻在点(x, y, z)处的速度分量；f_x、f_y、f_z分别为作用在流体元上单位质量的体积力分别在 x、y、z 方向的分量；p 为压力；μ为流体的动力黏性系数。

黏性系数为常数，不随坐标位置而变化条件下的矢量形式为

$$\rho\frac{\mathrm{d}\boldsymbol{v}}{\mathrm{d}t}=\rho F-\mathrm{grad}\ p+\frac{\mu}{3}\mathrm{grad}\left(\mathrm{div}\ \boldsymbol{v}\right)+\mu\left(\nabla^2\boldsymbol{v}\right)$$

若不考虑流体的黏性，则由上式可得理想流体的运动方程，即欧拉(Euler)方程：

$$\frac{\mathrm{d}u}{\mathrm{d}t}=\frac{\partial u}{\partial t}+u\frac{\partial u}{\partial x}+v\frac{\partial u}{\partial y}+w\frac{\partial u}{\partial z}=f_x-\frac{\partial p}{\rho\partial x}$$
$$\frac{\mathrm{d}v}{\mathrm{d}t}=\frac{\partial v}{\partial t}+u\frac{\partial v}{\partial x}+v\frac{\partial v}{\partial y}+w\frac{\partial v}{\partial z}=f_y-\frac{\partial p}{\rho\partial y}$$
$$\frac{\mathrm{d}w}{\mathrm{d}t}=\frac{\partial w}{\partial t}+u\frac{\partial w}{\partial x}+v\frac{\partial w}{\partial y}+w\frac{\partial w}{\partial z}=f_z-\frac{\partial p}{\rho\partial z}$$

N-S 方程比较准确地描述了实际的流动，黏性流体的流动分析均归结为对此方程的研究。由于其形式甚为复杂，实际上只有极少量情况可以求出准确解，故产生了通过数值计算求解的研究，这也是计算流体力学进行计算的最基本的方程，所有的流体流动问题，都是围绕着对 N-S 方程的求解进行的。

补充方程(例如，质量守恒定律)和良好的边界条件，使 N-S 方程似乎可以进行流体运动的精确建模，甚至湍流(平均上)也符合实际观察结果。N-S 方程假定所研究的流体是连续(是无限可分的，而不是由粒子组成)并且相对静止的。在非常小的尺度或极端条件下，由离散分子组成的真实流体将产生与由 N-S 方程建模的连续流体不同的结果。

能量守恒方程表示为

流体微团内能变化率 = 流入微团的净热流量 + 体积力和表面力对流体微团做功的功率

在直角坐标系下可将其化为微分形式：

$$\frac{\mathrm{d}e}{\mathrm{d}t}=\frac{\partial e}{\partial t}+u\frac{\partial e}{\partial x}+v\frac{\partial e}{\partial y}+w\frac{\partial e}{\partial z}$$

$$=\frac{Q}{\rho}+\frac{1}{\rho}\left[\frac{\partial}{\partial x}\left(k\frac{\partial T}{\partial x}\right)+\frac{\partial}{\partial y}\left(k\frac{\partial T}{\partial y}\right)+\frac{\partial}{\partial z}\left(k\frac{\partial T}{\partial z}\right)\right]-\frac{p}{\rho}\left(\frac{\partial u}{\partial x}+\frac{\partial v}{\partial y}+\frac{\partial w}{\partial z}\right)+\frac{\Phi}{\rho}$$

式中：k 为波尔兹最常数；e 为单位质量下理想流体的内能；Q 为单位时间内外部传递给单位质量流体的热量；T 为流体的温度；Φ为黏性耗散函数。

$$\Phi=2\mu\left[\left(\frac{\partial u}{\partial x}\right)^2+\left(\frac{\partial v}{\partial y}\right)^2+\left(\frac{\partial w}{\partial z}\right)^2\right]+\left(\mu'-\frac{2}{3}\mu\right)\left(\frac{\partial u}{\partial x}+\frac{\partial v}{\partial y}+\frac{\partial w}{\partial z}\right)^2+$$

$$\mu\left[\left(\frac{\partial w}{\partial y}+\frac{\partial v}{\partial z}\right)^2+\left(\frac{\partial u}{\partial z}+\frac{\partial w}{\partial x}\right)^2+\left(\frac{\partial v}{\partial x}+\frac{\partial u}{\partial y}\right)^2\right]$$

通常使用的湍流模型（如 k-ε 模型）针对充分发展的湍流才有效，它们只在高雷诺数的湍流模拟中适用。但是，近壁区附近雷诺数较低，湍流发展并不充分，湍流的脉动影响不如分子黏性的影响大，该区域不能使用高雷诺数的湍流模型，必须采用特殊的处理方法，并且在网格划分上也要进行特殊的处理。

N-S 方程为描述流体运行的控制方程。运用三维非稳态 N-S 方程对流动进行直接数值计算时，必须采用很小的时间与空间步长才能分辨出湍流中详细的空间结构及变化剧烈的时间特征，而这对于内存空间和 CPU 的运行速度要求非常高，因此，需要引入某种处理方法，对 N-S 方程进行简化，是指可以适用于工程计算。对于湍流求解问题，最常见的方法主要包括雷诺平均 N-S 模型、大涡模拟、直接数值模拟等。应用雷诺平均 N-S 模型法，将 N-S 方程对时间进行平均，引入模型进行求解，计算量更小，更适合应用于工程数值计算。

目前 FLUENT 中提供了许多种湍流模型，但不幸的是还没有普遍适用于各种流动现象的湍流模型。湍流模型的选择取决于流动包含的物理问题、精确性要求、计算资源的限制、模拟求解时间的限制。表 2-2 为各个湍流模型的描述及应用场合，为选择湍流模拟提供了重要的参考。

表 2-2　常见湍流模型

模型	描述
Spalart-Allmaras	单一输运方程模型，直接解出修正后的湍流黏性，用于有界壁面流动的航空领域（需要较好的近壁面网格），尤其是绕流过程，可以使用粗网格
标准 k-ε	基于两个输运方程的模型解出 k 和 ε。标准的 k-ε 模型，系数由经验公式给出，只对高雷诺数的湍流有效，包含黏性热、浮力、压缩性选项
RNG k-ε	标准 k-ε 模型的变形，方程和系数来自解析解，在 ε 方程中改善了模拟高应变流动的能力，用来预测中等强度的旋流和低雷诺数流动
Realizable k-ε	标准 k-ε 模型的变形，用数学约束改善模型性能，能用于预测中等强度的旋流和绕流

续表

模型	描述
标准 k-ω	两个输运方程求解 k 和 ω。对于有界壁面和低雷诺数流动较好，尤其是绕流问题
SST k-ω	标准 k-ω 模型的变形，使用混合函数将标准 k-ω 模型与标准 k-ε 模型结合起来
Reynolds Stress	直接使用输运方程来解出雷诺应力，避免了其他模型的黏性假设，模拟强旋流相比于其他模型有明显优势

Spalart-Allmaras(S-A)模型是由 P. Spalart 和 S. Allmaras 于 1992 年提出的，该模型是一种相对简单的通过求解输运方程得到湍流运动黏度的单方程湍流模型。S-A 模型是专为航空航天领域中研究壁面边界流动而设计的，主要着力于恰当求解边界层受黏性影响的区域，是一种非常有效的低雷诺数湍流模型。S-A 模型在计算受制于压力梯度的边界层流动中取得了很好的结果，因此 S-A 模型被普遍应用于透平机械的数值计算中。S-A 模型实际上是一个低雷诺数模型，需要妥善处理其边界层的黏性影响的区域，可是在 FLUENT 中，当网格划分不是那么理想时，S-A 模型将实施使用增强壁面处理，可较好模拟壁面边界层的流动情况。从计算的角度来看 S-A 模型在 FLUENT 中是最经济的湍流模型。因为这是单方程模型，只有一个湍流输运方程被求解。S-A 模型在目前工程应用特别是叶轮机的计算中得到了广泛的应用，相对于 k-ε 模型和 k-ω 模型来讲计算量小、稳定性好。本书的计算中选用 S-A 模型。

对于有壁面的流动，当主流为充分发展的湍流时，根据离壁面发现距离的不同，可将流动划分为壁面区（或称内区、近壁区）和核心区（或称外区）。核心区是完全湍流区，为充分发展的湍流。在壁面区，由于有壁面的影响，流动与核心区不同。

FLUENT 提供了多种壁面函数处理方式，如标准壁面函数法、非平衡壁面函数法和增强壁面处理，见表 2-3。

表 2-3 壁面处理方法的比较

壁面处理方法	特点	适用范围
标准壁面函数法	应用较多，计算量小，有较高的精度	适合高雷诺数流动。对低雷诺数流动问题，有压力梯度和体积力、低雷诺数及高速三维流动问题不合适
非平衡壁面函数法	考虑了压力梯度，可以计算分离、再附着及撞击问题	对低雷诺数流动问题，有较强压力梯度及强体积力问题不适合
增强壁面处理	不依赖壁面法则，对于复杂流动，特别是低雷诺数流动很适合	要求网格密，因而要求计算机处理时间长、内存大

在处理近壁区流动问题时，通常采用的是壁面函数法，实际上是利用半经验公式将壁面上的物理量与核心湍流区内待求解的未知量直接联系起来，对高雷诺数流动问题和具有边壁效应的流动过程有良好的计算结果。本书即采用标准壁面函数法。

2.4.3　模型的建立

本书所研究的 Wells 涡轮机，是优先选用 8 个 NACA0015 型叶片的 Wells 涡轮机模型，保证了各个叶片具有均匀的截面，且扫掠比 $g = 0.35$（图 2-62）。在 Raghunathan 先前的工作中曾将该值确定为最佳值。Wells 涡轮的基本参数见表 2-4。

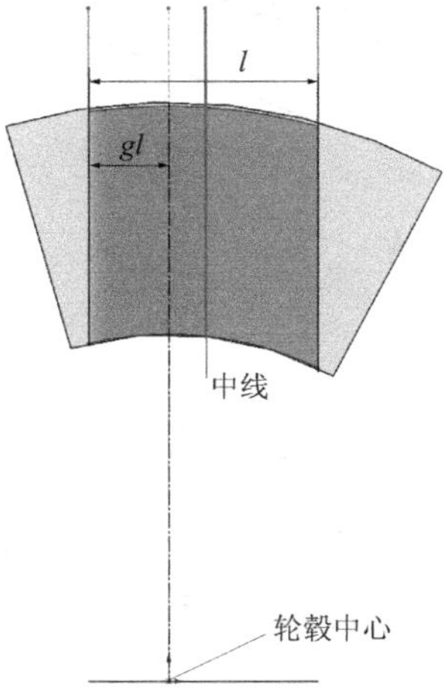

图 2-62　模型扫掠比示意

表 2-4　Wells 涡轮基本参数

参数	值	单位
轮缘半径	150	mm
轮毂半径	90	mm
叶片弦长	60	mm
叶尖间隙	1	mm
扫掠比	0.35	—

Wells 涡轮的三维几何构型采用 Solidworks 软件建立，保持 1 mm 的叶尖间隙。叶片的长宽比为 1，即弦长为 60 mm。为了确保流场的充分发展，以模拟更贴近真实情况的流动状态，流场域上下游各取 4 倍弦长的长度。从 Wells 涡轮自身结构出发，各叶片的受力情况在同一来流场情况下保持一致，即具有周期性旋转的特点，因此对单一叶片进行性能分析即可推导出整体的性能特点。为此，在切线方向上选用八分之一的流场域进行模拟，计算域包含一个叶片和相应流域，使用周期性边界条件进行数值模拟，在简化模型的同时大幅节约了计算时间，提高了计算效率。图 2-63 为本书所采用的流体域模型。

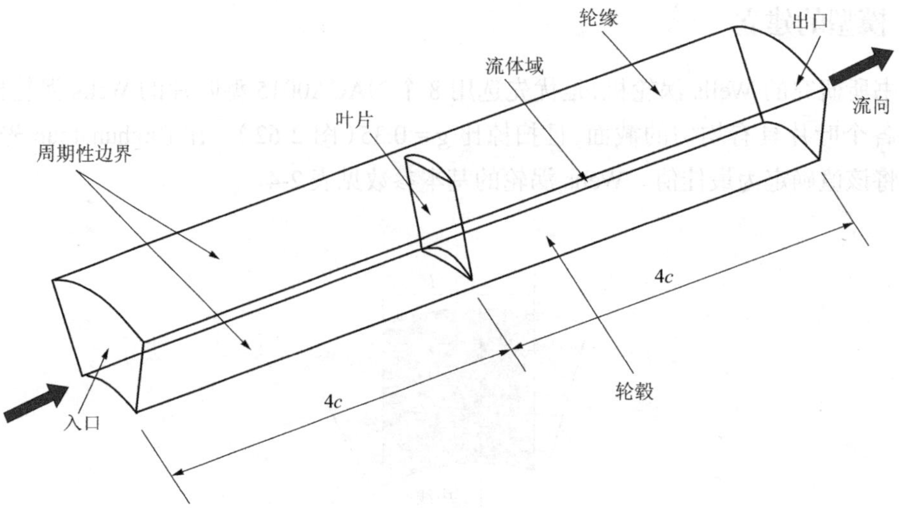

图 2-63 流体域模型

根据计算需要，边界条件设置为：左侧入口处为速度入口；右侧出口处为压力出口，出口初始压力为 0；上下两侧分别为轮缘、轮毂，是流体域边界，设为固壁；剩余流体域侧壁定义为周期性边界。

2.4.4 网格独立性验证

为了保证周期性边界处的网格数与节点数完全相同，在网格划分前应先创建旋转周期。目前，我们通常按网格数据结构将网格分为结构网格与非结构网格。结构网格在拓扑结构上相当于矩形域内的均匀网格，其节点定义在每一次的网格线上，且每一层上节点数都是相等的，这样使复杂外形的网格生成比较困难。非结构网格没有规则的拓扑结构，也没有层的概念，在计算时需要更大的内存，但是其网格节点的分布是随意的，具有灵活性，适用于几何结构复杂的模型，因此本书选取非结构化网格进行网格划分。

本书采用四面体网格，因其对复杂结构和任意形状具有良好的适用性。对于物理量变化剧烈的区域可以采用局部网格加密提高该区域计算精度，同时可避免整体网格密度大导致的计算时间过长的问题。虽然增加网格数量不一定能提高计算精度，但是高精度的计算结果一定来自高密度的网格。在物理量梯度大的区域布置更加细密的网格，这是一个很重要的网格划分规则。所以为保证网格的质量，提高计算精度，在叶片、轮缘、轮毂连接处进行边界层加密处理，需估算第一次网格高度值。

计算取 $y^+ = 0.5$，估算距壁面第一层网格高度值 y。

（1）计算雷诺数：

$$Re = \frac{\rho v l}{\mu} = \frac{1.225 \times 18.7 \times 0.06}{1.8 \times 10^{-5}} = 7.636 \times 10^4$$

（2）计算壁面摩擦系数：

$$C_{\mathrm{f}} = 0.058 Re^{-0.2} = 6.12 \times 10^{-3}$$

（3）计算壁面剪切应力：

$$\tau_{\mathrm{w}}=\frac{1}{2}C_{\mathrm{f}}\rho v^{2}=1.311\ \mathrm{kg/(m\cdot s^{2})}$$

（4）计算速度：

$$U_{\tau}=\sqrt{\frac{\tau_{\mathrm{w}}}{\rho}}=1.034\ \mathrm{m/s}$$

（5）计算第一层网格高度：

$$y=\frac{y^{+}\mu}{U_{\tau}\rho}=7.69\times10^{-3}\ \mathrm{mm}$$

所以，叶片附近 y 取 7.69×10^{-3} mm，增长率取 1.3。在叶片、轮缘、轮毂连接处局部网格加密，布置 20 层网格，其余部分采用非结构化四面体网格，模型最终网格划分情况及局部网格加密结果如图 2-64 所示。

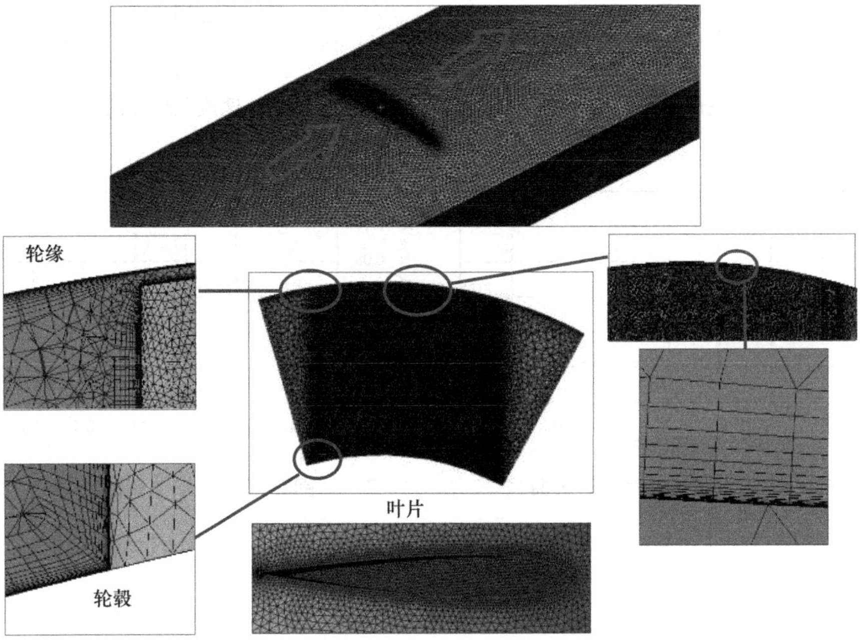

图 2-64　网格划分结果

网格独立性检验，就是指通过对有限元模型网格进行尺寸控制检验，消除因网格划分对分析结果的影响。网格划分的疏密程度直接关系到有限元分析的结果，网格划分过疏，整个模型单元尺寸较大，单元数目较少，导致计算精度不准确；网格划分过密，计算精度高，但对计算机配置要求过高，计算耗时过长，并不适合大规模批量化的有限元分析。

从理论上讲，网格数量越多，数值计算结果精度越高（在一定范围内），但同时计算规模和时间也会增加，所以为保证在有限计算资源的条件下，得到较为精确的结果，应该对网格尺寸和数量进行控制检验。

网格独立性检验的一般做法是：考虑多套不同密度的计算网格，在相同的工况条件下进行计算,考虑相关物理量的变化率。在网格密度达到一定程度后,继续增加网格密度对于计算结果的影响非常小,此时可以认为计算网格数量的增加对于计算结果的影响可以忽略,在后续的计算过程中,采用计算结果不再发生显著变化位置的计算网格数量作为网格数量基准。

在本书计算模拟中,首先选取入射流速为 18.7 m/s 的定常流,固定涡轮角速度为 524 rad/s,输出涡轮的输出扭矩 m 及流出涡轮的压力 p_{in} 与 p_{out},观察涡轮的气体流量 q 等相关参数变化情况,网格数量为 400 w 左右时的输出结果如图 2-65 至图 2-69 所示。

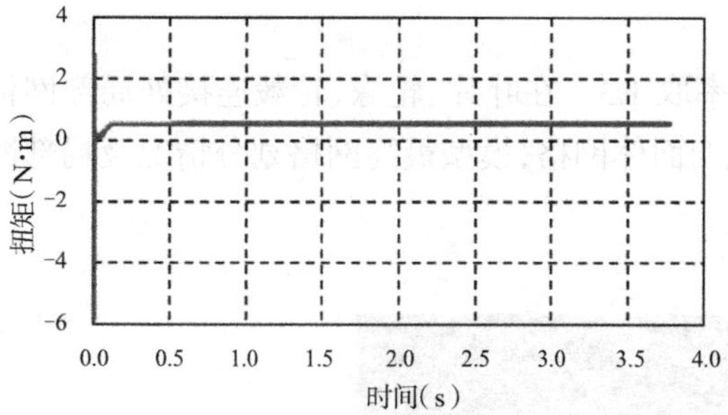

图 2-65 扭矩时历曲线

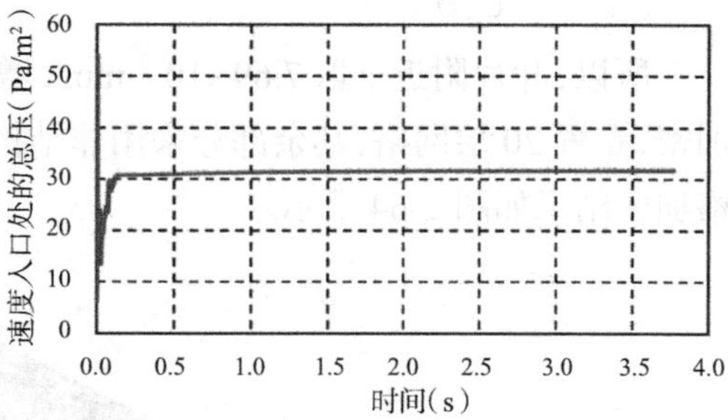

图 2-66 速度入口处的总压时历曲线

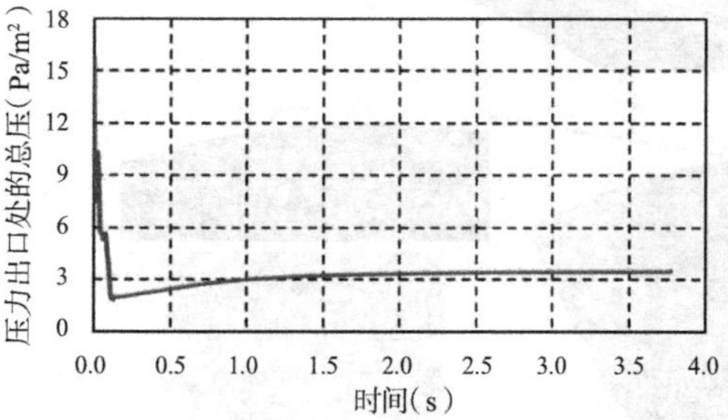

图 2-67 压力出口处的总压时历曲线

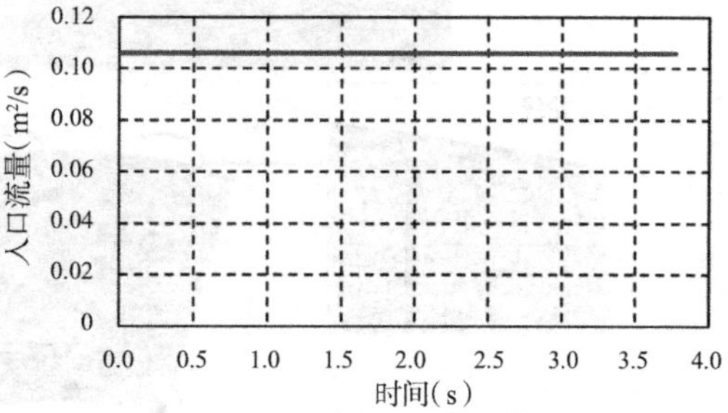

图 2-68 入口流量时历曲线

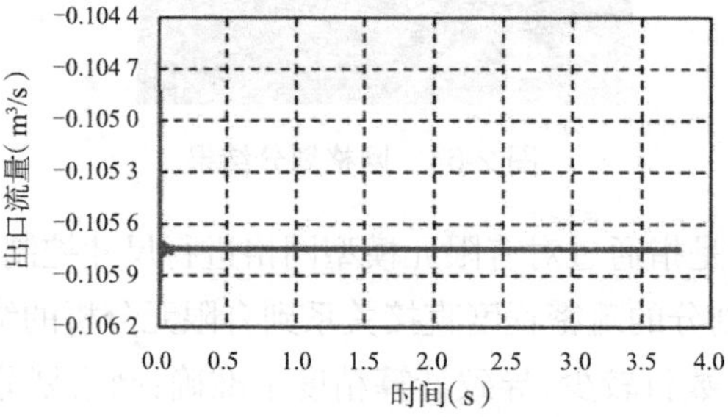

图 2-69 出口流量时历曲线

由图 2-65 至图 2-69 可以观察到,各个输出参数在短暂震荡后能够基本达到收敛状态,且观察发现没有大幅波动情况,说明本次计算结构收敛状况良好。通过以上输出曲线可以得到涡轮的输出扭矩 T、气体流经涡轮后的总压降 Δp,再通过涡轮的气体流量 Q,可以计算得到扭矩系数C_T、压降系数C_p、涡轮机效率η。通过改变网格模型，采用相同模拟条件，即可得到网格独立性检验结果如表 2-5 及图 2-70 所示。

表 2-5　网格独立性检验结果

网格数量(×10⁴)	C_T	C_A	η
157	0.241	2.038	0.492
286	0.239	1.978	0.503
431	0.259	2.027	0.533
502	0.261	2.040	0.534
977	0.262	2.040	0.534

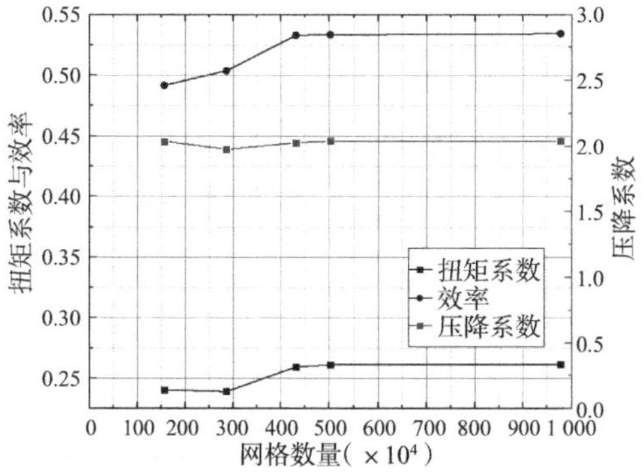

图 2-70　网格独立性检验结果

2.5　不同来流下 Wells 涡轮气动性能研究

本节针对上一节选取的 Wells 模型，探究其气动性能，针对其气体流速、涡轮机转速、叶片间隙和动叶片数量几个方面进行敏感性分析，且通过文献对比验证了目前收敛结果的准确性，同时研究了非定常流下 Wells 涡轮机的准静态分析方法，计算对比定常流、振荡流和往复流工况中 Wells 涡轮的性能，观测准静态分析方法(即使用稳态结果)模拟非定常流动的可能性。

2.5.1　定常流下 Wells 涡轮参数敏感性研究

1. 改变流速、转速的敏感性研究

为得到 Wells 涡轮机在定常流中的性能指标，选用上述最优网格模型，改变流量系数进行数值模拟。本次数值模拟中分别采用两种改变流量系数的方法，一种是固定气流速度，改变涡轮旋转速度的方式改变流量系数，另一种是固定涡轮转速，改变初始气流速度的方式改变流量系数。可以输出不同流量系数下涡轮的输出扭矩 T，气体流经涡轮后的总压降 Δp，通过涡轮的气体流量 Q 等相关参数,通过计算可以得到不同流量系数下 Wells 涡轮机的扭矩系数、压降系数、效率,如图 2-71 所示。

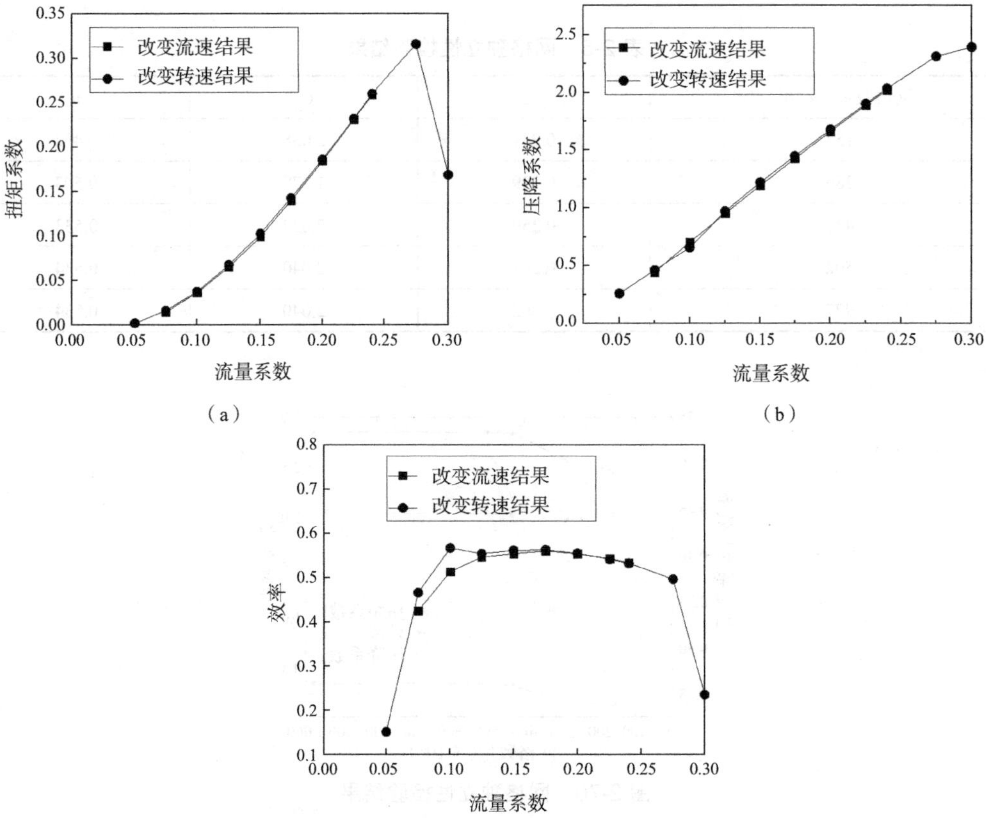

(a)　(b)　(c)

图 2-71　不同流量系数下涡轮机性能数值模拟结果

(a)扭矩系数曲线　(b)压降系数曲线　(c)效率曲线

为了验证数值模型的正确性,将得到的数值计算结果与 Setoguchi 给出的试验数据进行了比较,如图 2-72 所示,可以看到扭矩系数、压降系数、效率的数值结果与试验结果偏差较小拟合较好,故认为模型可用。

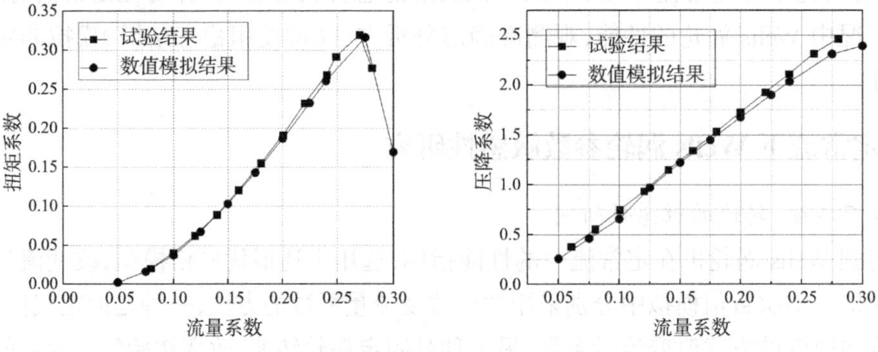

(a)　(b)

图 2-72　稳态条件下涡轮机性能数值模拟结果与试验数据对比

(a)扭矩系数曲线　(b)压降系数曲线

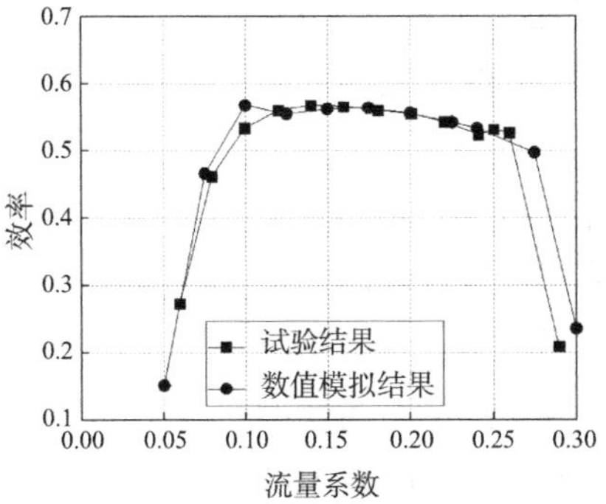

（c）

图 2-72　稳态条件下涡轮机性能数值模拟结果与试验数据对比（续）

（c）效率曲线

同时，通过观察效率曲线不难发现，Wells 涡轮机在流量系数 φ 为 0.26~0.27 时效率急剧下降，这就是 Wells 涡轮机的失速现象。由于 Wells 涡轮机的叶片是由对称的翼型截面组成，所以它的失速现象类似于发生在翼型上的失速现象。在 Wells 涡轮中，通常叶型截面厚度变化在弦长的 12%~20%，以获得良好的性能和启动特性。对于此种叶型剖面，在低入射角下，通过翼型的流动会附着在翼型的边界，然而随着入射角的增大，尾缘附近的气流会与翼型开始分离，导致翼型的升力明显下降，从而产生失速现象。

对于稳定的流动条件，非稳定状态仅在发生失速时才会出现，并且主要影响边界层的分离。由图 2-73 可以发现，在失速之前，即流量系数 $\varphi=0.24$ 时，边界层保持吸附在吸力侧，这意味着边界层的分离仅在后缘附近的有限区域内发生。因此，叶片可以产生相当大的提升力，并且叶片下游的尾流结构是稳定且简单的。在涡轮失速之后的初期失速状态，即 $\varphi=0.275$ 时，分离点移至叶片的前缘，并且整个吸力侧都处于负压区域，这大大降低了提升力，从而降低了转矩，使得效率急剧减小。此结果表明 Wells 涡轮机仅在峰值附近小区域内才能高效运行，当流速超过失速点时，转矩会急速下降，涡轮性能会急剧降低。

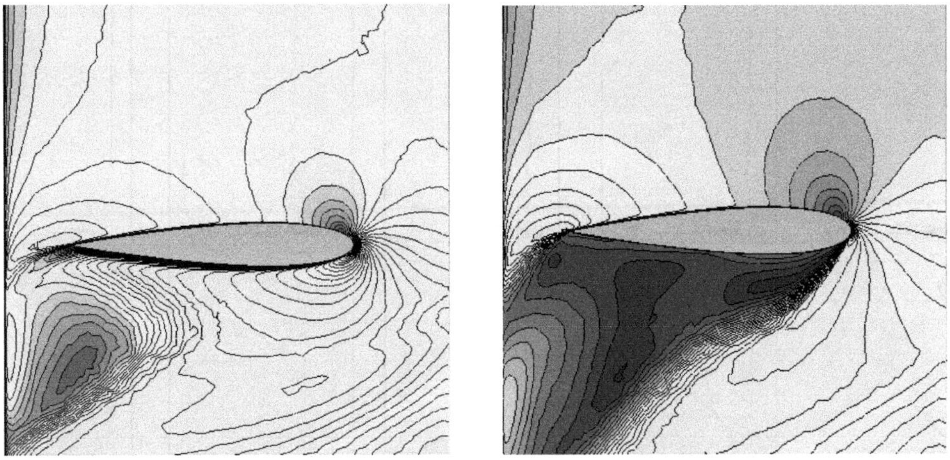

（a）　　（b）

图 2-73　不同流量系数下的流速等值线图

（a）流量系数为 0.24 时的流速等值线图　（b）流量系数为 0.275 时的流速等值线图

2. 改变叶间隙的敏感性研究

叶间隙(图 2-74)是指叶片和轮缘之间的间隙。叶间隙较小时,可抑制吸入侧的分离。如果叶间隙过大,则会降低 Wells 涡轮机效率,对涡轮机性能不利。Raghunathan 曾经提出,与常规涡轮机相比, Wells 涡轮机对叶间隙非常敏感。为了探究叶间隙对 Wells 涡轮机性能的影响,在上述模型的基础上,改变 R(叶片顶部半径)的大小,调整叶间隙为 1~5 mm,分别进行数值模拟。尖端间隙区域使用四面体非结构化网格离散化,得到压力云图与速度云图如图 2-75 和图 2-76 所示。

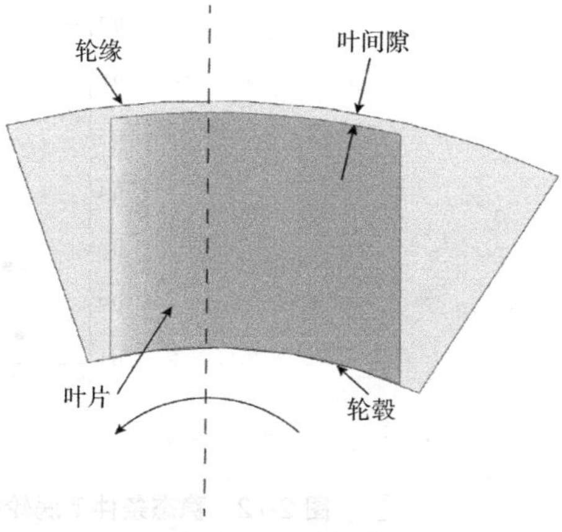

图 2-74 叶间隙

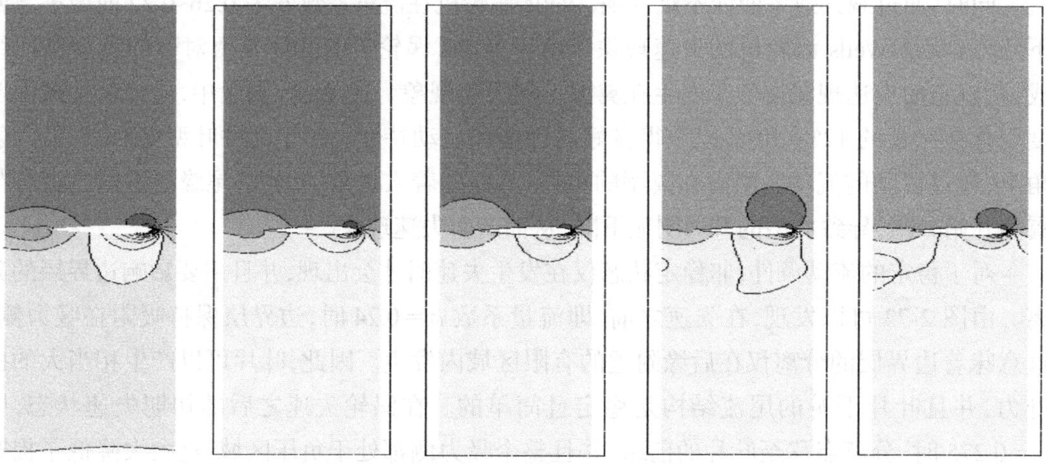

(a) (b) (c) (d) (e)

图 2-75 不同叶间隙下的压力云图(φ = 0.24)

(a)叶间隙 1 mm (b)叶间隙 2 mm (c)叶间隙 3 mm (d)叶间隙 4 mm (e)叶间隙 5 mm

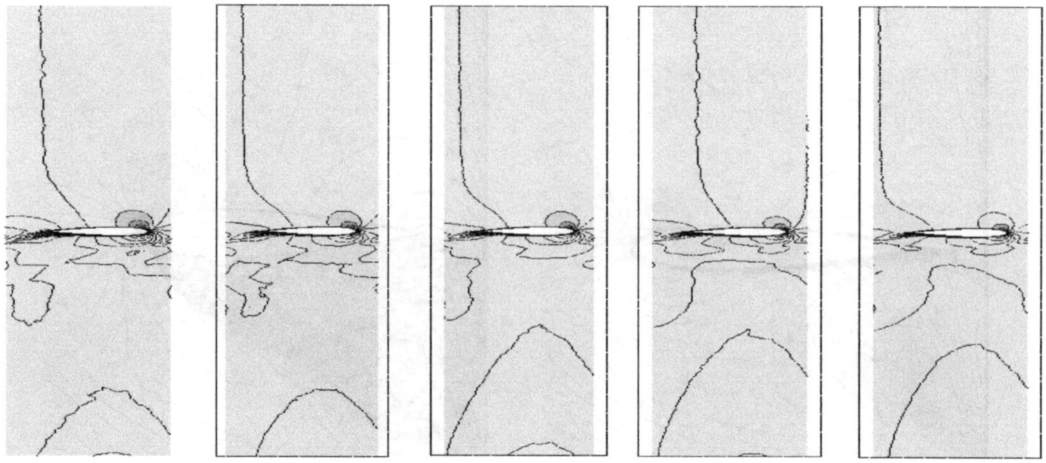

(a) (b) (c) (d) (e)

图 2-76 不同叶间隙下的速度云图(φ =0.24)

(a)叶间隙 1 mm (b)叶间隙 2 mm (c)叶间隙 3 mm (d)叶间隙 4 mm (e)叶间隙 5 mm

由图 2-75 可以观察到，叶片两侧的压差随着叶间隙的增大而减小，从而导致压降减小，相应地降低了涡轮机的压降系数。而图 2-76 显示，叶间隙增大时，分离点呈现从叶后缘前移的效果，且流速差减小，降低了提升力，从而降低了转矩，使得效率减小。

从图 2-77 可以看到，扭矩系数随着叶间隙的增大呈现减小的趋势，且在不同的流量系数下，减小的程度也不尽相同。具体表现为流量系数越大，减小的幅度也越大；流量系数较小时，扭矩系数数值十分贴近。而就叶间隙对于压降系数的影响来看，压降系数随着叶间隙的增大而减小，在不同的流量系数下，减小的程度大体相同。总体来看，效率随着叶间隙的增大而减小，叶间隙由 1 mm 增至 5 mm 的过程中，效率急剧下降：在流量系数 $\varphi < 0.1$ 时，减幅较大，在 0.4 左右；在流量系数 $\varphi > 0.1$ 后，随着流量系数的增大，效率整体呈现缓慢增长的趋势。可以发现，Wells 涡轮机的性能对于叶间隙的变化较为敏感，且在流量系数较小时，影响更为明显。由于叶间隙的存在，叶片两面的压力差使得部分流体从叶间隙流出，导致气流利用不充分，从而效率降低。叶间隙太大会严重降低涡轮机的性能，所以在实际工况中，要严格控制叶间隙的大小以使 Wells 涡轮机的性能达到最优。

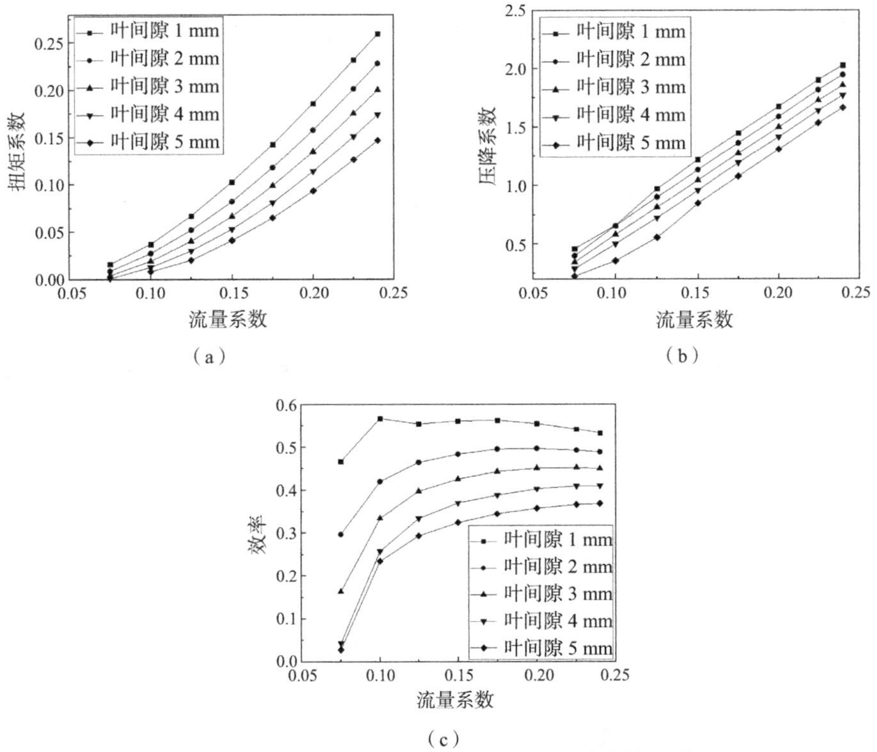

图 2-77　稳态条件下叶间隙对涡轮机性能的影响

(a)扭矩系数曲线　(b)压降系数曲线　(c)效率曲线

3. 改变动叶片数量的敏感性研究

为探究动叶片数量对 Wells 涡轮机性能的影响，需要在其他参数保持不变的情况下，改变动叶片数量进行数值模拟。此次所采用的模型尺寸与稳态研究时相同，只改变动叶片的数量。在以上条件下，采用动叶片的数目分别为 2、4、6、8 个，稳定气体流速为 18.7 m/s，控制流量系数为 0.075~0.24，在保证 Wells 涡轮不会失速的情况下进行数值模拟，可以得到压力云图与速度云图如图 2-78 和图 2-79 所示。

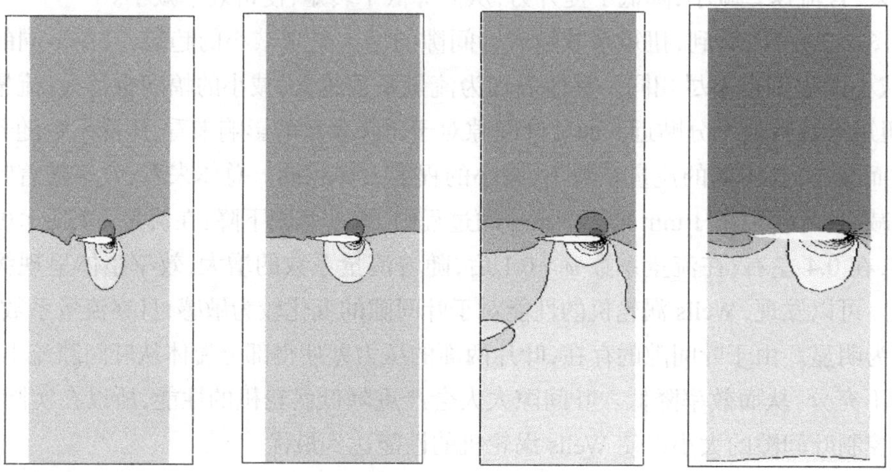

（a） （b） （c） （d）

图 2-78 不同动叶片数量下的压力云图（ $\varphi = 0.24$ ）

（a）动叶片数量为 2 个 （b）动叶片数量为 4 个 （c）动叶片数量为 6 个 （d）动叶片数量为 8 个

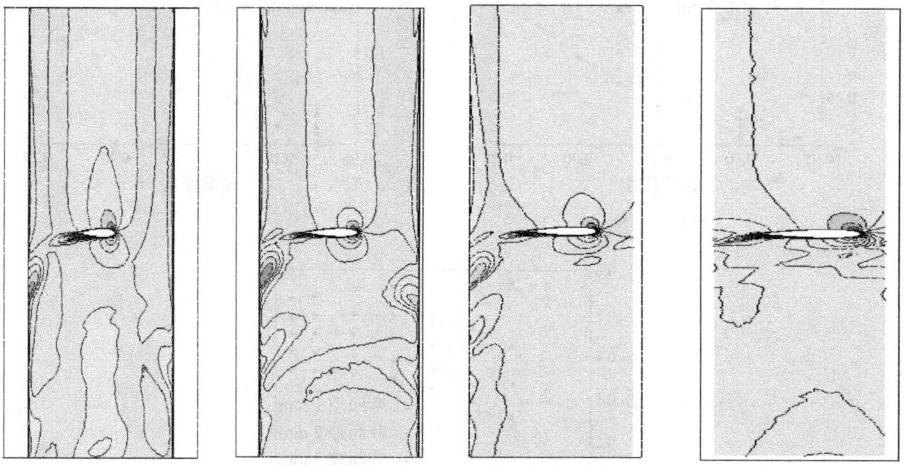

（a） （b） （c） （d）

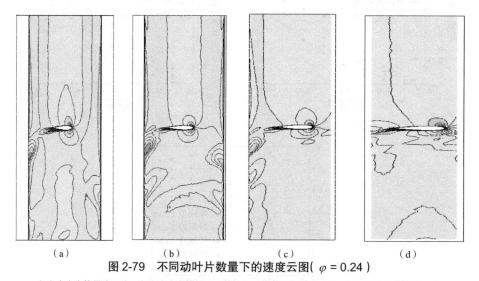

图 2-79 不同动叶片数量下的速度云图（ $\varphi = 0.24$ ）

（a）动叶片数量为 2 个 （b）动叶片数量为 4 个 （c）动叶片数量为 6 个 （d）动叶片数量为 8 个

由图 2-80 可以发现，扭矩系数随动叶片数量的增加而不断增大，且增加幅度越来越大；对于压降系数曲线，可以看到动叶片数量从 2 个增大到 8 个时，压降系数先减小后增大，在动叶片数量为 6 个时达到最小值；对于效率曲线，动叶片数量从 2 个增大至 8 个时，效率曲线急剧攀升，在动叶片数量为 8 个时达到最大，且曲线形状几乎相同，就目前所取的四组数据来看，动叶片数量为 8 个时效率达到最大。

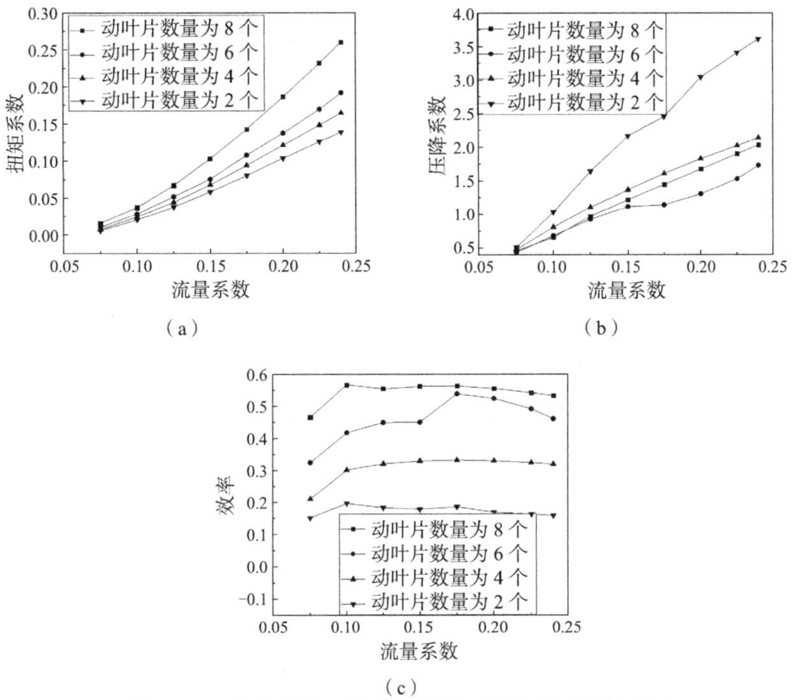

图 2-80　稳态条件下动叶片数量对涡轮机性能的影响

(a)扭矩系数曲线　(b)压降系数曲线　(c)效率曲线

综上所述,在其他尺寸不变的条件下,如果动叶片数量过少,则叶片对气流的利用率会显著降低,产生的扭矩则会偏小,进而使 Wells 涡轮效率降低;反之,如果动叶片数量过多可能会导致在流体域内气体被压缩影响 Wells 涡轮效率。所以在实际工程中,应根据实际环境下的主要工作流量系数范围确定合理的动叶片数量。

2.5.2　振荡/往复流下 Wells 涡轮机的气动性能分析

1. 往复流下准静态分析

在数值模拟中采取准静态分析方法,所谓准静态分析即通过调节时间步长、来流速度周期等参数,使用动态的模拟结果无限接近稳静态模拟的结果。这样,可以在面对复杂且较难进行模拟的海况时,利用稳态状态下的求解结果,推算装置在不稳定的复杂海况下的运行性能,从而可以解决海况难以模拟导致计算困难的问题。

采用前文两种不同实现往复流的方法得到振荡流与往复流的模拟结果与稳态结果对比,如图 2-81 所示。

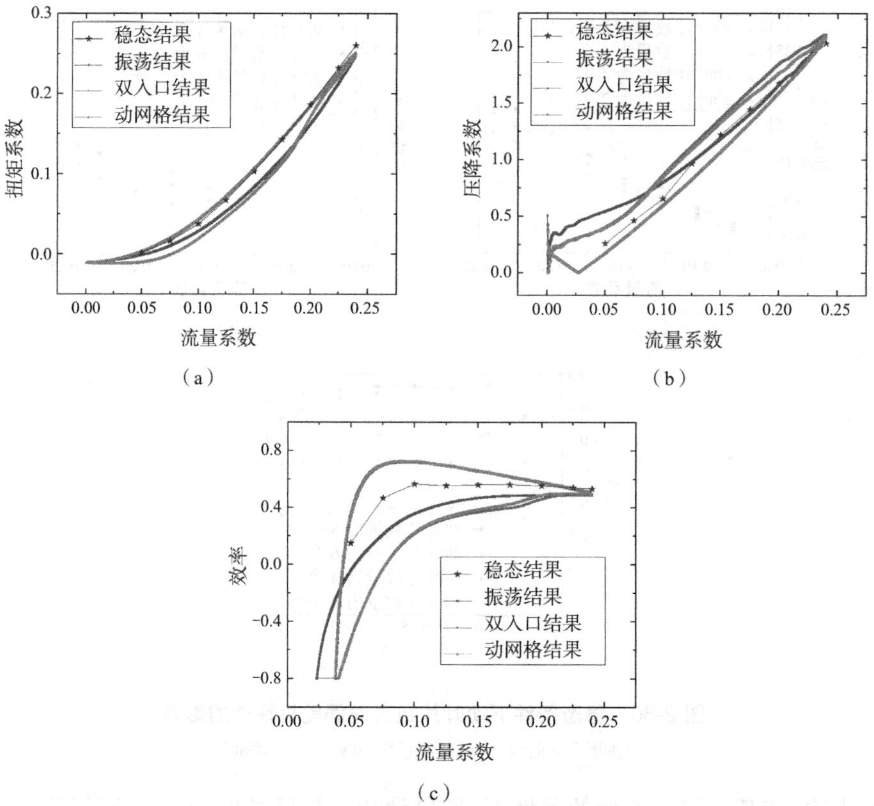

图 2-81　非定常流对涡轮机性能的影响

(a)扭矩系数曲线　(b)压降系数曲线　(c)效率曲线

从 3 个曲线均可以发现,动网格结果会相对于双入口结果更为稳定,收敛得更好,但整体看来相差不大。这是由于双入口方法在改变速度方向时需要短暂时间不能立即调转速度方向,而动网格方法则可以直接实现边界条件的转换,效率更高。通过振荡流的结果可以看到,如果来流速度方向没有发生改变,用双入口方法能很好地模拟非定常流,但是来流速度方向发生变化时,动网格方法相对能得到更为准确的模拟结果。整体上看无论是振荡流结果,还是往复流结果,都与稳态结果较为接近,存在利用稳态结果模拟非定常过程的可能性,除此之外还应探究速度变化周期对结果的影响。

图 2-81 中还显示了在入口流量从零加速到最大速度和从最大速度到零减速期间,流量系数在 0 和最大值 2.5 之间随震荡气流幅值的变化而往复循环变化。在循环过程中,输入系数 C_A 遵循两个不同的路径,来流速度加速阶段的 C_A 值高于减速阶段的 C_A 值,出现顺时针滞后回路;但在扭矩系数C_T和效率 η 中观察到了逆时针滞后回路,即加速阶段的指标要低于减速阶段的指标,并且每半个周期就会形成一个逆时针滞回圈。此种现象即为 Wells 涡轮的迟滞现象。Tiziano 使用计算流体动力学来分析问题,并发现迟滞现象是由于流动与加、减速阶段于尾缘附近形成的强度不同的涡流之间的相互作用产生的。在加速流动过程中,根据凯尔文定理,随着叶片环量的增加,与叶片环量相对的涡从尾缘脱落,较强的涡在较大半径处脱落,生成顺时针尾涡,顺时针方向的涡流被强化。在减速流动过程中,叶片环量

减小，流出涡与叶片环量方向相同，形成逆时针方向的尾涡，从而抑制涡流。由于较强的涡流扩大了相邻叶片吸力面上的分离，导致加速流动过程的性能低于减速流动过程。

2. 往复流周期的影响

为探究以稳态结果模拟往复流动的可能性及往复流周期的影响，选取 $T=5$ s、$T=10$ s、$T=15$ s 和 $T=20$ s 这 4 个不同周期结果与稳态结果置于一张图中，进行准静态分析，最终呈现的效果如图 2-82 至图 2-84 所示。

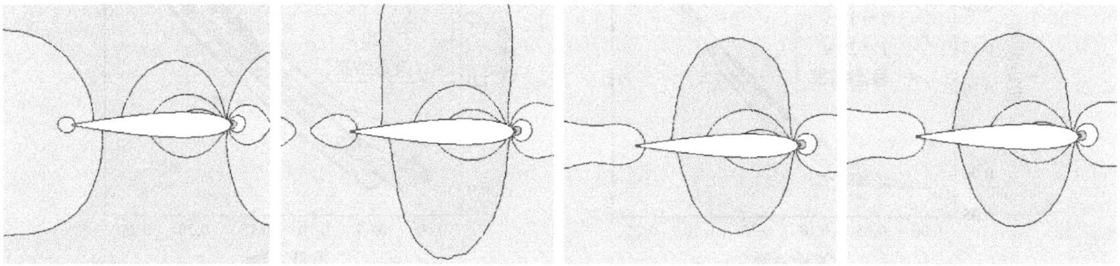

(a)　(b)　(c)　(d)

图 2-82　不同周期往复流下压力云图

(a) $T=5$ s　(b) $T=10$ s　(c) $T=15$ s　(d) $T=20$ s

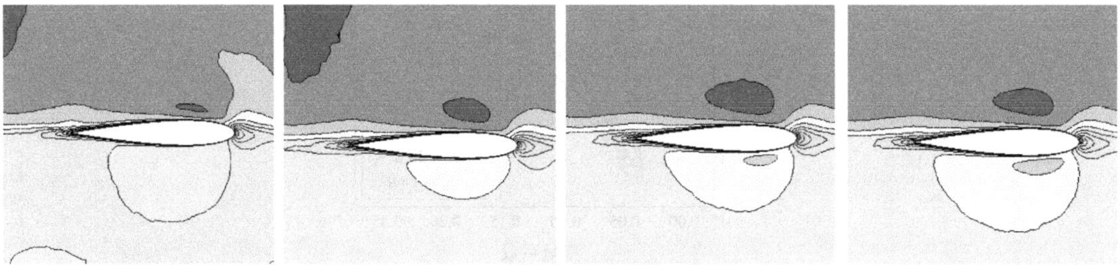

(a)　(b)　(c)　(d)

图 2-83　不同周期往复流下速度云图

(a) $T=5$ s　(b) $T=10$ s　(c) $T=15$ s　(d) $T=20$ s

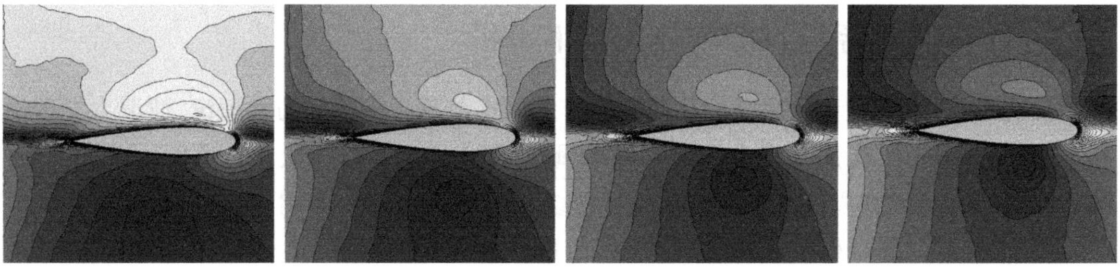

(a)　(b)　(c)　(d)

图 2-84　不同周期往复流下迹线图

(a) $T=5$ s　(b) $T=10$ s　(c) $T=15$ s　(d) $T=20$ s

由图 2-85 可以发现，不论是扭矩系数、压降系数还是效率曲线，随着周期的不断增大，环状曲线的宽度逐渐缩小，在周期为 20 s 时达到最小，尤其是扭矩系数，在往复流和稳态计算条件下几乎重合且环状曲线整体形状越来越接近稳态下的拟合值。在周期为 5 s 时，曲线出现较大波动，所以周期较小会影响准静态方法的准确性。在周期较长的情况下，短时间内速度变化幅度很小，可近似看作定常流动，整体的速度变化情况可看作多段定常流动的叠加。在每段定常流动中计算结果均贴近稳态流动，因而周期越长，流动形式与定常流动越接近，近似做稳态处理。

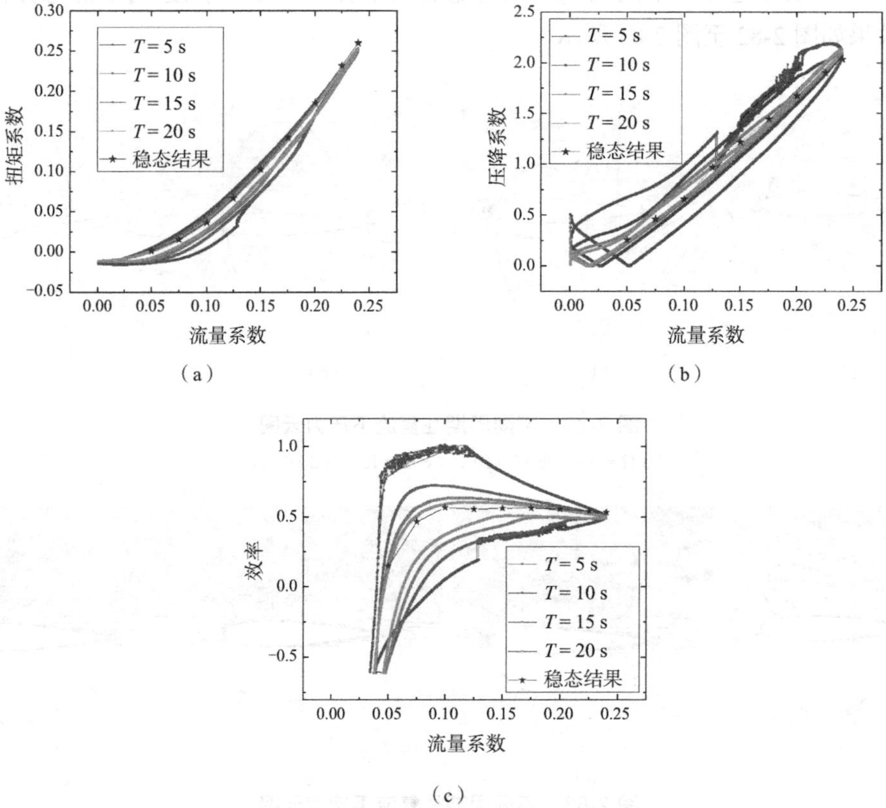

图 2-85　入射正弦流周期变化的准静态分析

(a)扭矩系数曲线　(b)压降系数曲线　(c)效率曲线

2.5.3　TLP-Wells 系统的载荷与运动方程分析

长期以来，TLP 被专门用来钻井和采油作业。本节基于多体动力学理论、波浪力学理论和空气动力学理论，考虑平台本体有限位移、瞬时湿表面、瞬时位置、六自由度运动耦合、自由表面效应和黏性力以及气室空气压缩性等多种非线性因素的影响，建立新系统耦合动力学方程，编写数值仿真程序开展计算，得到 TLP 本体 6 个自由度的运动响应。

本书所研究的兼具发电功能的新型 TLP（TLP-Wells）系统如图 2-86 所示，该系统包括 1 个 TLP 本体、4 个振荡液柱和 8 个涡轮组。

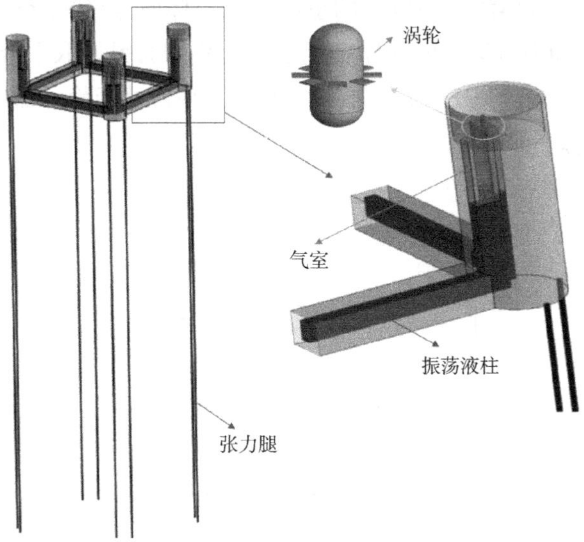

图 2-86　TLP-Wells 系统示意图

调谐液柱阻尼器（Tuned Liquid Column Damper,TLCD）是一类调谐吸振型耗能组件，具有结构简单、造价低、易于维护且无须外加能源等优点，广泛应用于土木建筑结构之中。TLCD 的主体通常为装有大量液体的 U 形管柱，当主体结构发生运动时，通过 TLCD 自振频率使之接近主体结构固有频率外激励频率，管内液体会吸收主体结构能量产生大幅往复运动。

振荡液柱对称安装于 TLP 本体内部，其水平段中间布置有节流孔板，能够通过调整开孔率大小调整振荡液柱的阻尼大小，工作流体选用海水。气涡轮组布置在振荡液柱两侧自由液面之上，气室通过狭窄的气流通道与操作间的大气相通，涡轮安装于气流通道之中。该设计为多功能 TLP 系统，目的是为在 TLP 正常开展油气生产作业的同时，能够实现波能发电功能。

海上结构物在波浪力和拉索的共同作用下，一般具有 6 个自由度（纵荡（Surge）、横荡（Sway）、垂荡（Heave）、横摇（Roll）、纵摇（Pitch）、艏摇（Yaw）），可分别表示在图 2-87 中。其中，纵荡 X_1、横荡 X_2、垂荡 X_3 是沿固定坐标系下的 3 个轴向的线位移，横摇 X_4、纵摇 X_5、艏摇 X_6 是相对角位移。

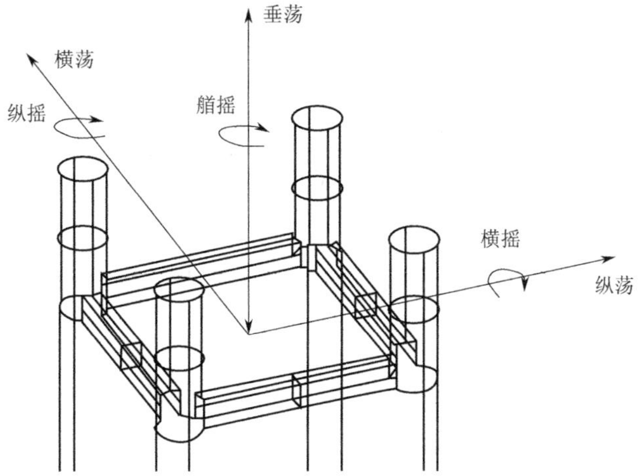

图 2-87　6 个自由度运动

在计算中,取 TLP 本体静平衡位置的重心作为坐标原点,建立空间固定坐标系,另外取平台本体的重心建立随平台运动的随体坐标系(X, Y, Z),另外取平台本体的重心建立随平台运动的随体坐标系(X', Y', Z'),如图 2-88 所示。平台处于静平衡位置时,两个坐标系重叠,且 Z 正向为垂直海平面向上。

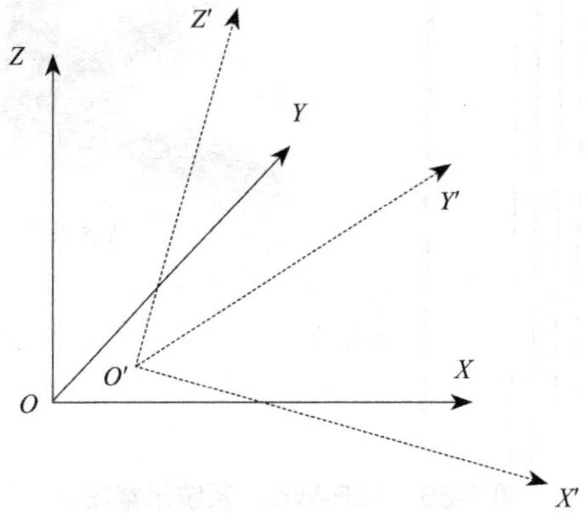

图 2-88 固定坐标系与随体坐标系

固定坐标系和随体坐标系的坐标转换关系为

$$(X \quad Y \quad Z)^{\mathrm{T}} = \boldsymbol{T} \cdot (X' \quad Y' \quad Z')^{\mathrm{T}} + (X_1 \quad X_2 \quad X_3)^{\mathrm{T}}$$

式中:$\boldsymbol{T}$ 为转换矩阵,其展开形式为

$$\begin{pmatrix} X \\ Y \\ Z \end{pmatrix} = \begin{pmatrix} t_{11} & t_{12} & t_{13} \\ t_{21} & t_{22} & t_{23} \\ t_{31} & t_{32} & t_{33} \end{pmatrix} \begin{pmatrix} X' \\ Y' \\ Z' \end{pmatrix} + \begin{pmatrix} X_1 \\ X_2 \\ X_3 \end{pmatrix}$$

其中,

$$t_{11} = \cos(X_5)\cos(X_6)$$
$$t_{12} = -\cos(X_5)\sin(X_6)$$
$$t_{13} = \sin(X_5)$$
$$t_{21} = \sin(X_4)\sin(X_5)\cos(X_6) + \cos(X_4)\sin(X_6)$$
$$t_{22} = -\sin(X_4)\sin(X_5)\sin(X_6) + \cos(X_4)\cos(X_6)$$
$$t_{23} = -\sin(X_4)\cos(X_5)$$
$$t_{31} = -\cos(X_4)\sin(X_5)\cos(X_6) + \sin(X_4)\sin(X_6)$$
$$t_{32} = \cos(X_4)\sin(X_5)\sin(X_6) + \sin(X_4)\cos(X_6)$$
$$t_{33} = \cos(X_4)\cos(X_5)$$

根据牛顿第二定理,在这 6 个自由度方向上建立 TLP 的运动方程:

$$\begin{pmatrix} M & 0 & 0 & 0 & 0 & 0 \\ 0 & M & 0 & 0 & 0 & 0 \\ 0 & 0 & M & 0 & 0 & 0 \\ 0 & 0 & 0 & I_{X'} & 0 & 0 \\ 0 & 0 & 0 & 0 & I_{Y'} & 0 \\ 0 & 0 & 0 & 0 & 0 & I_{Z'} \end{pmatrix} \begin{pmatrix} \ddot{X}_1 \\ \ddot{X}_2 \\ \ddot{X}_3 \\ \dot{\omega}_1 \\ \dot{\omega}_2 \\ \dot{\omega}_3 \end{pmatrix} = \begin{pmatrix} F_X \\ F_Y \\ F_Z \\ M_{X'} - (I_{Z'} - I_{Y'})\omega_2\omega_3 \\ M_{Y'} - (I_{Z'} - I_{X'})\omega_3\omega_1 \\ M_{Z'} - (I_{Y'} - I_{X'})\omega_1\omega_2 \end{pmatrix}$$

式中：M 为 TLP 的质量；$I_i(i = X', Y', Z')$ 为 TLP 3 个角位移方向的转动惯量；$\ddot{X}_i(i = 1,2,3)$ 为 3 个线位移方向的加速度；ω_i 为 3 个角位移方向的速度；$\dot{\omega}_i\ (i = 1,2,3)$ 为角位移对时间的一阶导数；$F_i\ (i = X,Y,Z)$、$M_i\ (i = X',Y',Z')$ 分别为 6 个自由度方向的力和力矩。方程的右端是张力腿平台本体在运动中受到的载荷，包括了波浪力以及浮力和系索的拉力等。波浪力和力矩的具体表达式将由以下各小节给出。

2.5.4　TLP 本体规则波作用下的运动响应

编制数值模拟程序，计算 TLP 本体 6 个自由度的动力响应。为验证本书动力学模型及相应计算程序的准确性，计算了规则波工况下 TLP 本体的 6 个自由度的动力响应，然后与文献计算结果进行对比。TLP 所用参数见表 2-6，所用工况见表 2-7。

表 2-6　TLP 结构参数

参数	TLP	TLP-TLCDs
立柱间距(m)	86.25	86.25
立柱半径(m)	8.44	8.44
沉箱宽度(m)	7.5	7.5
沉箱高度(m)	10.5	10.5
初始吃水(m)	35.0	40.6
总质量(kg)	40.5×10^7	40.5×10^7
张力腿初始总张力(MN)	137.34	137.34
平台本体横摇惯性矩($kg \cdot m^2$)	82.37×10^9	82.37×10^9
平台本体纵摇惯性矩($kg \cdot m^2$)	82.37×10^9	82.37×10^9
平台本体艏摇惯性矩($kg \cdot m^2$)	98.07×10^9	98.07×10^9
平台本体重心距底部高度(m)	38.0	38.0

表 2-7　TLP 工况

参数	取值	单位
波高	8.0	m
波浪周期	14.0	s
浪向角	22.5	°

由图 2-89 可知，本书各个自由度的计算结果与文献中的结果均吻合良好，相差不大，所以可认为所建立模型与计算程序可用，准确性较高。

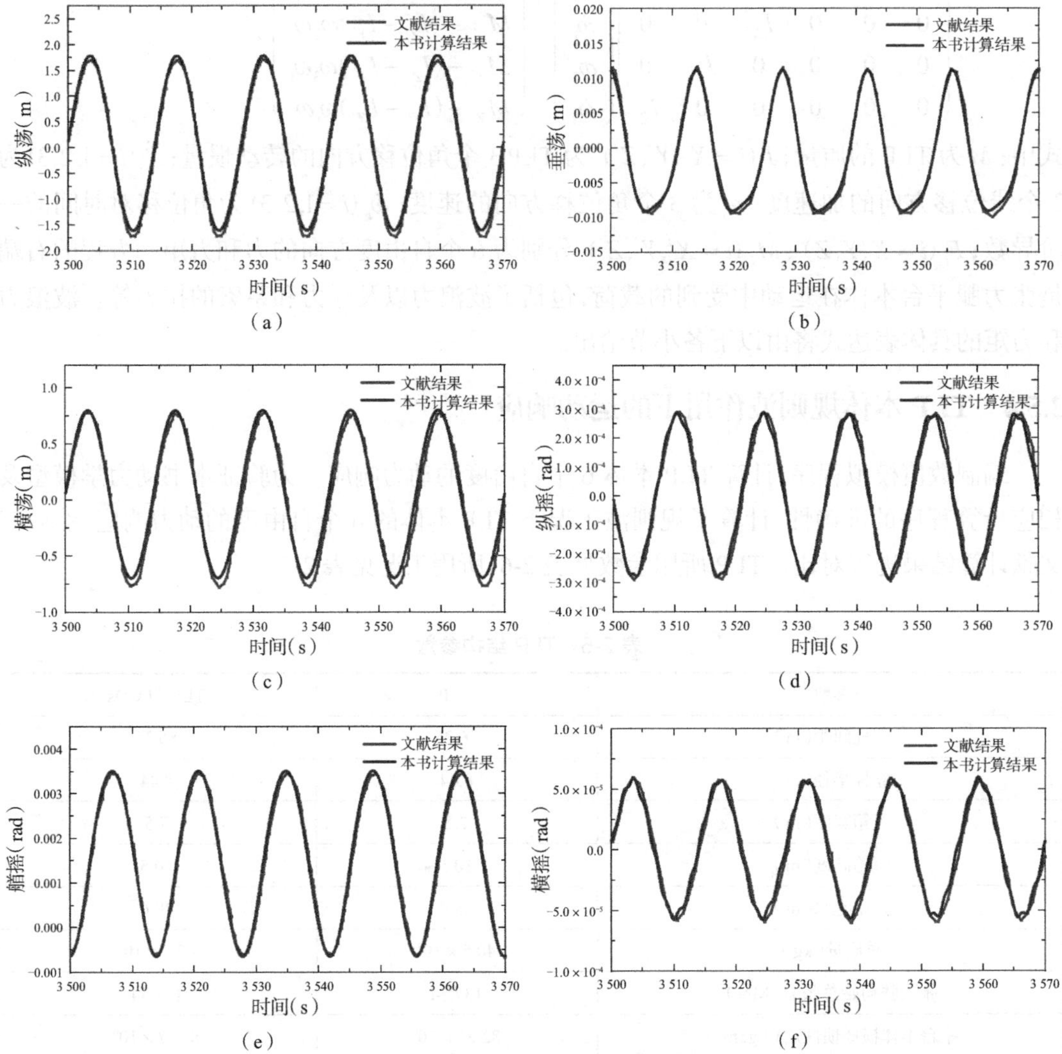

图 2-89 各个自由度计算结果与文献结果对比

(a)纵荡位移响应 (b)垂荡位移响应 (c)横荡位移响应 (d)纵摇位移响应 (e)艏摇位移响应 (f)横摇位移响应

本书所研究系统的发电原理与传统的振荡水柱式波能发电装置原理类似(图 2-90)。在波浪载荷作用下，TLP 本体产生的运动会引起振荡液柱中工作流体发生往复运动。工作流体的往复运动将增大或者减小气室体积，推动气室与外界大气进行气体交换，从而在气流通道内产生振荡气流。自整流涡轮适用于这样的往复振荡气流工况，能够将振荡气流的机械能转化为自身的转动动能，然后通过电机设备转化为电能。本书选用结构简单、运行可靠的 Wells 涡轮。

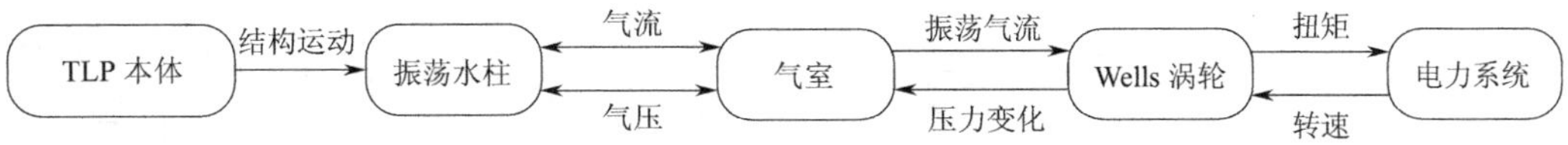

图 2-90　发电原理

根据前文数值模拟结果得到的 Wells 涡轮性能参数，可以根据公式计算出 Wells 涡轮的压降（Δp）、扭矩（T）、功率（P）为

$$\Delta p = \frac{\frac{1}{2}\rho\left(V_{\mathrm{a}}^2 + U_{\mathrm{r}}^2\right) blNV_{\mathrm{a}} \cdot C_p}{Q}$$

$$T = \frac{1}{2}\rho\left(V_{\mathrm{a}}^2 + U_{\mathrm{r}}^2\right) blNR \cdot C_T$$

$$P = \omega T$$

式中：Δp 为气体流经涡轮后的总压降；Q 为通过涡轮的气体流量；ρ 为气体密度，一般取 1.225 kg/m^3；V_{a} 为气体轴向平均流速；U_{r} 为叶片尖端的圆周速度；b 为叶片高度；l 为叶片弦长；N 为叶片数量；T 为涡轮的输出扭矩；C_p 为压降系数；C_T 为扭矩系数；P 为涡轮机功率；ω 为涡轮角速度。

图 2-91 显示了前文数值模拟结果，即选用的 Wells 涡轮的特性参数.

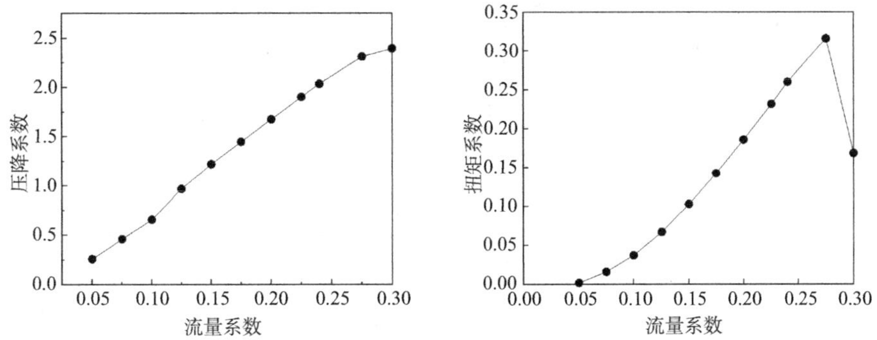

图 2-91　Wells 性能特性曲线

为了研究设计海况下 TLP-Wells 是否满足油气生产作业要求，取 2.5.3 节中 TLP 参数、U 形振荡液柱参数和气室、涡轮参数，在工况下分别模拟 TLP 本体，加入调谐液柱阻尼器的 TLP-TLCDs 结构，加入 Wells 涡轮机的 TLP-Wells 结构的动力响应，得到结果如图 2-92 所示。

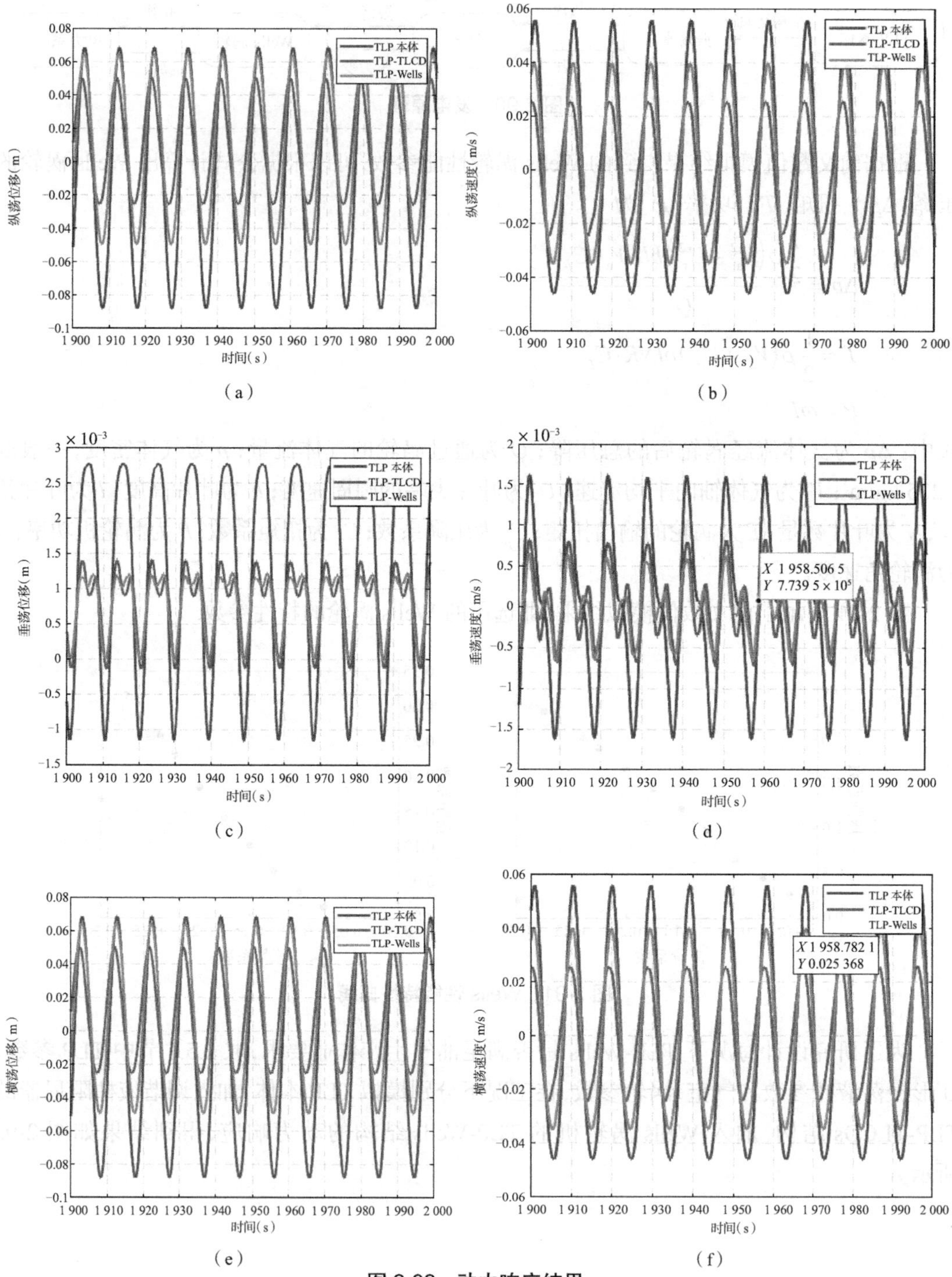

图 2-92 动力响应结果

(a)纵荡位移响应 (b)纵荡速度响应 (c)垂荡位移响应 (d)垂荡速度响应 (e)横荡位移响应 (f)横荡速度响应

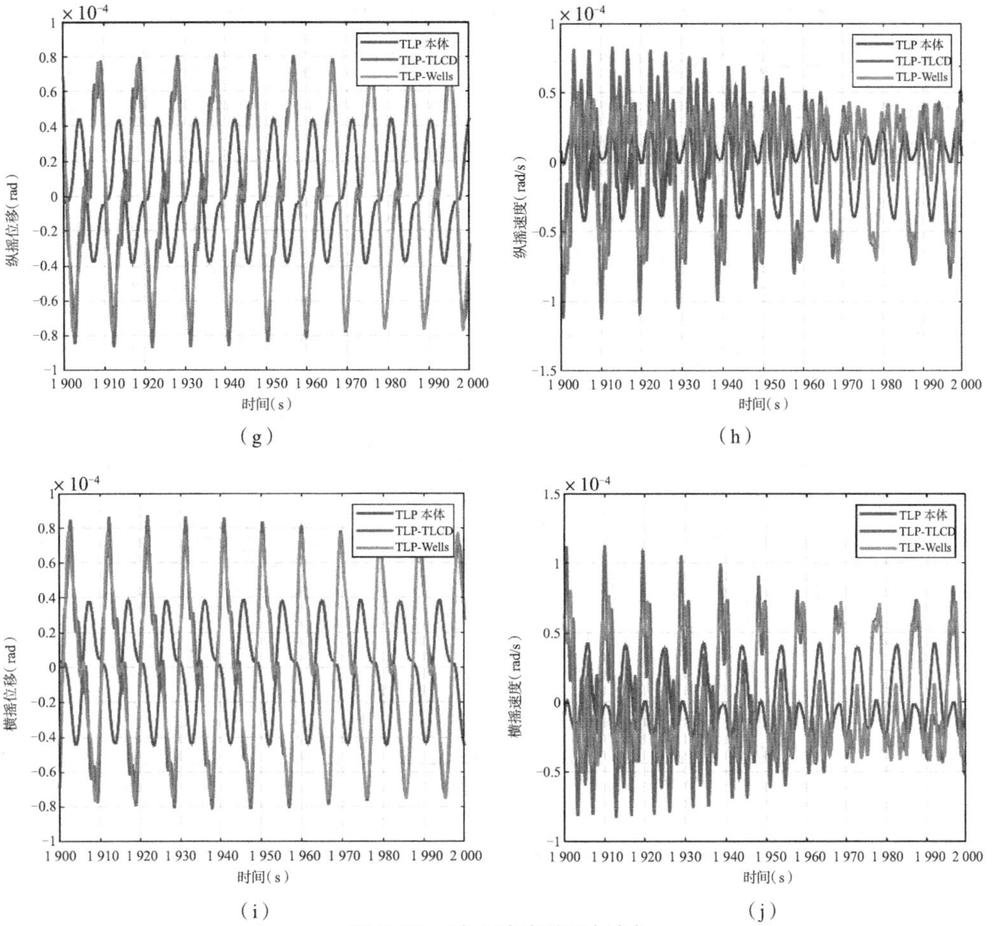

图 2-92　动力响应结果(续)

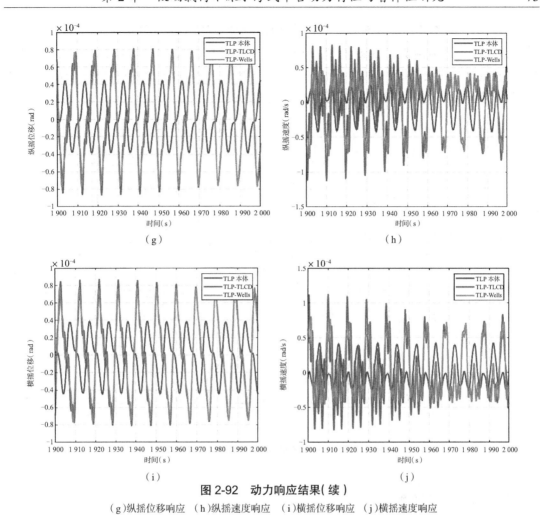

(g)纵摇位移响应　(h)纵摇速度响应　(i)横摇位移响应　(j)横摇速度响应

响应结果选取 1 000~2 000 s 区间的,由图 2-92 可以看到,运动响应已基本达到稳定波动的状态。TLP-TLCDs 与 TLP 单体比较来看,两种结构的各个自由度的位移和速度时间历程相似,但在幅值和相位上存在一定差别,可以观察到 TLCDs 在纵荡、横荡、垂荡方向均对 TLP 有明显的抑制作用,而加了 Wells 涡轮的平台的纵荡和横荡的位移和速度的幅值在 TLP-TLCDs 和 TLP 本体之间。对于带有顶部张力的立管采油平台,垂荡方向是一个相对比较重要的参数。可以看到,与 TLP 系统的垂荡振幅相比, TLP-TLCDs 与 TLP-Wells 系统的垂荡振幅都更低,对平台运动起到了很好的抑制作用,在兼具减振与发电功能的同时,保证了系统的稳定运行状态。

而在纵摇和横摇的结果中可以看到,由于 TLCD 的加入放大了平台运动,但是总运动响应小于 0.000 1 m,所以认为只有些许差别,影响不大。说明加了 TLP-TLCDs、TLP-Wells 与 TLP 3 种结构虽然质量与吃水不同,但是结构特性相似,不难得出结论,加入 TLCDs 与 Wells 涡轮机对 TLP 结构水动力性能影响并不大,可满足原有的生产作业要求。

同时可以观察到液柱位移振荡范围在 ±0.1 m 内,速度振荡范围在 ±0.1 m/s。这说明设计海况中平台本体运动能有效引起振荡液柱内液面起伏造成的气室振荡,保证波浪能量转换为电能。从结构整体运动看(图 2-93),液面位移只占液柱总长度的 0.1%,引起 TLP-Wells 质量分布的变化很小。因此,不同运行状态下 TLP-Wells 能够保持其原有结构性能的稳定性。这样的结构特性对于油气生产作业是有利的。

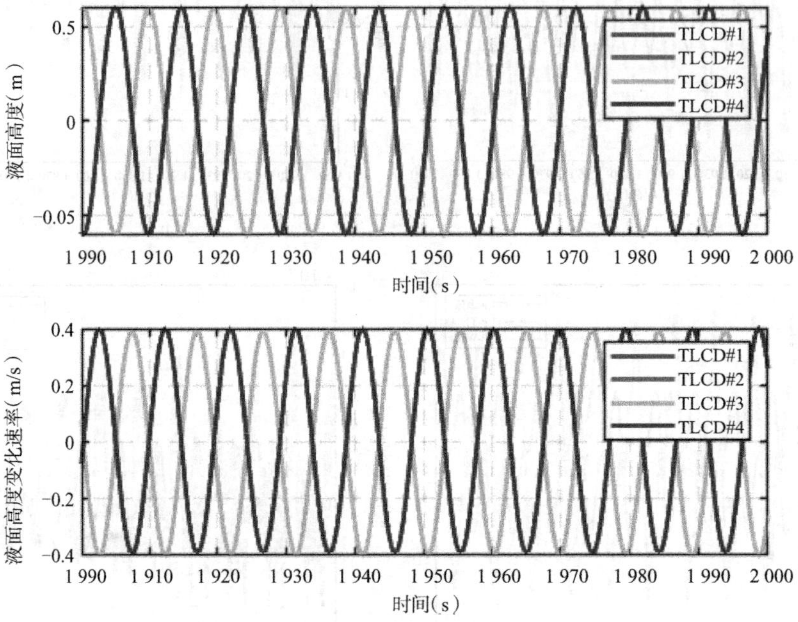

图 2-93　液面高度及液面高度变化速率曲线

本章部分图例

说明:为了方便读者直观地查看彩色图例,此处节选了书中的部分内容进行展示。页面左侧的页码,为您标注了对应内容在书中出现的位置。

第 3 章　深海油气采输结构应力-冲蚀机理

3.1　内部冲刷腐蚀对 3D 弯管屈曲压力的研究

针对深海油气输送管道中含冲刷腐蚀损伤的 90° 弯管的屈曲问题，本书建立了一种更符合实际损伤的简化模型，得到了冲刷腐蚀屈曲类型分布图，提出了一个按不同分类屈曲形式计算含冲刷腐蚀损伤的 90° 弯管屈曲压力的显式表达式。分析表明，径向最大腐蚀深度会限制轴向范围影响和周向宽度影响程度，且径向最大腐蚀深度和冲刷腐蚀轴向范围会影响弯管模型的屈曲类型，不同的损伤参数导致三种不同屈曲模态。根据数值仿真模拟和敏感性分析结果，结合多参数非线性回归分析，建立了无量纲屈曲压力（P_c/P_y）和椭圆度（$\varDelta$）、径厚比（D/t）、弯径比（λ）、无量纲腐蚀深度（ED_m/t）、腐蚀比（β）这 5 个参数的经验公式。研究结果可为冲刷腐蚀作用下的海底油气输送弯管的屈曲强度评估提供依据。

3.1.1　背景试验

本章主要探究含有冲刷腐蚀损伤的管道在外界压力下的力学性能，因此，其形成机理与形成的损伤形式参考 Christopher 试验。冲刷腐蚀的数值建模中，最难确定的是由腐蚀的随机性带来的模型问题，在这个领域一直比较欠缺理论推导形式，所以试验就显得十分重要。为了方便读者更好地理解本章有限元模型的建立，有必要说明一下 Christopher 试验的具体实体模型。Christopher 等在 2015 年建立了冲刷试验系统，如图 3-1 所示。

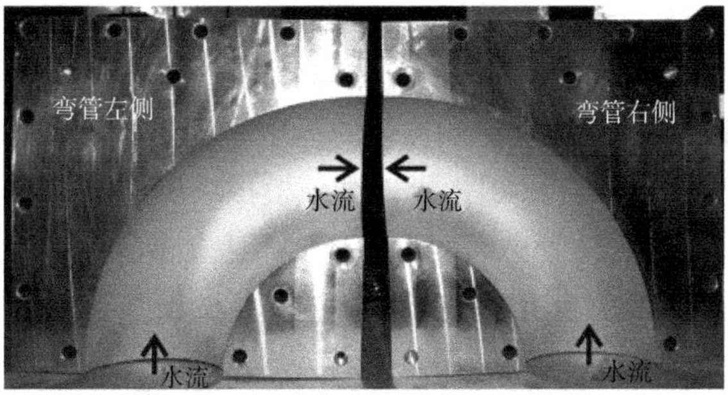

图 3-1　Christopher 的冲刷试验系统

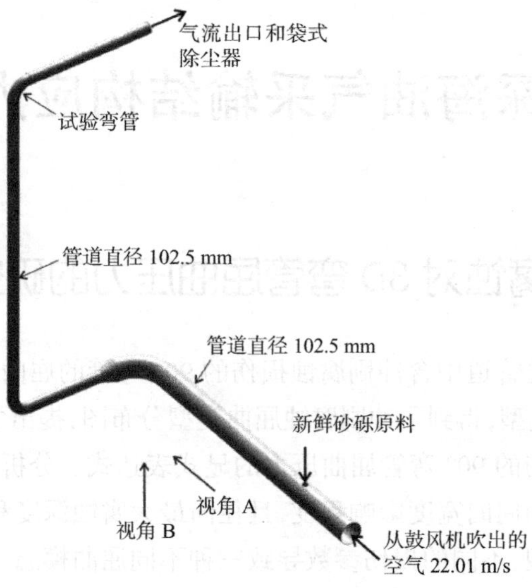

图 3-1 Christopher 的冲刷试验系统(续)

试验使用拼板的方式模拟了管道,并易于测量腐蚀形式。试验区域的弯管的几何参数见表 3-1。

表 3-1 Christopher 的试验管道几何参数

θ_{elbow}	D_{max}	D_{min}	$R_{in、}$	r
90°	112.5 mm	112.5 mm	51.25 mm	153 mm

表 3-1 中,θ_{elbow} 为试验区弯管的角度,D_{max} 为由于初始椭圆度造成的圆周最大外径,D_{min} 为由于初始椭圆度造成的圆周最小外径,R_{in} 为弯管标准内半径,r 为管道的弯曲半径。在 90° 弯管中,保持 $r/(2R_{in})=1.5$,并将这一表征弯管弯曲几何特征的参数命名为弯径比 λ。试验数据设置空气流速为 21.01 m/s,假设流体与砂砾之间是单相耦合,即流体的运动会影响砂砾的运动,但是砂砾的运动不会影响流体的运动。在设置管壁粗糙度为光滑或粗糙时,测出了标准弯管腐蚀深度的详细表面图,并对数值模拟结果进行对比。

在 Christopher 试验中,以弯管中间剖面为基平面建立了坐标系,如图 3-2 所示。试验数据在 90° 截面共记录了用 A~V 标记的 20 条型线(一半的模型)的数据。

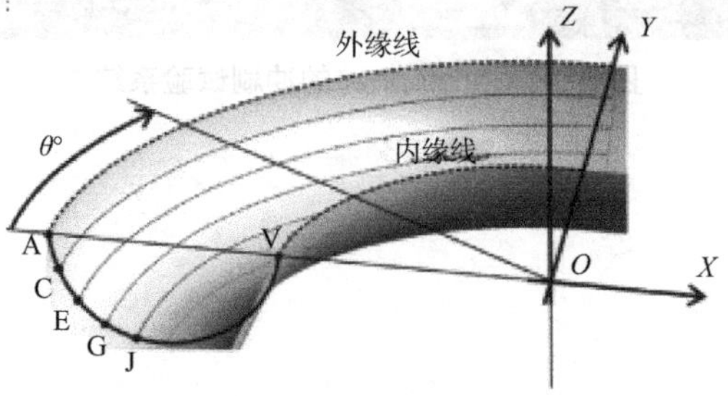

图 3-2 试验弯管坐标系

在图 3-2 中，A 线为外侧型线，冲刷腐蚀最严重；V 线为内侧型线，冲刷腐蚀最轻。每条型线测量了 40 个 θ 值（90° 转角范围内），一共有 800 个数据点。试验统计了数据点的空间位置和冲刷腐蚀深度（Erosion-corrosion Depth，ED），部分如图 3-3 所示。

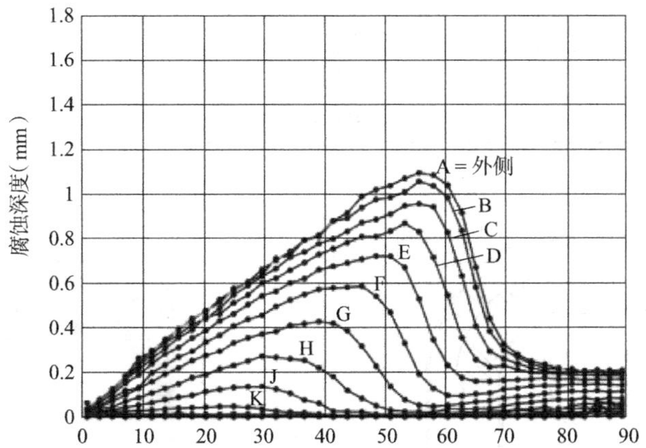

图 3-3　试验统计数据点（部分）

由统计数据点可以看出，冲刷腐蚀分布主要集中在 20°~60°，为冲刷腐蚀热度区，而其中 55°~60° 为冲刷腐蚀最大值热度区。

3.1.2　基于 ABAQUS 的焊接过程模拟

根据上述试验背景，建立一个受到冲刷腐蚀含有冲刷腐蚀损伤的 90° 弯管数值模型——Experiment 模型。首先根据试验背景中的数据进行数据梳理，利用其中的 θ 值（截面旋转角度）以及 ED 值（每个测量点的测量深度）进行建模，建模流程如下。

（1）建立单一截面模型。利用处理之后的原始数据写入列表，调用了 NumPy 模块，这样可以进行数组操作。但是 Python 中只有列表运算，因此调用 NumPy 模块之后，会出现列表和数组转换错误。使用.tolist 进行统一，完成单一截面构建。

（2）重复（1）中的流程，进行 42 个截面（40 个数据截面 +2 个边界截面）构建。

（3）进行截面之间的放样操作形成内表面实体结构。

（4）建立管道外表面实体结构。

（5）利用内外表面的实体结构进行布尔切割运算，完成几何模型的建立。

根据试验数据，建立 90° 弯管模型，弯管模型的初始数据见表 3-2，几何示意图如图 3-4 所示。

表 3-2　弯管模型数据

L_o（mm）	单元类型	屈曲应力（MPa）
0	C3D10	19.268
20	C3D10	18.622
40	C3D10	18.186

续表

L_o(mm)	单元类型	屈曲应力(MPa)
60	C3D10	17.825
80	C3D10	17.570
100	C3D10	17.447
120	C3D10	16.659
140	C3D10	16.647

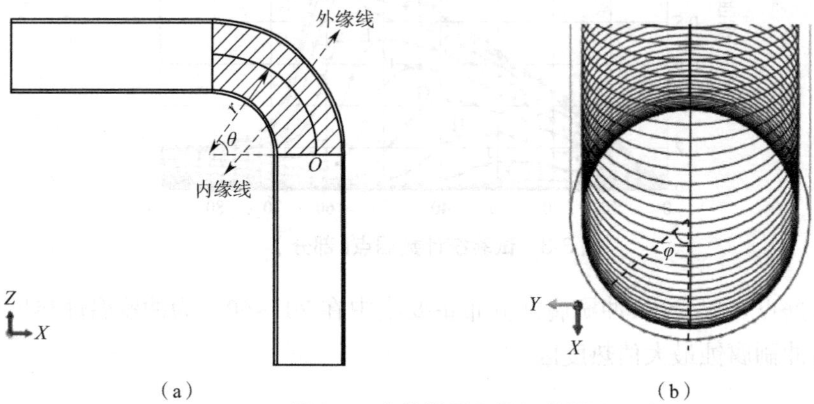

图 3-4 弯管模型几何示意图

(a)X-Z 截面 (b)X-Y 截面

附加直管的长度也会影响管道屈曲压力的计算结果:当管道的附加直管过小时,由于端部边界效应,弯管的刚度约束将被夸大,其屈曲压力值会比实际偏高;当弯管的附加直管过大时,会增加数值模拟计算的计算量,浪费计算节点。所以选取适当的附加直管的大小是数值模型计算的前提,设定附加直管长度为 L_o 为 0 mm, 20 mm, 40 mm, …, 140 mm,分别测量此时的屈曲压力,测量结果见表 3-2。在不同附加直管情况下,含冲刷腐蚀 90° 弯管的屈曲形变情况如图 3-5 所示。

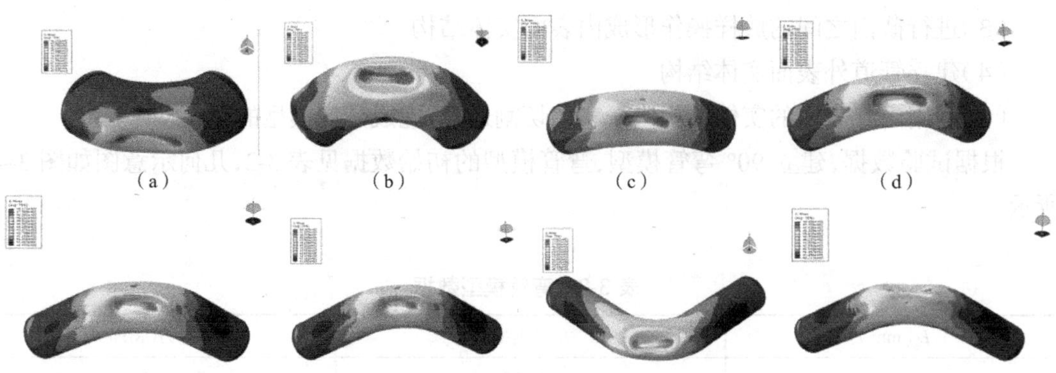

图 3-5 不同附加直管长度情况下弯管的屈曲形变

(a)$L_o = 0$ mm (b)$L_o = 20$ mm (c)$L_o = 40$ mm (d)$L_o = 60$ mm

(e)$L_o = 80$ mm (f)$L_o = 100$ mm (g)$L_o = 120$ mm (h)$L_o = 140$ mm

取 L_o 与 D 之比为无量纲直管长度，其中 D 为弯管的外标径 $D=(D_{max}+D_{min})/2$；P_c 与 P_y 之比为无量纲屈曲压力，P_c 为弯管模型计算出来的屈曲压力，$P_y=\sigma_y(rt/4R_{in}^{\ 2})$，其中 σ_y 为材料的屈服压力，P_y 为管道的基础力学性能，包括材料强度、管道性能敏感几何参数。以无量纲附加直管的长度为横轴，无量纲屈曲压力为纵轴，得到附加直管对屈曲压力的影响如图 3-6 所示。

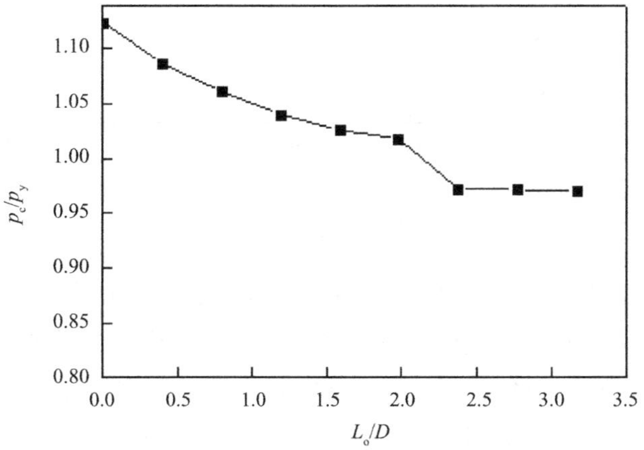

图 3-6　附加直管长度对屈曲压力的影响

从图 3-6 中数据可以看出，屈曲应力的变化逐渐稳定，附加直管长度取至 3 倍弯管直径的长度时对屈曲压力的影响不再随着长度的增加而变化，而是稳定在一个值。故在模型中取 L_o= 120 mm 进行模型建立，保守计算可以取至 150 mm 进行计算。

在模型创建中，由于 Christopher 开展的气固介质的原试验是利用图 3-1 中拼板的方式来进行试验的，壁厚被认为是无限厚的。根据实际工程，管道的厚度对管道的性能有较大影响，故用径厚比 α 来描述这种几何特征。目前大多数深海管道为了能在深海水压下可靠运行，径厚比的范围控制在 20~35，根据试验的管道数据，假设原尺寸试验数据弯管模型中壁厚为 5 mm。

所建立模型的材料选取 SS304 L 不锈钢，应力-应变曲线关系通过实际试验获取，材料的参数见表 3-3。

表 3-3　材料属性

钢材等级	杨氏模量 E（GPa）	泊松比	屈服应力 σ_y（MPa）
SS304 L	193	0.3	207.875

表中 σ_y 取为 0.2% 塑性应变对应的应力，得到的应力-应变曲线如图 3-7 所示，图中 ε 为应变，σ 为应力。

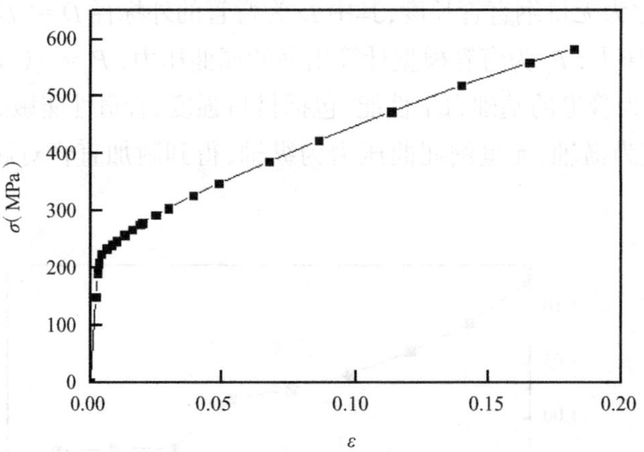

图 3-7 应力-应变曲线

深海管道在服役过程中，所处环境为深海环境，实际工况下所受到的载荷十分复杂，其中最为常见的是深海水压，极大的外部水压经常导致管道发生局部屈曲、屈曲传播甚至压溃，最终结构被破坏。将管道所受的载荷形式简化为均匀分布的外部压力。为避免管段端部边界效应的影响，在 90° 弯头两端设置直管，直管长度为 L_o，管端施加固端约束。

由于 Experiment 模型在内表面腐蚀处的几何极不规则性，弯管处采用 C3D10 单元进行网格划分，对弯管损伤区进行网格细化，从而提高计算的精度。对网格划分结果进行收敛性检验。收敛性检验采用多次加密布种的方式，确保屈曲压力收敛，划分情况如图 3-8 所示。

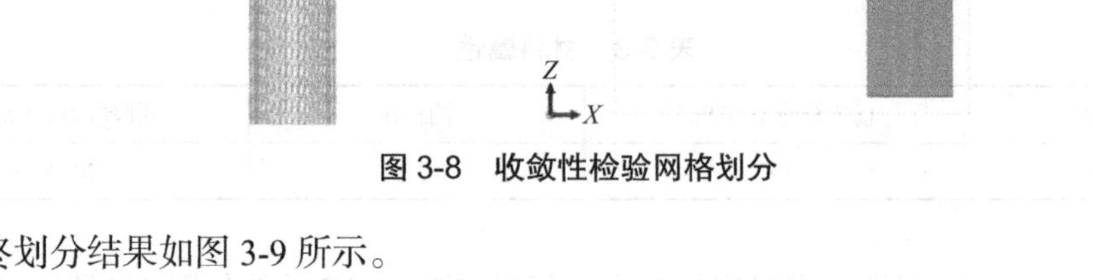

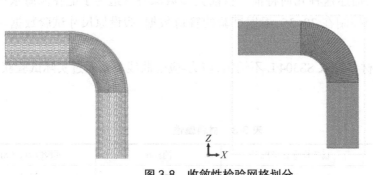

图 3-8 收敛性检验网格划分

最终划分结果如图 3-9 所示。

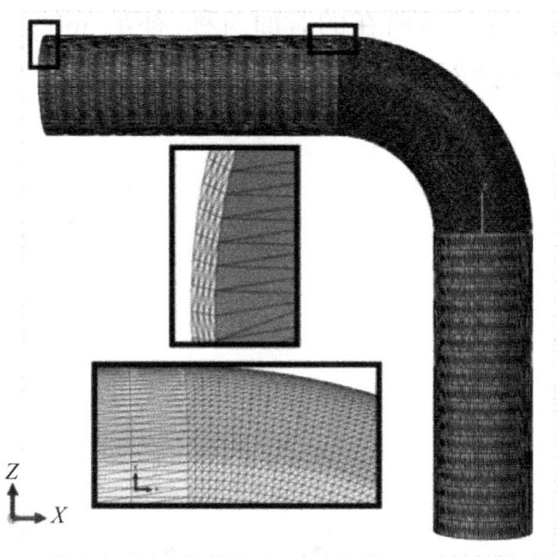

图 3-9　网格划分结果

3.1.3　简化的冲刷腐蚀损伤弯管模型

为了更好地研究冲刷腐蚀缺陷对弯管屈曲压力的影响,需要对根据原始试验数据建立的 Experiment 模型进行较为合理的简化,并提取出敏感性影响因素,从而得出屈曲压力与敏感性因素之间的显式关系。

为了更好地提出对冲刷腐蚀损伤的简化形式,对弯管的冲刷损伤进行了轴向、径向、周向 3 个方向的简化。

图 3-10 中,横坐标是截面环向角度 φ,为 0° ~180° ,认为弯管在截面上是关于外缘线对称的;纵向坐标是腐蚀深度。从图 3-10 中可以看出,截面上的深度分布曲线可以分为两种:一种是腐蚀深度随着轴向角度 φ 变大较为平稳下降,另一种是腐蚀深度随着 φ 变大快速下降。快速下降的腐蚀截面分别是 φ 为 55.703° 、58.063° 、53.334° , 60.412° 、62.748° 、65.069° 、67.373° 的截面,腐蚀深度分布线下降较快,也符合之前认为的 φ 为 55° ~65° 是腐蚀较为严重的区域,容易率先发生屈曲。如图 3-10 所示,随着环向角度 φ 从 0° (外缘线)开始往管道内侧 φ = 180° (内缘线)变化,腐蚀深度逐步减小,且在 φ = 90° 之后(管道内壁一侧)基本为 0。

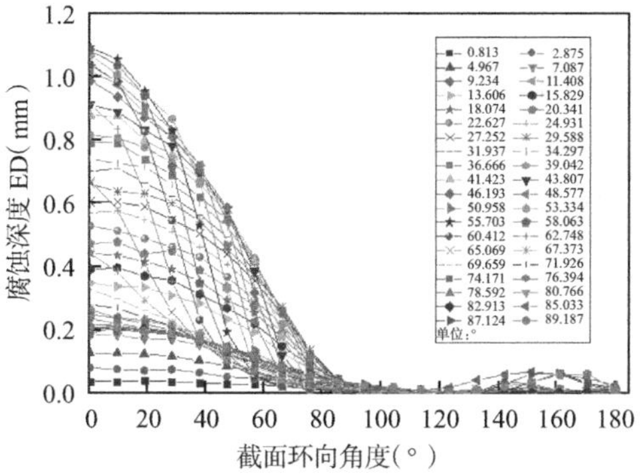

图 3-10　腐蚀深度截面分布

由于弯管关于内缘线和外缘线所在的截面对称，补足 360° 全管的腐蚀深度，对其中最大深度所在截面进行分析，腐蚀深度数据如图 3-11 所示。

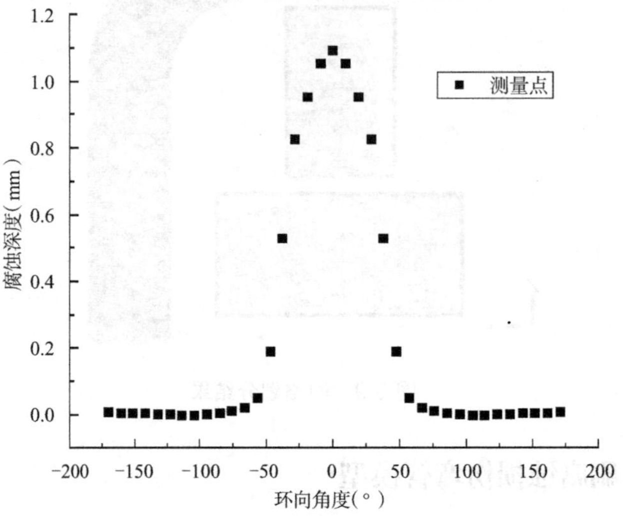

图 3-11 最大腐蚀深度截面的腐蚀深度分布

如图 3-11 所示，腐蚀深度在外缘线处，即 $\varphi=0$ 处达到最大，向两侧逐步递减，在 $\varphi=90°$ 处逐渐为 0。在此基础上，图中的腐蚀深度分布可以近似看作是满足正态分布的概率密度函数。

正态函数的概率密度函数为

$$f(x)=\frac{1}{\sqrt{2\pi}\sigma}\mathrm{e}^{\frac{(x-\mu)^2}{2\sigma^2}}$$

式中：μ 为期望；σ 为方差。

但是如果直接用这种正态函数形式进行简化的话，腐蚀深度关于截面角度的函数的均值和方差并不是易测值，达不到预期的可测目标，于是选取另一种正态函数——GuassAmp 函数进行简化。

GuassAmp 函数的图像如图 3-12 所示，函数的表达式为

$$y=y_0+A\mathrm{e}^{-\frac{(x-x_c)^2}{2w^2}}$$

式中：y 为因变量；y_0 为 y 的初始预设值，控制初始值；A 为最大 y 的取值，控制幅值；$2w$ 为半高值（$A/2$）对应的宽度值所得出的系数，控制陡峭程度，可以将 w 称为半高宽度系数，设半高宽度为 FWHM，拟合图像如图 3-13 所示。

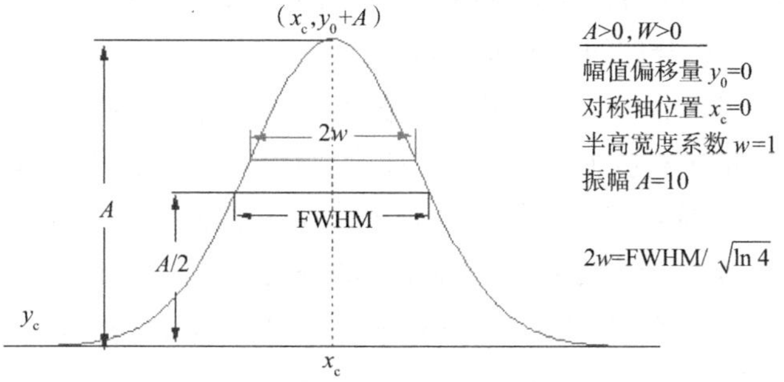

图 3-12　GuassAmp 函数图像

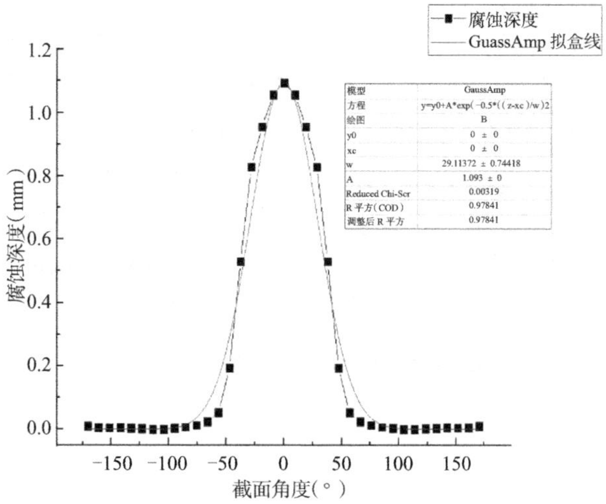

图 3-13　拟合图像

拟合结果容差值达到 1×10^{-9}，拟合收敛。各数学参数在本次拟合中，具有实际的物理意义，图中各参数对应的物理含义如下：y 为腐蚀深度；x 为截面角度；y_0 为 y 的初始预设值，由于在无腐蚀情况下腐蚀深度为 0，则 $y_0 = 0$；A 为最大腐蚀深度，取为 1.093 mm；x_c 为对称轴的值，截面左右对称，所以 $x_c = 0$；$2w$ 为半高值（$A/2$）对应的宽度值所得出的系数，可以将 w 称为半高宽度系数，设半高宽度为 FWHM。设半高宽度对应的截面环向角度值为 w_k，称为半深环向角，可以导出：

$$w = w_k/\sqrt{\ln 4}$$。

其中易测因素包括最大腐蚀深度 A，即为 ED_m；半高环向角 w_k，控制腐蚀环向范围。

设截面上各点处腐蚀深度为 ED_s，各截面的环向腐蚀深度表达式为

$$ED_s = ED_z e^{-\frac{\ln 4 \times k^2}{2{w_k}^2}}$$

式中：ED_s 为截面各点腐蚀深度；ED_z 为各截面最大腐蚀深度；k 为环向角度；w_k 为半深环向角。

对于服从 GuassAmp 函数分布的腐蚀深度，从半高值（$A/2$）到 0 的腐蚀深度分布在截面

±(50°~180°)范围内,该范围的腐蚀对管道影响小,出于保守计算考虑,本书取各个截面的 w_k 相同,且范围为 0~45°,在合理的腐蚀范围内。

要探究出冲刷腐蚀与屈曲压力之间的显示表达式,需要进行敏感性分析。如果使用试验数据无法较好地对变量进行控制,为了探究冲刷腐蚀深度、腐蚀质量等对屈曲压力的影响,所以对于模型简化的准确性提出了较高的要求。在此基础上,进行了几种简化形式的探究,探究对象主要集中在腐蚀深度在外缘线轴向上的分布。

由于在试验数据中,环向的分布由 GuassAmp 函数已经很好地拟合出来,通过调整半深环向角可以调整腐蚀重量。而在轴向方向的分布,简化成外缘线的分布,在每个截面的取值可由环向的分布得出。因此,主要对轴向方向的外缘线模型进行合理的分布建立,本研究一共尝试了 3 种形式,分别是均匀分布、三角函数、二阶傅里叶级数。

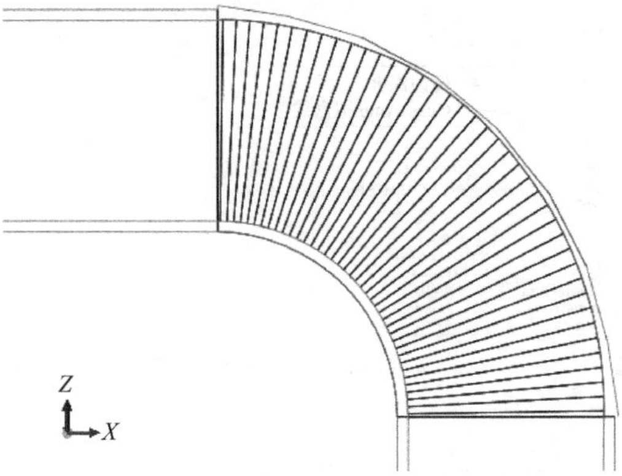

图 3-14　对比组 Experiment 模型截面图

1. 建立对照组

使用设立对比组的方式来进行 3 种拟合形式的研究。将对比组腐蚀深度设置为 $1.2ED_m$ 的 Experiment 模型。模型的几何外形如图 3-14 所示,其屈曲-压溃过程如图 3-15 所示。

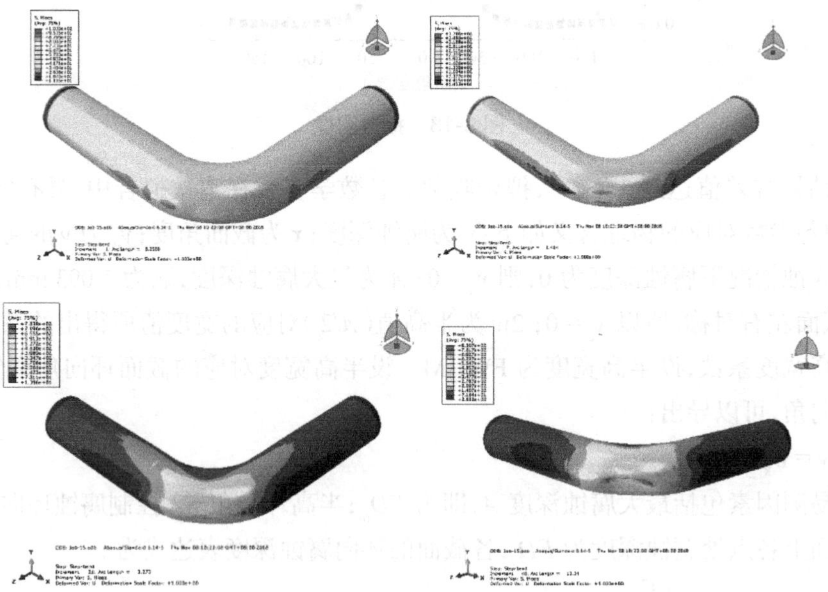
图 3-15　Experiment 模型屈曲-压溃过程

在进行简化模型的测试中,保持最大腐蚀深度 $1.2ED_m$ 不变,通过调整半深环向角控制腐蚀比 β,腐蚀比 β 按下式计算:

$$\beta = V_{loss}/V_0 = M_1/M_0$$

式中：V_{loss} 为腐蚀面积；V_0 为未腐蚀圆环的原始面积；M_1 为被腐蚀的质量；M_0 为未发生腐蚀时的弯管质量。通过控制半深环向角，使得简化模型与实测数据模型之间腐蚀比差值 $<0.2\%$。

2. 均匀分布模型

在外缘线方向上腐蚀深度设置为均匀分布，确立最大腐蚀深度为 $1.2ED_m$，使用 Python 程序编写模型，建立所需模型的几何尺寸如图 3-16 所示，其屈曲-压溃过程如图 3-17 所示。

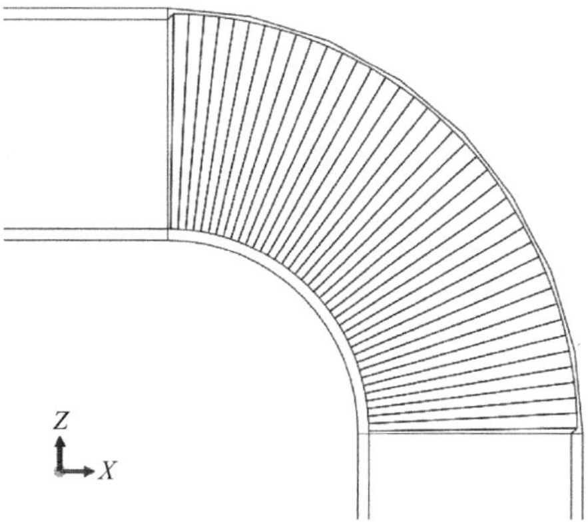

图 3-16　均匀分布模型截面

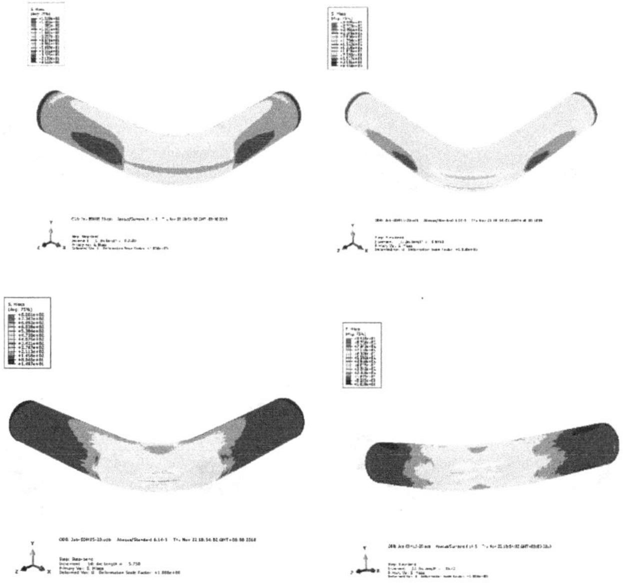

图 3-17　均匀分布形式模型屈曲-压溃过程

由其发生屈曲并最终压溃的过程来看，这种简化模型使弯管发生屈曲的位置发生了变化，对比实测模型中在最深腐蚀处率先屈曲，并在腐蚀热度区域（55°~60°）最终压溃，均匀分布形式模型率先发生屈曲的区域变为整个弯管 90° 范围内的条形区域，压溃部位也不再是腐蚀热度区域，而是条状区域。简化模型在屈曲过程上吻合度较低。

3. 三角函数模型

在外缘线方向上腐蚀深度设置为三角函数分布，确立最大腐蚀深度为 $1.2ED_m$，使用 Python 程序编写模型，建立所需模型的几何尺寸如图 3-18 所示，其屈曲-压溃过程如图 3-19 所示。

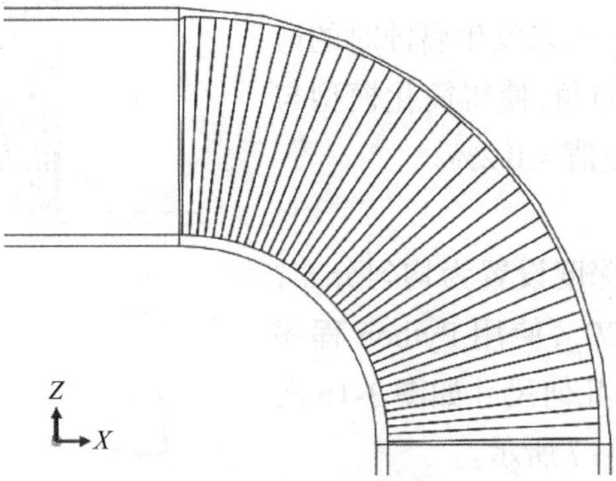

图 3-18　三角函数模型截面

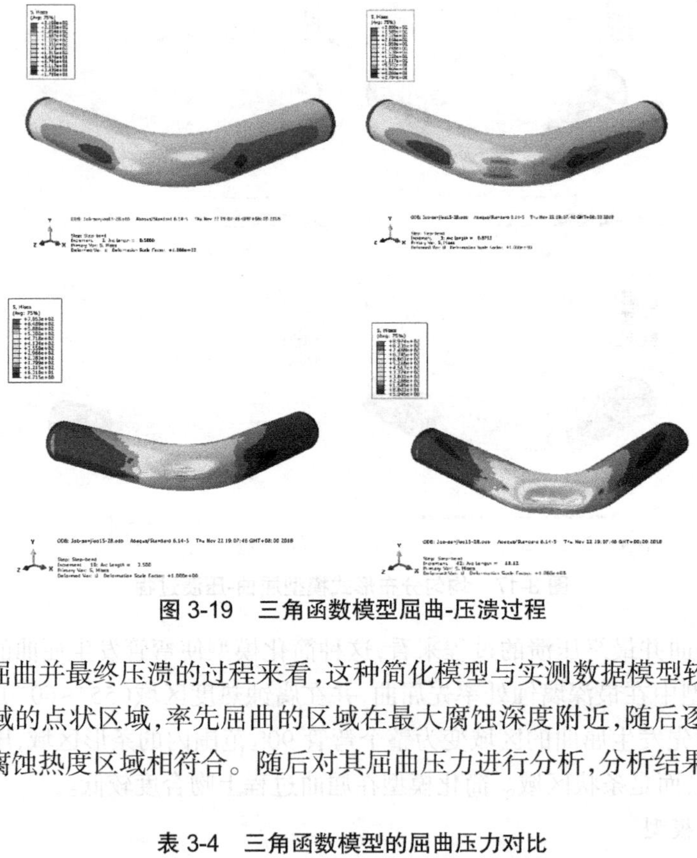

图 3-19　三角函数模型屈曲-压溃过程

由其发生屈曲并最终压溃的过程来看，这种简化模型与实测数据模型较为类似，都出现了率先腐蚀区域的点状区域，率先屈曲的区域在最大腐蚀深度附近，随后逐渐扩大，最终压溃的区域也和腐蚀热度区域相符合。随后对其屈曲压力进行分析，分析结果见表 3-6。

表 3-4　三角函数模型的屈曲压力对比

简化类型	腐蚀后质量(mg)	M_1(mg)	β	P_c/P_y
Experiment 模型	149 726.27	3 401.62	2.221%	0.872
均匀分布模型	149 853.61	3 274.28	2.138%	0.688
三角函数模型	149 889.27	3 238.62	2.115%	0.740

从表 3-4 中可以看出，P_c 为带有冲刷腐蚀缺陷管道的屈曲压力，均匀分布和三角函数形

式的无量纲化屈曲压力与 Experiment 模型的误差还较大，达到了 10% 以上，这两种形式的简化还不符合所需精度。

但是可以看出，三角函数模型的压溃过程和整体趋势与 Experiment 模型十分接近，因此，可以在此基础上使用高阶的傅里叶函数进行拟合尝试。

4. 二阶傅里叶级数模型

在外缘线方向上腐蚀深度设置为二阶傅里叶级数分布，确立最大腐蚀深度为 $1.2ED_m$，利用 Matlab 对外缘线分布进行拟合（图 3-20），验证其拟合的容差值，拟合收敛。

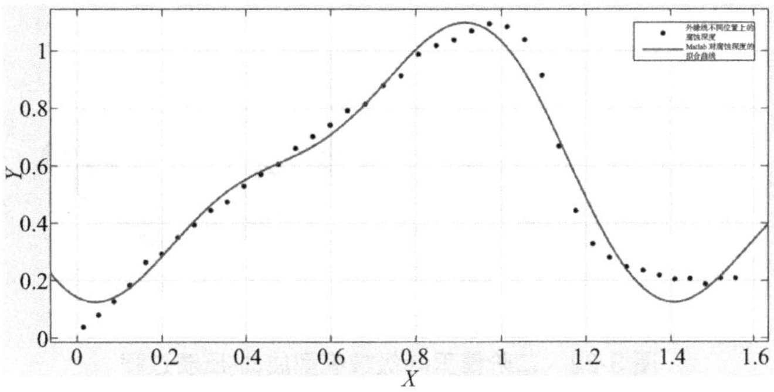

图 3-20　Matlab 对外缘线的拟合图

使用 Python 程序编写模型的外缘线方程，建立所需 $1.2ED_m$ 模型，其几何尺寸如图 3-21 所示。

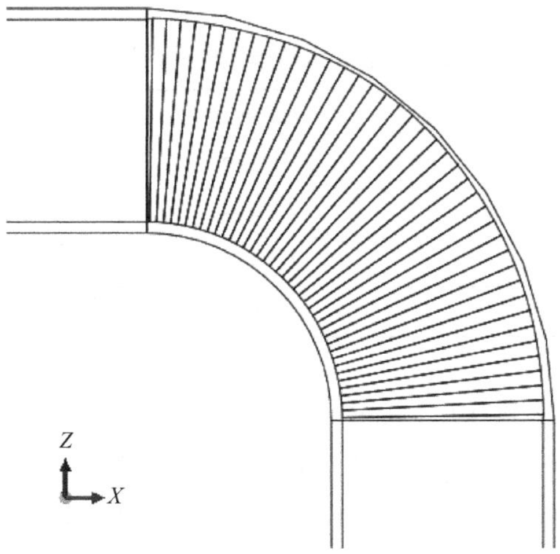

图 3-21　二阶傅里叶级数模型截面

对几种模型的屈曲加载过程进行探究，其屈曲-压溃形式如图 3-22 所示。

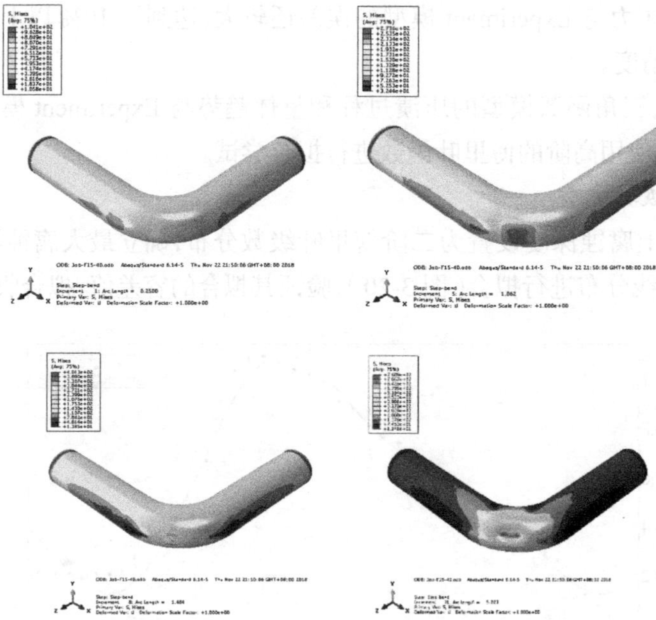

图 3-22　二阶傅里叶级数模型屈曲-压溃过程

由其发生屈曲并最终压溃的过程来看，这种简化模型与实测数据模型非常接近，都出现了率先腐蚀区域的点状区域，率先屈曲的区域在最大腐蚀深度附近，随后逐渐扩大，最终压溃的区域也和腐蚀热度区域相符合。

对 3 种简化形式进行屈曲压力的分析，分析结果见表 3-5。

表 3-5　二阶傅里叶级数模型的屈曲压力对比

简化类型	腐蚀后质量（mg）	M_l（mg）	β	P_c/P_y
Experiment 模型	149 726.27	3 401.62	2.221%	0.872
均匀分布模型	149 853.61	3 274.28	2.138%	0.688
三角函数模型	149 889.27	3 238.62	2.115%	0.740
二阶傅里叶级数模型	149 877.78	3 250.11	2.122%	0.858

从表 3-5 的结果可以看出，均匀分布和三角函数形式的无量纲化屈曲压力与 Experiment 模型的误差还较大，达到了 10% 以上，这两种形式的简化还不符合所需精度。但是二阶傅里叶级数所拟合的模型，在 0.099% 的质量差内，屈曲压力的差别控制在 1.42%((二阶傅里叶屈曲压力-Experiment 屈曲压力)/P_y)，结果十分接近。

对几种模型的屈曲加载过程进行探究，结果如图 3-23 所示。

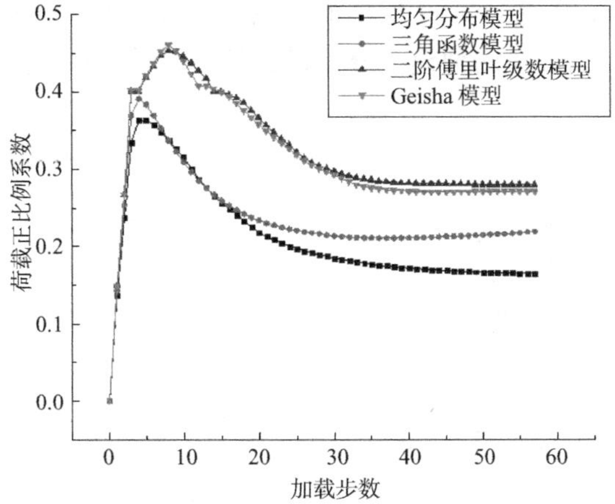

图 3-23　各种模型的加压图

从图 3-23 中可以看出，二阶傅里叶级数模型与 Experiment 模型的加载过程一致性极强。因此使用二阶傅里叶级数来描述外缘线的分布规律吻合度较高，故外缘线的形式可以用公式表示为

$$ED_z = \Omega \times [a_0 + a_1\cos(b_0 w_z) + b_1\sin(b_0 w_z) + a_2\cos(2b_0 w_z) + b_2\sin(2b_0 w_z)]$$

式中：a_0、a_1、a_2、b_0、b_1、b_2 为二阶傅里叶级数参数；w_z 为轴向角度；Ω 为冲刷腐蚀深度放大倍数。

通过 Matlab 拟合，结果中 R^2 为 0.974 4，拟合收敛。二阶傅里叶级数参数 a_0、a_1、a_2、b_0、b_1、b_2 与冲刷腐蚀的冲刷介质和最大冲刷腐蚀深度 ED_m 有关。不同冲刷介质会使得冲刷腐蚀热点区（出现最大冲刷腐蚀深度区域）不同，而冲刷腐蚀的介质中介质类型、颗粒含量、冲刷时间等因素也会影响最大冲刷腐蚀深度。

在使用二阶傅里叶级数对外缘线进行高度吻合的描述后，设置轴向参数 A_s 控制轴向腐蚀范围。A_s 描述了发生冲刷腐蚀的截面轴向范围，当截面位于 A_s 内时，该截面发生冲刷腐蚀；当截面位于 A_s 外时，该截面处于无腐蚀状态，并没有冲刷腐蚀损伤。通过数学简化，使用 w_k、Ω 和 A_s 3 个参数来描述弯管的冲刷腐蚀，其中 w_k 控制环向腐蚀范围，Ω 控制径向腐蚀深度，A_s 控制轴向的腐蚀范围，从而对弯管的冲刷腐蚀缺陷进行控制。将这一由 w_k、Ω 和 A_s 3 个参数描述的模型称为傅里叶（Fourier）模型。

3.1.4　Experiment 模型与 Fourier 模型的对比

模型简化的准确性是敏感性研究的前提，因此对于简化得到的 Fourier 模型要进行准确性的校准，本书共开展了原尺寸模型和缩尺比模型两种模型的校准。

1. 原尺寸模型对比

将 Fourier 模型屈曲压力计算结果与 Experiment 模型屈曲压力计算结果进行对比。保持 Fourier 模型管道尺寸与 Experiment 模型的尺寸相同；取 $\Omega = 1$，即在试验原冲刷腐蚀情况下，使得 Fourier 模型最大冲刷腐蚀深度与 Experiment 模型一致。为了更好地保持冲刷腐蚀的一致性，通过调整 w_k 使得 Fourier 模型的冲刷腐蚀体积与 Experiment 模型一致。在进行网格划分收敛性检验之后，对两种模型分别进行仿真计算，并记录下其屈曲-压溃的过程，如图 3-24 所示。

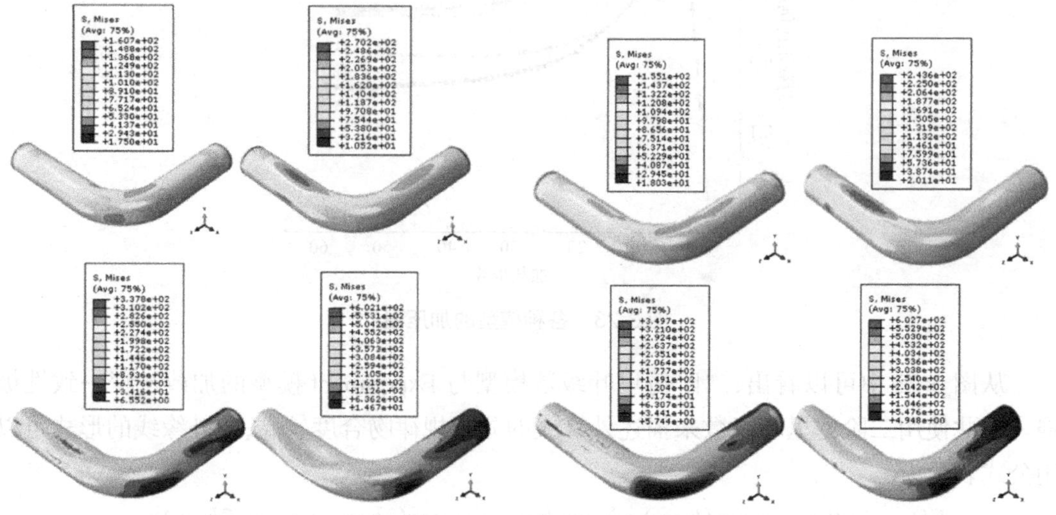

(a) (b)

图 3-24 弯管屈曲-压溃过程

(a)Experiment 模型 (b)Fourier 模型

从其屈曲-压溃过程来看，二者的吻合度极高，且在相同的运算步骤下，Mises 应力的最大值也呈现一致性。提取出 Experiment 模型与 Fourier 模型的屈曲压力，结果见表 3-6。

表 3-6 原尺寸模型计算结果对比

模型类型	腐蚀比 β	屈曲压力(MPa)
Experiment 模型	5.010%	10.358 24
Fourier 模型	5.009%	10.587 76

从计算结果可以看出，两种模型的屈曲压力吻合度较高，可以认为 Fourier 模型在原尺寸条件下，是一种对 Experiment 模型较好的简化方式。

2. 缩尺比模型对比

改变模型尺寸，使之成为更易进行试验验证的缩尺比模型，可以更好地研究冲刷腐蚀对弯管屈曲压力的影响。以原尺寸条件下两种模型吻合度较高作为前提，进行缩尺比模型对比。保持对冲刷腐蚀缺陷的描述与原尺寸模型一致，设置弯管 D 为 50.5 mm，t 为 2.5 mm；由于 λ 会直接影响流体经过弯头时的能量损失，是一个重要的管道几何参数，保持 λ 不变，得到 r 为 67.5 mm。

调整 Ω，分别计算不同放大倍率下 Experiment 模型和 Fourier 模型的屈曲压力。通过调整 w_k 控制每个倍率下 Fourier 模型的腐蚀体积与 Experiment 模型接近，误差使用腐蚀比来表示。在 Ω 分别为 88%、96% 和 1.0、1.04、1.1、1.2、1.3、1.36、1.4、1.5、1.6、1.7、1.8 的情况下，计算两种模型的屈曲压力。

通过调整 w_k 半深环向角控制每个倍率下 Fourier 模型的腐蚀体积与 Experiment 模型接近，误差范围使用腐蚀比来表征，每一种倍率下 Fourier 模型与 Experiment 模型之间的腐蚀比误差在 ±0.5% 以内。88%、96% 和 1.0、1.04、1.1、1.2、1.3、1.36、1.4、1.5、1.6、1.7、1.8 倍情况下，两种模型无量纲化屈曲压力的差值比值分别为 −0.95%、−0.65%、−0.77%、−1.33%、−2.53%、−1.42%、−3.81%、−3.24%、−1.82%、−0.46%、−0.73%、−3.32%、−0.08%。二者之间的差别很小，可以认为 Fourier 模型基本可以用来描述 Experiment 模型的冲刷腐蚀损伤。

将无量纲屈曲压力结果绘制成图，以无量纲腐蚀深度（ED_m/t）为横轴，无量纲屈曲压力为纵轴，可以更好地观察变化趋势，如图 3-25 所示。

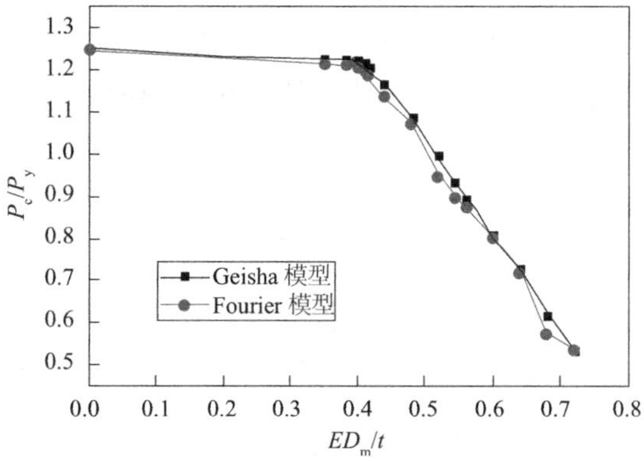

图 3-25 屈曲压力与腐蚀深度关系

从图 3-25 中可以看出，Fourier 模型和 Experiment 模型的 P_c/P_y 变化趋势相同，在 ED_m 达到 0.42t 之前，P_c/P_y 并不随冲刷腐蚀强度（包括冲刷腐蚀深度和冲刷腐蚀体积）的增强而明显下降；当 ED_m 超过 0.44t 之后，P_c/P_y 随着冲刷强度的增强而减小，经过短暂小幅波动后出现明显下降。可以认为 Fourier 模型在变化规律和变化强度上与 Experiment 模型基本相符，可以用 Fourier 模型描述 Experiment 模型的冲刷腐蚀损伤。基于上述分析，Fourier 模型可以很好地描述弯管的冲刷腐蚀形式，并且在屈曲压力、屈曲-压溃过程等方面高度吻合 Experiment 模型，以此可以认为 Fourier 模型是一种可以高度描述试验条件下的冲刷腐蚀弯管且对冲刷腐蚀可以较易进行调整的模型。

3.1.5 敏感性分析

在提出 Fourier 模型的基础上，对含有冲刷腐蚀损伤 90° 弯管的屈曲压力进行敏感性分析。将可能的影响因素分为两类：第一类是冲刷腐蚀参数，包括冲刷腐蚀最大深度、冲刷腐蚀环向范围、冲刷腐蚀轴向范围；第二类是管道参数，包括管道的初始椭圆度 Δ、径厚比 α 和弯径比 λ。

1. 冲刷腐蚀最大深度对弯管屈曲压力的影响

冲刷腐蚀深度直接影响弯管的最薄点的厚度，对弯管屈曲压力的影响极大，因此需要将其作为敏感性因素进行分析。

在研究冲刷腐蚀最大深度对弯管屈曲压力的影响时，暂时保持冲刷腐蚀环向范围和冲刷腐蚀轴向范围保持不变，设置弯管的初始几何参数见表 3-7。

表 3-7 Fourier 模型的初始几何参数（最大深度影响时）

D_{max}(mm)	D_{min}(mm)	t(mm)	r(mm)
50.65	50.35	2.5	68.25

可以得到弯管的初始椭圆度 Δ 为 0.594%，径厚比 α 为 20.2，弯径比 λ 为 1.5。在这个预设置的弯管条件下将模型的 A_s 设为定值，即在 θ 为 0~90° 的轴向范围内管道都受到冲刷腐蚀。进行两组 w_k 的试验，分别将 w_k 设为 20° 和 40°，通过修改 Ω 值的大小来调整冲刷腐蚀最大深度，使得无量纲腐蚀深度范围为 0~0.8（当冲刷腐蚀最大深度达到壁厚的 80% 时，管道剩余壁厚过小，剩余强度过小），进行两组冲刷腐蚀对屈曲压力影响的模拟，计算结果见表 3-8 和表 3-9。

表 3-8 w_k = 20° 时无量纲腐蚀深度对屈曲压力的影响

ED_m/t	β	p_c/p_y
0.00	0.00%	1.209
0.32	2.53%	1.192
0.34	2.69%	1.201
0.36	2.85%	1.201
0.38	3.01%	1.200
0.40	3.17%	1.192
0.42	3.34%	1.186
0.44	3.49%	1.174
0.46	3.65%	1.142
0.48	3.82%	1.120
0.50	3.98%	1.076
0.52	4.14%	1.061
0.56	4.46%	0.996

表 3-9 w_k = 40° 时无量纲腐蚀深度对屈曲压力的影响

ED_m/t	β	p_c/p_y
0.36	5.53%	1.199
0.38	5.84%	1.198
0.40	6.15%	1.195
0.42	6.47%	1.194
0.44	6.78%	1.173

续表

ED_m/t	β	p_c/p_y
0.46	7.09%	1.145
0.48	7.35%	1.116
0.50	7.72%	1.084
0.52	8.03%	1.043
0.56	8.66%	0.951
0.60	9.29%	0.892
0.64	9.92%	0.821
0.68	10.56%	0.742
0.72	11.19%	0.656
0.76	11.83%	0.548
0.80	12.47%	0.474

从表 3-8 和表 3-9 中可以看出，腐蚀体积不变的情况下，随着腐蚀深度的增加，腐蚀处剩余厚度减小，屈曲压力逐渐减小，且当无量纲腐蚀深度达到 0.8 时，屈曲压力减为原屈曲压力的一半。以 ED_m/t 为横轴，p_c/p_y 为纵轴，得到 p_c/p_y 与无量纲腐蚀深度的关系如图 3-26 所示。

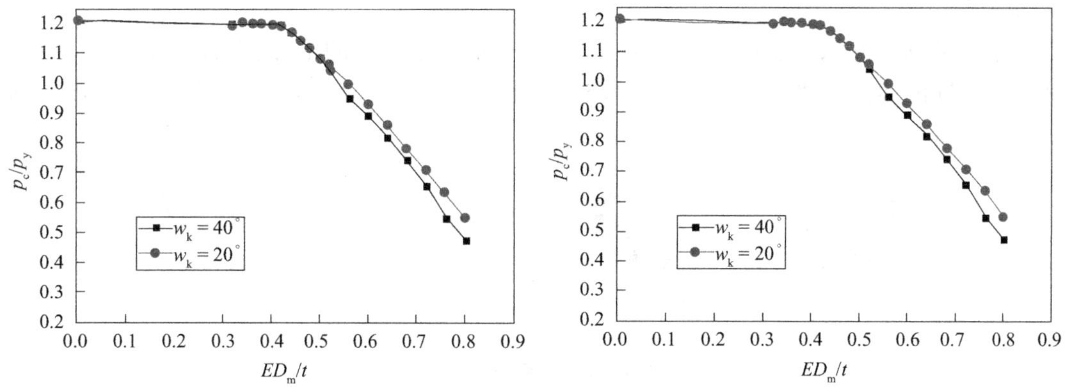

图 3-26　屈曲压力与腐蚀深度的关系

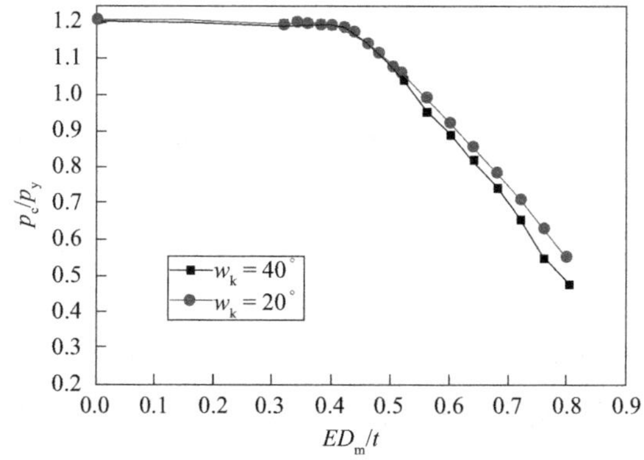

图 3-26　屈曲压力与腐蚀深度的关系（续）

从图 3-26 中可以看出，在不同半深环向角 w_k 的情况下，p_c/p_y 随着无量纲腐蚀深度变化的变化趋势相同。在无量纲腐蚀深度从 0 逐渐增大到 0.42 之前，p_c/p_y 不随其发生太大变化，即此时的无量纲深度的变化并没有直接影响屈曲压力的改变；当无量纲腐蚀深度达到 0.42~0.44 时，p_c/p_y 随着无量纲腐蚀深度的增大发生波动，整体上出现小幅的下降；当无量纲腐蚀深度逐渐增大到 0.44 之后，p_c/p_y 随着无量纲腐蚀深度的增加而大幅下降。

为了探究这种变化的原因，对不同腐蚀深度下管道情况进行观察。在无量纲腐蚀深度达到 0.43 之前，屈曲压力并不随无量纲腐蚀深度的变化而变化，提取出来此时弯管的形变形态，包括发生屈曲以及压溃的形态，如图 3-27 所示。

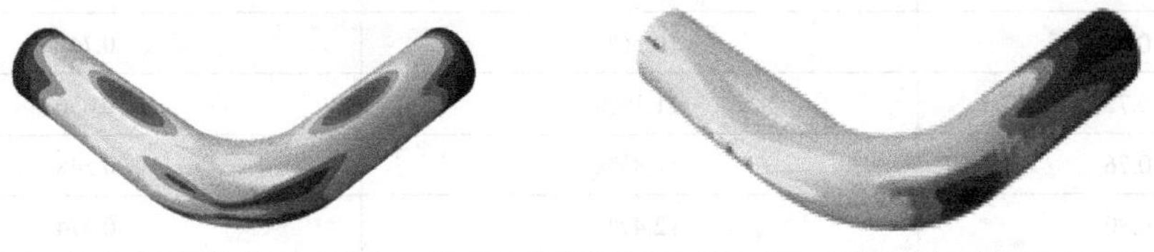

（a） （b）

图 3-27 A 类屈曲-压溃

（a）A 类屈曲 （b）A 类压溃

此时弯管的屈曲形式如图 3-27（a）所示，发生屈曲的部位位于两端的附加直管处；最终压溃的形态如图 3-27（b）所示，弯管的附加直管最终被压溃，将这种屈曲-压溃形式称为弯管的 A 类屈曲。

在无量纲腐蚀深度超过 0.44 之后，随着无量纲腐蚀深度的增加，弯管的屈曲压力会随之出现线性的快速下降，提取出来此时弯管的形变形态，包括发生屈曲以及压溃的形态，如图 3-28 所示。

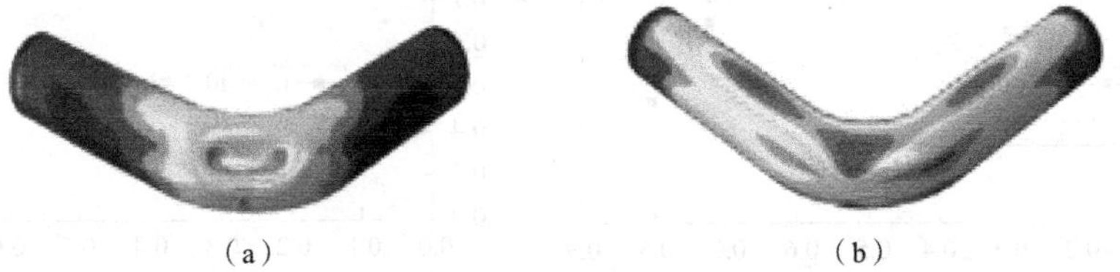

（a） （b）

图 3-28 B 类屈曲-压溃

（a）B 类屈曲 （b）B 类压溃

此时弯管的屈曲形式如图 3-28（a）所示，发生屈曲的部位位于冲刷腐蚀热度区域范围内（轴向 θ=55°~65°），在内冲刷腐蚀最大深度截面的环向 $\varphi = 45°$ 处发生屈曲；最终压溃形态如图 3-28（b）所示，弯管在冲刷腐蚀热度区域内的环向 $\varphi = 45°$ 区域最终压溃，将这种屈曲形式称为弯管 B 类屈曲。

由于无量纲腐蚀深度会导致 90° 弯管出现不同的屈曲-压溃形式，故定义一个无量纲腐蚀深度为 90° 弯管 B 类无量纲冲刷腐蚀突变深度，用 t_b 表示，当无量纲腐蚀深度小于 t_b 时，冲刷腐蚀最大深度对弯管屈曲压力几乎无影响，且弯管发生 A 类屈曲；当无量纲冲刷腐蚀深度大于或等于 t_b 时，随着冲刷腐蚀最大深度的增大，弯管屈曲压力随之线性减小，弯管发生 B 类屈曲。

2. 冲刷腐蚀环向范围对弯管屈曲压力的影响

冲刷腐蚀环向范围会影响冲刷腐蚀的影响宽度，对弯管屈曲压力的影响极大，因此需要将其作为敏感性因素进行分析。

在研究冲刷腐蚀环向范围对弯管屈曲压力的影响时，暂时保持冲刷腐蚀最大腐蚀深度和冲刷腐蚀轴向范围不变，设置弯管的初始几何参数见表 3-10。

表 3-10 Fourier 模型的初始几何参数（环向范围影响时）

D_{max}（mm）	D_{min}（mm）	t（mm）	r（mm）
50.65	50.35	2.5	68.25

可以得到弯管的初始椭圆度 Δ 为 0.594%，径厚比 α 为 20.2，弯径比 λ 为 1.5。在这个弯管条件下保持模型 A_s 为定值，为轴向 θ=0~90° 范围全腐蚀，腐蚀深度会对屈曲的类型产生影响，当无量纲屈曲腐蚀深度小于 0.42 时，屈曲压力会稳定在一个值，此时屈曲压力几乎与腐蚀深度无关；当无量纲腐蚀深度在 0.42 附近时，屈曲压力会稳定在一个值，在小范围内波动；在无量纲腐蚀深度大于 0.43 之后，屈曲压力会随着腐蚀深度的增加而呈现线性减小。由于这样一个趋势的限定，需要在不同的最大腐蚀深度条件下，改变环向腐蚀范围从而观察屈曲压力变化的敏感性分析，设置了无量纲冲刷腐蚀深度为 0.4、0.5、0.6、0.7，分别进行 4 组试验，通过改变 w_k 调整冲刷腐蚀环向范围从而改变腐蚀比，半深环向角变化范围为 0°，3°，6°，…，42°，进行 4 组冲刷腐蚀环向范围对屈曲压力影响的模拟。观察腐蚀比和屈曲压力之间的关系，计算结果见表 3-11 至表 3-14。

表 3-11 无量纲腐蚀深度为 0.4 时 w_k 对屈曲压力的影响

w_k	β	p_c/p_y
0°	0.00%	1.233
3°	0.73%	1.212
6°	0.89%	1.211
9°	1.27%	1.211
12°	1.83%	1.201
15°	2.37%	1.209
18°	2.86%	1.207
21°	3.34%	1.203
24°	3.80%	1.206
27°	4.26%	1.206
30°	4.71%	1.209
33°	5.16%	1.210
36°	5.60%	1.208
39°	6.03%	1.209
42°	6.45%	1.210

从表 3-11 中可以看出，当无量纲腐蚀深度为 0.4 时，随着腐蚀比的增加，屈曲压力并无太大变化，稳定在一个数值上。这与在此最大腐蚀深度的屈曲部位有关，当无量纲腐蚀深度为 0.4 时，管道发生 A 类屈曲，屈曲部位主要是在直管段，此时腐蚀区域对屈曲压力的影响极小。

表 3-12 无量纲腐蚀深度为 0.5 时 w_k 对屈曲压力的影响

w_k	β	p_c/p_y
0°	0.00%	1.233
3°	0.94%	1.211
6°	1.14%	1.189
9°	1.60%	1.197
12°	2.30%	1.173
15°	2.97%	1.145
18°	3.59%	1.118
21°	4.19%	1.102
24°	4.77%	1.093
27°	5.34%	1.087
30°	5.91%	1.083
33°	6.47%	1.085
36°	7.02%	1.088
39°	7.56%	1.099
42°	8.09%	1.101

从表 3-12 中可以看出，当无量纲腐蚀深度为 0.5 时，屈曲压力随着腐蚀的增大，先是缓慢减小，随后稳定在一个值，该值在 1.088 左右。

当无量纲腐蚀深度为 0.5 时，在腐蚀比为 1.6% 开始出现屈曲压力的明显下降，且提取此处的屈曲形式，已经从 A 类屈曲变成 B 类屈曲。

表 3-13 无量纲腐蚀深度为 0.6 时 w_k 对屈曲压力的影响

w_k	β	p_c/p_y
0°	0.00%	1.233
3°	1.15%	1.194
6°	1.39%	1.183
9°	1.93%	1.111
12°	2.77%	1.041
15°	3.58%	0.998
18°	4.32%	0.960

续表

w_k	β	p_c/p_y
21°	5.04%	0.872
24°	5.74%	0.919
27°	6.43%	0.907
30°	7.12%	0.896
33°	7.79%	0.908
36°	8.45%	0.907
39°	9.10%	0.906
42°	9.74%	0.904

从表 3-13 中可以看出，当无量纲腐蚀深度为 0.6 时，屈曲压力随着腐蚀的增大，先是出现明显减小，随后稳定在一个值，该值在 0.90 左右。而提取此时的屈曲形式，管道在 $w_k = 6°$ 时即进入 B 类屈曲。

表 3-14　无量纲腐蚀深度为 0.7 时 w_k 对屈曲压力的影响

w_k	β	p_c/p_y
18°	5.06%	0.780
21°	5.90%	0.752
24°	6.72%	0.734
27°	7.53%	0.716
30°	8.33%	0.702
33°	9.12%	0.697
36°	9.89%	0.711
39°	10.65%	0.707
42°	11.40%	0.709

从表 3-14 中可以看出，当无量纲腐蚀深度为 0.7 时，屈曲压力随着腐蚀的增大，先是出现快速减小，随后稳定在一个值，该值在 0.70 左右。而提取此时的屈曲形式，在 $w_k = 3°$ 时即进入 B 类屈曲。为了更直观地观察这种变化，用半深环向角 w_k 除以 180° 得到无量纲半深环向角 w_k'，以此为横轴，p_c/p_y 为纵轴，则得到屈曲压力和无量纲半深环向角的关系如图 3-29 所示。从数据中可以看出，在不同无量纲深度情况下，p_c/p_y 随着 w_k 的变化不同，腐蚀处剩余厚度减小，屈曲压力逐渐减小，且当无量纲腐蚀深度达到 0.8 时，屈曲压力减小为原屈曲压力的一半。以 ED_m/t 为横轴，p_c/p_y 为纵轴，得到 p_c/p_y 与无量纲腐蚀深度的关系如图 3-29 所示。

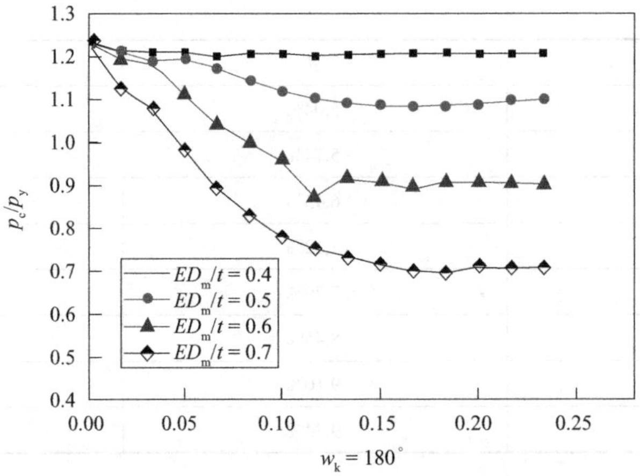

图 3-29 屈曲压力与半深环向角 w_k 的关系

如图 3-30 所示，在不同无量纲腐蚀深度情况下，p_c/p_y 随着 w_k 的变化不同。屈曲压力随着腐蚀比的改变并不具有单一趋势，而是与所处的最大腐蚀深度有关（即与屈曲类型有关），当最大腐蚀深度小于 t_b 时，屈曲压力并不会发生太多变化，即当无量纲腐蚀深度小于 t_b（在预设条件下，此时 $t_b = 0.44$），弯管发生 A 类屈曲，p_c/p_y 由于冲刷腐蚀的影响有所减小，但是减小幅度很小，且不随着半深环向角的增加而变化；当无量纲腐蚀深度大于或等于 t_b 时，弯管发生 B 类屈曲，p_c/p_y 随着半深环向角的增加而明显减小，但减小速率越来越小。当 w_k' 达到 0.167 时，p_c/p_y 减小速率几乎等于 0，影响趋于稳定，p_c/p_y 无限接近一个值，这个值与冲刷腐蚀最大深度有关。

3. 冲刷腐蚀轴向范围对弯管屈曲压力的影响

冲刷腐蚀轴向范围会影响冲刷腐蚀得到的轴向范围，对弯管屈曲压力会产生影响，因此需要将其作为敏感性因素进行分析。

在研究冲刷腐蚀轴向范围对弯管屈曲压力的影响时，暂时保持冲刷腐蚀环向范围不变，当 w_k' 超过 0.139 时，w_k 对屈曲压力的影响趋于稳定，保持模型无量纲 w_k' 为 0.222；由于无量纲腐蚀深度小于 t_b 时，冲刷腐蚀对弯管屈曲影响极小，此时发生 A 类屈曲，腐蚀轴向范围对屈曲的影响很小，故控制 Ω 使得无量纲腐蚀深度为 0.5、0.7，进行两组模拟。

设置弯管的初始几何参数见表 3-15，可以得到弯管的初始椭圆度 Δ 为 0.594%，径厚比 α 为 20.2，弯径比 λ 为 1.5。

表 3-15 Fourier 模型的初始几何参数（轴向范围影响时）

D_{max}（mm）	D_{min}（mm）	t（mm）	r（mm）
50.65	50.35	2.5	68.25

模拟中将弯管轴向 90° 均分成 40 个截面，标号 0~39，根据试验数据，轴向 $\theta = 55.703°$ 出现冲刷腐蚀最大深度，以 25 号截面为起点，调整 A_s 向两边逐渐腐蚀，直至 90° 弯管达到轴向全部冲刷腐蚀，以调节轴向腐蚀范围的方式，研究轴向范围改变导致腐蚀比的变化对屈

曲压力的影响。用轴向角度 θ 除以 180° 得到无量纲轴向角 θ'，得到无量纲腐蚀深度为 0.5、0.7 条件下的计算结果见表 3-16 和表 3-17。

表 3-16　无量纲腐蚀深度为 0.5 时轴向范围对屈曲压力的影响

轴向范围	β	p_c/p_y
0.312 5~0.312 5	0.37%	1.219
0.300 0~0.325 0	1.10%	1.221
0.287 5~0.337 5	1.80%	1.214
0.275 0~0.350 0	2.46%	1.209
0.262 5~0.362 5	3.06%	1.195
0.250 0~0.375 0	3.59%	1.192
0.237 5~0.387 5	4.06%	1.188
0.225 0~0.400 0	4.47%	1.175
0.212 5~0.412 5	4.83%	1.127
0.200 0~0.425 0	5.15%	1.108
0.187 5~0.437 5	5.45%	1.106
0.175 0~0.450 0	5.74%	1.103
0.162 5~0.462 5	6.03%	1.102
0.137 5~0.475 0	6.52%	1.100
0.100 0~0.500 0	7.12%	1.099
0.050 0~0.500 0	7.47%	1.095
0.000 0~0.500 0	7.72%	1.096

从表 3-16 中可以看出，随着腐蚀轴向范围的增大，屈曲压力先是缓慢减小，随后在某值处出现一个较大幅度跌落，无量纲屈曲压力值从 1.75 跌落至 1.26，且提取各个数值对应的屈曲状态，当无量纲屈曲压力值从 1.75 跌落至 1.26 时，弯管的屈曲类型从 A 类屈曲变为 B 类屈曲。

表 3-17　无量纲腐蚀深度为 0.7 时轴向范围对屈曲压力的影响

轴向范围	β	p_c/p_y
0.312 5~0.312 5	0.52%	1.219
0.300 0~0.325 0	1.55%	1.227
0.287 5~0.337 5	2.55%	0.837
0.275 0~0.350 0	3.47%	0.753
0.262 5~0.362 5	4.31%	0.704
0.250 0~0.375 0	5.07%	0.638
0.237 5~0.387 5	5.73%	0.701

续表

轴向范围	β	p_c/p_y
0.225 0~0.400 0	6.30%	0.766
0.212 5~0.412 5	6.81%	0.714
0.200 0~0.425 0	7.27%	0.734
0.187 5~0.437 5	7.69%	0.726
0.175 0~0.450 0	8.10%	0.720
0.162 5~0.462 5	8.50%	0.716
0.137 5~0.475 0	9.20%	0.711
0.100 0~0.500 0	10.04%	0.707
0.050 0~0.500 0	10.53%	0.706
0.000 0~0.500 0	10.88%	0.706

从表 3-17 中可以看出，随着腐蚀比的增加，屈曲压力出现了一个较大幅度的跌落，随后出现了一个小幅度的回升，再进行常规的缓慢下降。

为了更直观地看到这种趋势，以 $\Delta\theta'$ 为横轴，无量纲屈曲压力为纵轴，得到二者之间的关系如图 3-30 所示。

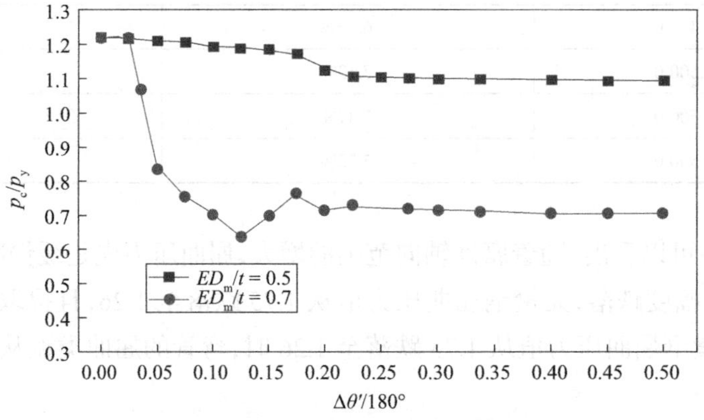

图 3-30　屈曲压力与轴向腐蚀范围的关系

当无量纲腐蚀深度为 0.5 时，p_c/p_y 并不因轴向范围的增大而有明显的变化，即随着轴向腐蚀范围从 θ' =0.312 5~0.312 5 向两侧逐渐扩大，p_c/p_y 的变化很小，呈现为一个较为稳定的值，提起出此时弯管的屈曲形态，弯管发生的屈曲形态为 A 类屈曲；逐渐增大弯管的轴向腐蚀范围，从 θ' = 0.312 5~0.312 5 达到 θ' = 0.212 5~0.412 5，此时 p_c/p_y 发生了较为明显的变化，出现了小幅度下降，提取出此时弯管的屈曲形态，弯管发生的屈曲形态为 B 类屈曲；继续扩大弯管轴向腐蚀的范围，由于轴向腐蚀分布的特点，即在腐蚀热度区域腐蚀最大，弯管进出端腐蚀强度最小，弯管的屈曲压力下降趋势变得较为缓慢。

当无量纲腐蚀深度为 0.7 时，随着轴向腐蚀范围从 θ' = 0.312 5 向两侧逐渐扩大，p_c/p_y 显示几乎保持不变，此时弯管发生 A 类屈曲；当弯管轴向腐蚀范围继续扩大，达到

$\theta' = 0.287\ 5 \sim 0.337\ 5$ 时，冲刷腐蚀轴向范围为 $\Delta\theta' = 0.05$（$\Delta\theta'$ 为范围极值的差值 $\Delta\theta$ 除以 $180°$ 得到的无量纲值），p_c/p_y 出现了一个大幅度跌落，且跌落幅度和跌落速度远远大于 A 类屈曲和 B 类屈曲之间的转换，此时弯管发生屈曲的部位如图 3-31（a）所示，屈曲部位位于冲刷腐蚀热度区域外援线上的冲刷腐蚀最大深度处；最终压溃形式如图 3-31（b）所示，弯管在冲刷腐蚀热度区域内的冲刷腐蚀最大深度区域最终压溃，将这种屈曲形式称为弯管 C 类屈曲。当弯管轴向腐蚀范围继续扩大时 p_c/p_y 继续下降；当达到 $\theta' = 0.237\ 5 \sim 0.387\ 5$ 时，p_c/p_y 出现小幅度波动；当达到 $\theta' = 0.212\ 5 \sim 0.412\ 5$ 时，p_c/p_y 趋于稳定，并随着轴向腐蚀范围的继续增大小幅度下降，提取出此时的弯管屈曲形式，发现此时的弯管屈曲形式变为 B 类屈曲。

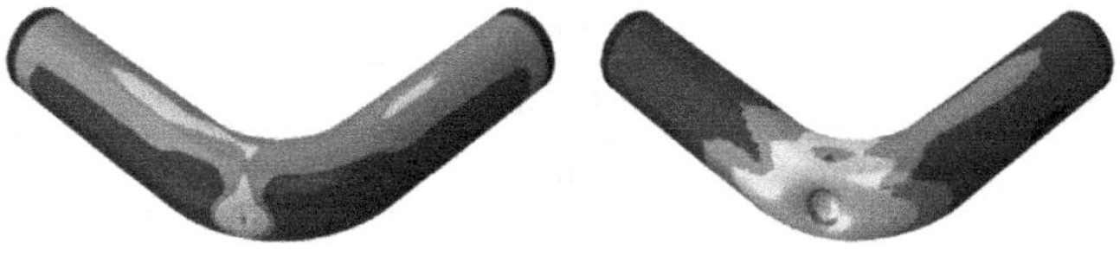
（a）　　　　　（b）

图 3-31　C 类屈曲-压溃

（a）C 类屈曲　（b）C 类压溃

根据分析结果，弯管在轴向腐蚀范围较小且最大腐蚀深度较大时，会出现新的 C 类屈曲类型，这意味着出现 C 类屈曲的腐蚀条件较为复杂，由腐蚀深度和腐蚀轴向范围共同影响。定义一个无量纲腐蚀深度为 $90°$ 弯管 C 类无量纲冲刷腐蚀突变深度，用 t_c 表示；定义一个无量纲轴向角度范围 $\Delta\theta'$ 为 $90°$ 弯管 C 类轴向冲刷腐蚀突变范围，用 θ_c 表示；定义一个无量纲轴向角度范围 $\Delta\theta'$ 为 $90°$ 弯管 B 类轴向冲刷腐蚀突变范围，用 θ_b 表示。

当无量纲腐蚀深度大于或等于 t_c 且无量纲轴向腐蚀范围（从冲刷腐蚀最大深度往两边扩大）大于或等于 θ_c 时，冲刷腐蚀会使得屈曲压力大幅度下降，弯管发生 C 类屈曲。当 $\Delta\theta'$ 再扩大，超过了 θ_b 时，弯管发生 B 类屈曲。

4. 弯径比对弯管屈曲压力的影响

在冲刷腐蚀的腐蚀参数都一定的情况下，弯管的初始几何属性也会对屈曲压力有较大的影响，其中包括弯径比、椭圆度和径厚比。由于弯管的几何特征，弯径比是一个重要的参数，表征了弯管的弯曲特性。在研究弯径比对屈曲压力的影响时，设置初始椭圆度和径厚比为定值，弯管的初始参数见表 3-21。

表 3-18　Fourier 模型的初始几何参数（弯径比影响时）

D_{max}（mm）	D_{min}（mm）	t（mm）
50.65	50.35	2.5

此时弯管的冲刷腐蚀预设为 $w_k'=0.233$，轴向腐蚀范围为全腐蚀，无量纲冲刷腐蚀深度选取不同深度。由于弯径比 λ 由弯曲内径 R_{in} 和弯曲半径 r 共同决定，设置初始的弯曲内径 R_{in} 为 45.5 mm，通过改变弯曲半径 r 值来设置梯度弯径比 λ 值，设置为 1、1.2、1.4、1.5、1.6、1.8、2.0、2.2、2.4 和 2.6。

由于腐蚀深度对弯管屈曲类型影响极大，所以需要对不同腐蚀深度条件下的弯管屈曲压力进行分析。改变弯径比会改变弯管本身的屈曲压力（不是由冲刷腐蚀导致的部分），当无量纲腐蚀深度为0时，计算此时弯管的屈曲压力，计算结果见表3-19。

表3-19　无量纲腐蚀深度为0时λ对屈曲压力的影响

λ	β	p_c/p_y
1.0	0.00%	1.838
1.2	0.00%	1.546
1.4	0.00%	1.325
1.5	0.00%	1.223
1.6	0.00%	1.146
1.8	0.00%	1.008
2.0	0.00%	0.896
2.2	0.00%	0.815
2.4	0.00%	0.737
2.6	0.00%	0.674

从表3-19中可以看出，当无量纲腐蚀深度为0时，弯径比对屈曲压力的影响极大，随着弯径比的增大，无量纲屈曲压力发生了较大的下降。

当无量纲腐蚀深度为0.32时，计算此时弯管的屈曲压力，计算结果见表3-20。

表3-20　无量纲腐蚀深度为0.32时λ对屈曲压力的影响

λ	β	p_c/p_y
1	5.68%	1.819
1.2	5.41%	1.509
1.4	5.21%	1.281
1.5	5.13%	1.210
1.6	5.06%	1.131
1.8	4.95%	0.978
2	4.86%	0.881
2.2	4.78%	0.793
2.4	4.72%	0.724
2.6	4.67%	0.665

从表3-20中可以看出，当无量纲腐蚀深度为0.32时，弯径比对屈曲压力的影响极大，随着弯径比的增大，无量纲屈曲压力发生了较大下降，且对比表3-19与表3-20的计算结果，发现此时弯管的屈曲压力在各梯度下较为接近，原因是此时腐蚀深度小于t_b，此时冲刷腐蚀

对管道的影响较小。

当无量纲腐蚀深度为 0.5 时，计算此时弯管的屈曲压力，计算结果见表 3-21。

表 3-21　无量纲腐蚀深度为 0.5 时 λ 对屈曲压力的影响

λ	β	p_c/p_y
1.0	8.94%	1.805
1.2	8.50%	1.473
1.4	8.19%	1.207
1.5	8.07%	1.096
1.6	7.96%	1.005
1.8	7.78%	0.842
2.0	7.63%	0.730
2.2	7.52%	0.636
2.4	7.42%	0.565
2.6	7.33%	0.504

从表 3-21 中可以看出，当无量纲腐蚀深度为 0.5 时，弯径比对屈曲压力的影响极大，随着弯径比的增大，无量纲屈曲压力发生了较大下降，提取出此时各梯度下的屈曲类型，其中当 λ 值从 1.0 变为 1.2 时，弯管的屈曲类型从 A 类屈曲变化为 B 类屈曲，当弯管的弯径比逐渐增大时，腐蚀深度会对弯管的屈曲类型造成影响。

当无量纲腐蚀深度为 0.7 时，计算此时弯管的屈曲压力，计算结果见表 3-22。

表 3-22　无量纲腐蚀深度为 0.7 时 λ 对屈曲压力的影响

λ	β	p_c/p_y
1.0	12.60%	1.086
1.2	11.99%	0.911
1.4	11.55%	0.838
1.5	11.37%	0.706
1.6	11.22%	0.640
1.8	10.96%	0.511
2	10.75%	0.446
2.2	10.59%	0.383
2.4	10.45%	0.343
2.6	10.33%	0.308

从表 3-22 中可以看出，当无量纲腐蚀深度为 0.7 时，弯径比对屈曲压力的影响极大，随着弯径比的增大，无量纲屈曲压力发生了较大下降，提取出此时各梯度下的屈曲类型，其中

当λ值从1.2变为1.4时,弯管的屈曲类型从B类屈曲变化为C类屈曲,当弯管的弯径比逐渐增大时,腐蚀深度会对弯管的屈曲类型造成影响。将这4种不同无量纲最大腐蚀深度下弯径比对屈曲压力的影响绘制成曲线,如图3-32所示。

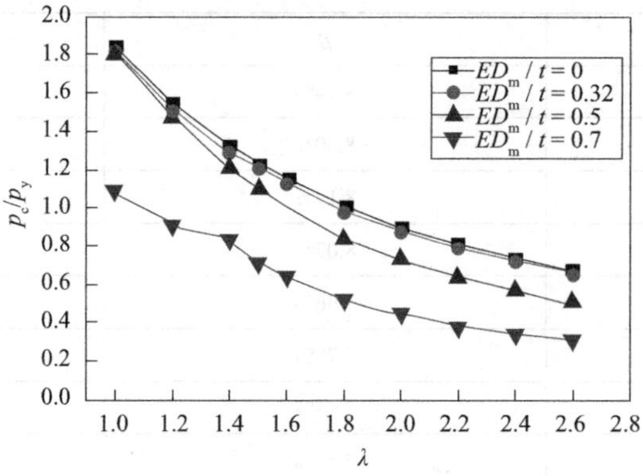

图3-32 屈曲压力与弯径比的关系

从图3-32中可以看出,当无量纲腐蚀深度为0和0.32时,p_c/p_y随着弯径比增大而变化的数值和变化趋势十分相似,在这两种情况下,p_c/p_y均随着弯径比的增大而呈现幂率规律减小,这源于无量纲腐蚀深度为0.32时,腐蚀深度小于t_b,冲刷腐蚀对管道的影响较小,此时管道的屈曲类型依然是A类屈曲,这表明屈曲类型是决定管道屈曲压力变化趋势的一个重要因素。

当无量纲腐蚀深度为0.5,λ值从1.0变为1.2时,弯管的屈曲类型从A类屈曲变化为B类屈曲,在图3-32中可以明显看到此后屈曲压力的下降趋势比无量纲屈腐蚀深度为0和0.32时要快,p_c/p_y随着弯径比的增大而减小。

当无量纲腐蚀深度为0.7时,屈曲压力的变化曲线出现了明显不同。弯管的屈曲压力在弯径比为1.0和1.2时出现了一个跌落,下降幅度远超其他情况,提取此时的屈曲类型,发现弯管在弯径比为1.0和1.2时是C类屈曲;随后当弯径比为1.4时,下降趋势放缓,与无量纲腐蚀深度为0.5时呈现一致性,此时的屈曲类型为B类屈曲。这进一步佐证了屈曲类型是影响无量纲屈曲压力变化的一个重要因素。

由上述分析可知,弯径比的变化会导致弯管的屈曲类型和屈曲压力出现变化,当弯管的屈曲类型为A类屈曲时,p_c/p_y均随着弯径比的增大而按照幂率规律减小;当弯管的屈曲类型为B类屈曲时,p_c/p_y同样出现幂率规律减小的趋势,但是减小幅度更大;当弯管的屈曲类型为C类屈曲时,p_c/p_y由于C类屈曲的缘故出现了大幅跌落,随着弯径比的增大而减小。总结来看,当弯管处于A类、B类和C类屈曲时,弯径比对屈曲压力的影响趋势都比较相似,p_c/p_y均随着弯径比的增大而按照幂率规律减小,但在不同类型屈曲下变化幂率规律不同。

5. 椭圆度对弯管屈曲压力的影响

在冲刷腐蚀的腐蚀参数都一定的情况下,弯管的初始椭圆度会对屈曲压力有较大的影响，设置弯径比和径厚比为定值，弯管的初始参数见表 3-23。

表 3-23　Fourier 模型的初始几何参数（椭圆度影响时）

D（mm）	r（mm）	t（mm）
50.5	68.25	2.5

此时弯管的冲刷腐蚀预设为 w_k'=0.233，轴向腐蚀范围为全腐蚀，无量纲冲刷腐蚀深度选取不同深度。根据外标径与 D_{max} 和 D_{min} 之间的关系调整初始椭圆度 Δ 为 0.00%、0.16%、0.32%、0.48%、0.63%、0.79%、0.99%、1.19%、1.58% 和 1.98%。由于腐蚀深度对弯管屈曲类型影响极大，所以需要对不同腐蚀深度条件下的弯管屈曲压力进行分析。

改变椭圆度会改变弯管本身的屈曲压力（不是由于冲刷腐蚀导致的部分），当无量纲腐蚀深度为 0 时，计算此时弯管的屈曲压力，计算结果见表 3-24。

表 3-24　无量纲腐蚀深度为 0 时 Δ 对屈曲压力的影响

Δ	β	p_c/p_y
0.00%	0.00%	1.380
0.16%	0.00%	1.330
0.32%	0.00%	1.276
0.48%	0.00%	1.245
0.63%	0.00%	1.225
0.79%	0.00%	1.198
0.99%	0.00%	1.161
1.19%	0.00%	1.136
1.58%	0.00%	1.078
1.98%	0.00%	1.030

从表 3-24 中可以看出，当无量纲腐蚀深度为 0 时，椭圆度对屈曲压力的影响较大，随着椭圆度的增大，无量纲屈曲压力呈现下降趋势。

当无量纲腐蚀深度为 0.32 时，计算此时弯管的屈曲压力，计算结果见表 3-25。

表 3-25　无量纲腐蚀深度为 0.32 时 Δ 对屈曲压力的影响

Δ	β	p_c/p_y
0.00%	5.123%	1.350
0.16%	5.126%	1.300
0.32%	5.128%	1.260
0.48%	5.131%	1.243
0.63%	5.134%	1.212

续表

Δ	β	p_c/p_y
0.79%	5.137%	1.168
0.99%	5.141%	1.150
1.19%	5.145%	1.121
1.58%	5.153%	1.068
1.98%	5.161%	1.021

从表 3-25 中可以看出,当无量纲腐蚀深度为 0.32 时,椭圆度对屈曲压力的影响较大,随着椭圆度的增大,无量纲屈曲压力呈现下降趋势。但是对比表 3-24 和表 3-25 的数据可以看出,虽然由于冲刷腐蚀导致腐蚀比下降、管道的强度有所下降,但是弯管的屈曲压力并没有因为冲刷腐蚀的出现而明显变化,提取此时的屈曲类型,在无量纲腐蚀深度为 0 和 0.32 时,管道均为 A 类屈曲,这也是冲刷腐蚀影响较小的原因。

当无量纲腐蚀深度为 0.5 时,计算此时弯管的屈曲压力,计算结果见表 3-26。

表 3-26　无量纲腐蚀深度为 0.5 时 Δ 对屈曲压力的影响

Δ	β	p_c/p_y
0.00%	8.053%	1.139
0.16%	8.057%	1.128
0.32%	8.061%	1.116
0.48%	8.065%	1.107
0.63%	8.070%	1.095
0.79%	8.075%	1.086
0.99%	8.080%	1.073
1.19%	8.086%	1.058
1.58%	8.099%	1.034
1.98%	8.112%	1.008

从表 3-26 中可以看出,当无量纲腐蚀深度为 0.5 时,椭圆度对屈曲压力的影响较大,随着椭圆度的增大,无量纲屈曲压力呈现下降趋势。但是对比表 3-25 和表 3-26 的数据可以看出,虽然弯管的屈曲压力因为冲刷腐蚀的出现而发生了明显变化,且变化趋势从表 3-25 的幂率变化转变为表 3-26 的线性变化。提取出此时的屈曲类型,在无量纲腐蚀深度为 0.5 时,管道均为 B 类屈曲,此时冲刷腐蚀的强度会较大程度地影响弯管的屈曲压力。

当无量纲腐蚀深度为 0.7 时,计算此时弯管的屈曲压力,计算结果见表 3-27。

表 3-27　无量纲腐蚀深度为 0.7 时 Δ 对屈曲压力的影响

Δ	β	p_c/p_y
0.00%	11.349%	0.728
0.16%	11.355%	0.717
0.32%	11.361%	0.712
0.48%	11.367%	0.710
0.63%	11.373%	0.702
0.79%	11.379%	0.700
0.99%	11.388%	0.697
1.19%	11.396%	0.682
1.58%	11.414%	0.671
1.98%	11.432%	0.662

从表 3-27 中可以看出，当无量纲腐蚀深度为 0.7 时，椭圆度对屈曲压力的影响较大，随着椭圆度的增大，无量纲屈曲压力呈现下降趋势。无量纲屈曲压力随着椭圆度的增大呈现线性递减，提取出此时的屈曲类型，在无量纲腐蚀深度为 0.7 时，屈曲类型均为 B 类屈曲，此时冲刷腐蚀对屈曲压力有较大的影响

将这 4 种不同无量纲最大腐蚀深度下椭圆度为 0.00%、0.16%、0.32%、0.48%、0.63%、0.79%、0.99%、1.19%、1.58% 和 1.98% 时的屈曲压力变化绘制成曲线，如图 3-33 所示。

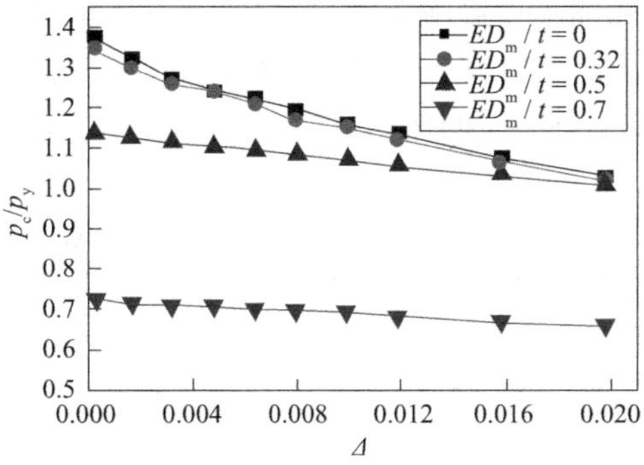

图 3-33　屈曲压力与椭圆度关系

从图 3-33 中可以看出，当无量纲屈腐蚀深度为 0 和 0.32 时，p_c/p_y 随着椭圆度增大而变化的数值和变化趋势十分相似，在这两种情况下，p_c/p_y 均随着椭圆度的增大而呈现幂率规律减小，这是由于无量纲腐蚀深度为 0.32 时，腐蚀深度小于 t_b，冲刷腐蚀对管道的影响较小，此时管道的屈曲类型依然是 A 类屈曲，这表明屈曲类型是决定管道屈曲压力变化趋势的一个重要因素。

当无量纲腐蚀深度为 0.5 时，弯管的屈曲类型变化为 B 类屈曲，在图 3-33 中可以明显地看到此时屈曲压力的变化趋势发生了巨大改变，在椭圆度为 0 时，无量纲屈曲压力发生了较大跌落，此后随着椭圆度的增大，屈曲压力呈现线性递减。

当无量纲腐蚀深度为 0.7 时，屈曲压力随着椭圆度的增大呈现线性递减，观察无量纲腐蚀深度为 0.5 和 0.7 两种情况下屈曲压力呈现平行趋势，二者变化趋势相同，在这两种情况下弯管均发生 B 类屈曲。

由上述分析可知，椭圆度的变化会导致弯管的屈曲类型和屈曲压力出现变化，当弯管的屈曲类型为 A 类屈曲时，p_c/p_y 均随着椭圆度的增大而按照幂率规律减小；当弯管的屈曲类型为 B 类屈曲时，p_c/p_y 出现线性规律减小的趋势。总结来看，当弯管处于不同屈曲类型时，椭圆度对屈曲压力的影响趋势有较大的不同，p_c/p_y 随着椭圆度的增大而按照幂率（A 类屈曲）或者线性（B 类屈曲）规律减小。

6. 径厚比对弯管屈曲压力的影响

在冲刷腐蚀的腐蚀参数都一定的情况下，弯管的径厚比会对屈曲压力有较大的影响，设置弯径比和椭圆度为定值，弯管的初始参数见表 3-28。

表 3-28 Fourier 模型的初始几何参数（径厚比影响时）

R_{in}（mm）	r（mm）	Δ
22.75	68.25	0.41%

此时弯管的冲刷腐蚀预设为 w_k'=0.233，轴向腐蚀范围为全腐蚀，无量纲冲刷腐蚀深度选取不同深度。根据 D_{max} 和 D_{min} 之间的关系与壁厚调整径厚比为 30.44、25.95、22.68、20.20、18.25 和 16.48。

由于腐蚀深度对弯管屈曲类型影响极大，所以需要对不同腐蚀深度条件下的弯管屈曲压力进行分析。改变径厚比会改变弯管本身的屈曲压力（不是由于冲刷腐蚀导致的部分），当 $ED_m/R_{in}=0$ 时，计算此时弯管的屈曲压力，计算结果见表 3-29。

表 3-29 $ED_m/R_{in}=0$ 时 α 对屈曲压力的影响

α	β	p_c/p_y
30.437 500 00	0.00%	0.989
25.947 368 42	0.00%	1.101
22.681 818 18	0.00%	1.173
20.200 000 00	0.00%	1.215
18.250 000 00	0.00%	1.246
16.677 419 35	0.00%	1.244

从表 3-28 中可以看出，当 $ED_m/R_{in}=0$ 时，径厚比对屈曲压力的影响较大，随着径厚比的增大，无量纲屈曲压力呈现下降趋势。

当 $ED_m/R_{in}=0.036$ 时，计算此时弯管的屈曲压力，计算结果见表 3-30。

表 3-30　ED_m/R_{in} = 0.036 时 α 对屈曲压力的影响

α	β	P_c/P_y
30.437 500 00	8.16%	0.966
25.947 368 42	6.83%	1.087
22.681 818 18	5.87%	1.158
20.200 000 00	5.13%	1.189
18.250 000 00	4.55%	1.213
16.677 419 35	4.09%	1.232

从表 3-29 中可以看出，当 ED_m/R_{in} = 0.036 时，径厚比对屈曲压力的影响较大，随着径厚比的增大，无量纲屈曲压力呈现下降趋势。对比表 3-28 与表 3-29，在同样径厚比的条件下，无量纲屈曲压力的数值十分接近，提取出此时的屈曲类型，发现弯管均是 A 类屈曲，这意味着在 A 类屈曲的情况下，冲刷腐蚀对弯管屈曲影响极小，而径厚比会在很大程度上影响屈曲压力。

当 ED_m/R_{in} = 0.056 时，计算此时弯管的屈曲压力，计算结果见表 3-31。

表 3-31　ED_m/R_{in} = 0.056 时 α 对屈曲压力的影响

α	β	p_c/p_y
30.437 500 00	12.83%	0.491
25.947 368 42	10.74%	0.684
22.681 818 18	9.22%	0.926
20.200 000 00	8.06%	1.064
18.250 000 00	7.16%	1.149
16.677 419 35	6.42%	1.214

从表 3-30 中可以看出，当 ED_m/R_{in} = 0.056 时，随着径厚比的增加，屈曲压力出现了大幅度下降。对比表 3-29 与表 3-30，屈曲压力的下降幅度出现了明显差异。提取此时弯管的屈曲形式，径厚比为 30.437 5 时，弯管出现了 C 类屈曲；当径厚比为 16.677 时，弯管出现了 A 类屈曲；当径厚比介于二者之间时，弯管出现的为 B 类屈曲。对比 ED_m/R_{in} = 0.036 时弯管的屈曲形式，表明在冲刷腐蚀达到一定深度之后，不同的径厚比会导致不同的屈曲形式，这对弯管的屈曲形式和屈曲压力有十分大的影响。

当 ED_m/R_{in} = 0.062 时，计算此时弯管的屈曲压力，计算结果见表 3-32。

表 3-32　ED_m/R_{in} = 0.062 时 α 对屈曲压力的影响

α	β	p_c/p_y
30.437 500 00	14.40%	0.277
25.947 368 42	12.05%	0.572

续表

α	β	p_c/p_y
22.681 818 18	10.35%	0.796
20.200 000 00	9.05%	0.916
18.250 000 00	8.03%	1.081
16.677 419 35	7.21%	1.162

从表 3-32 中可以看出，当 $ED_m/R_{in}=0.062$ 时，随着径厚比的增加，屈曲压力出现了大幅度下降，这种下降幅度与表 3-30 呈现的趋势一致，提取此时弯管的屈曲类型，弯管在径厚比为 30.44 时，弯管屈曲类型为 C 类屈曲，其余径厚比条件下，弯管屈曲类型均为 B 类屈曲。

将这 4 种不同无量纲最大腐蚀深度下径厚比对屈曲压力的影响绘制成曲线，如图 3-34 所示。

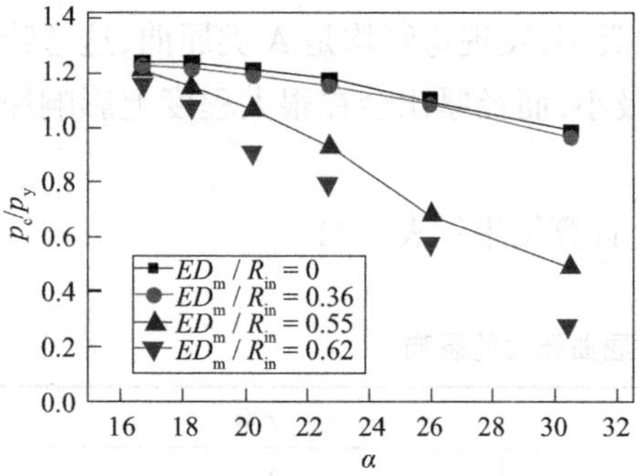

图 3-34 屈曲压力与径厚比关系

从图 3-35 中可以看出，当 ED_m/R_{in} 为 0 和 0.036 时，p_c/p_y 随着椭圆度增大而变化的数值和变化趋势十分相似，在这两种情况下，p_c/p_y 均随着径厚比的增大而呈现幂率规律减小，这源于 $ED_m/R_{in}=0.036$ 时，腐蚀深度小于 t_b，冲刷腐蚀对管道的影响较小，此时管道的屈曲类型依然是 A 类屈曲，这进一步表明屈曲类型是决定管道屈曲压力变化趋势的一个重要因素。

当 ED_m/R_{in} 为 0.056 和 0.062 时，由于此时腐蚀深度较大，已经开始影响弯管的屈曲状态，弯管的屈曲类型在一些情况下变为 B 类屈曲和 C 类屈曲，随着径厚比的增大，p_c/p_y 随之呈现较为明显的下降，即 p_c/p_y 随着径厚比的增大按照线性规律减小。

7. 屈曲类型划分图

根据前几节的分析，含冲刷腐蚀损伤的 90° 弯管发生屈曲时，由于冲刷腐蚀损伤的存在，弯管会有三类屈曲形式（A、B、C 类屈曲）。在前文的分析中，不同的屈曲类型主要是由于冲刷腐蚀参数不同导致的，而在不同的屈曲类型下冲刷腐蚀参数和管道参数对屈曲压力的影响有显著差异。

在冲刷腐蚀参数中，冲刷腐蚀最大深度和冲刷腐蚀轴向范围对含冲刷腐蚀损伤的 90° 弯管的屈曲类型影响最大。利用前文定义的 t_b、t_c、θ_b、θ_c 对含冲刷腐蚀损伤的 90° 弯管的屈曲类型进行划分得到冲刷腐蚀屈曲类型范围图。$0<t_b<t_c<0.8$，$0<\theta_c<\theta_b<0.5$ 时的冲刷腐蚀屈曲类型范围图如图 3-35 所示。

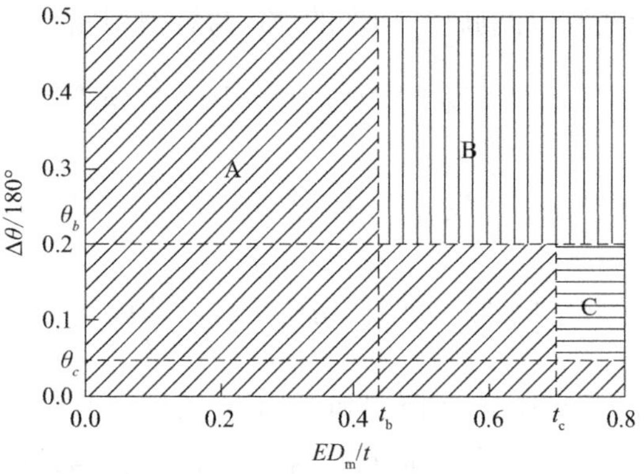

图 3-35　冲刷腐蚀屈曲类型范围

如图 3-35 所示，在本书弯管预设条件下，$t_b = 0.42$，$t_c = 0.7$，$\theta_c = 0.05$，$\theta_b = 0.2$。以 t_b、t_c、θ_b、θ_c 为判定条件，可以将不同弯管类型的出现情况进行条件判定从而很快得到弯管所处的屈曲类型，随后再进行不同冲刷腐蚀的敏感性因素对弯管的影响的研究。根据图 3-35，当无量纲腐蚀深度小于 t_b 时，弯管在各冲刷腐蚀轴向范围内均发生 A 类屈曲。

当无量纲腐蚀深度大于或等于 t_b，且小于 t_c 时，弯管在 $\Delta\theta'$ 小于 θ_b 时发生 A 类屈曲；在 $\Delta\theta'$ 大于或等于 θ_b 时发生 B 类屈曲。当无量纲腐蚀深度大于或等于 t_c，弯管在 $\Delta\theta'$ 小于 θ_c 时发生 A 类屈曲；在 $\Delta\theta'$ 大于或等于 θ_c 且小于 θ_b 时发生 C 类屈曲；在 $\Delta\theta'$ 大于或等于 θ_b 时发生 B 类屈曲。在划分好的屈曲类型图中，可以界定出弯管不同的屈曲类型，在不同的屈曲类型下，冲刷腐蚀各敏感性参数对弯管有不同的影响规律。

根据敏感性分析结果，冲刷腐蚀环向腐蚀和冲刷腐蚀轴向腐蚀对弯管屈曲压力的折减强度都受到冲刷腐蚀最大深度的影响，利用腐蚀比对环向和轴向腐蚀进行描述，最终选取 5 个参数来描述冲刷腐蚀对 90° 弯管屈曲压力的折减，5 个参数分别是：椭圆度（Δ）、径厚比（α）、弯径比（λ）、腐蚀比（β）和无量纲腐蚀深度（ED_m/t）。拟合出各个冲刷腐蚀类型范围内 p_c/p_y 与这 5 个参数的数值表达式：

$$\frac{p_c}{p_y} = a\Delta^b \alpha^c \lambda^d (1-\beta)^e \left(1-\frac{ED_m}{t}\right)^f + g$$

式中：a、b、c、d、e、f、g 为待定参数。

由于 5 个参数对不同冲刷腐蚀类型的影响不同，在各个冲刷腐蚀类型范围内分别利用 Matlab 中的 nlinfit 函数进行非线性数值拟合确定待定参数，并进行迭代校正数值，拟合结果见表 3-33。

表 3-33　待定参数拟合结果

屈曲类型	待定参数						
	a	b	c	d	e	f	g
A	3.512 9	−0.082 5	−0.512 3	−0.999 8	0.013 1	−0.062 6	−0.075 6
B	2.674 8	0.006 5	−0.086 2	−0.701 6	0.529 5	0.347 5	−0.105 6
C	1.717 3	0.016 0	0.463 9	−1.601 3	2.446 6	1.080 7	0.007 4

在发生A、B、C类屈曲时，冲刷腐蚀损伤的90°弯管模型屈曲压力的显示表达式如下：

$$
\begin{cases}
\dfrac{p_c}{p_y}=3.5129\varDelta^{-0.0825}\alpha^{-0.5123}\lambda^{-0.9998}(1-\beta)^{0.0131}(1-\dfrac{ED_m}{t})^{0.0626}-0.0756 & \text{A类屈曲} \\
\dfrac{p_c}{p_y}=2.6748\varDelta^{0.0065}\alpha^{-0.0862}\lambda^{-0.7016}(1-\beta)^{0.5295}(1-\dfrac{ED_m}{t})^{0.3475}-0.1056 & \text{B类屈曲} \\
\dfrac{p_c}{p_y}=1.7173\varDelta^{0.0016}\alpha^{0.4639}\lambda^{-1.6013}(1-\beta)^{2.4466}(1-\dfrac{ED_m}{t})^{1.0807}+0.0074 & \text{C类屈曲}
\end{cases}
$$

对比显示表达式值与Experiment模型和Fourior模型数值模拟值。冲刷参数根据所需屈曲形式不同而不同，其中：① A类屈曲无量纲腐蚀深度为0.4，轴向90°全腐蚀$\Delta\theta' = 0.5$，通过调整轴向腐蚀范围校正腐蚀比；② B类屈曲无量纲腐蚀深度为0.6，轴向90°全腐蚀$\Delta\theta' = 0.5$，通过调整轴向腐蚀范围校正腐蚀比；③ C类屈曲无量纲腐蚀深度为0.75，轴向部分区域腐蚀$\Delta\theta' = 0.125$，通过调整轴向腐蚀范围校正腐蚀比。验证模型参数见表3-34。

表3-34 验证弯管模型参数

模型类型	D_{max}(mm)	D_{min}(mm)	t(mm)	r(mm)
Experiment模型	50.62	50.38	2.35	75
Fourier模型	50.62	50.38	2.35	75

冲刷参数根据所需屈曲形式不同而不同，其中：① A类屈曲无量纲腐蚀深度为0.4，轴向90°全腐蚀$\Delta\theta' = 0.5$，通过调整轴向腐蚀范围校正腐蚀比；② B类屈曲无量纲腐蚀深度为0.6，轴向90°全腐蚀$\Delta\theta' = 0.5$，通过调整轴向腐蚀范围校正腐蚀比；③ C类屈曲无量纲腐蚀深度为0.75，轴向部分区域腐蚀$\Delta\theta' = 0.125$，通过调整轴向腐蚀范围校正腐蚀比。验证模型的参数值见表3-35。

表3-35 验证弯管模型冲刷腐蚀参数

模型类型	$\varDelta$	α	λ	β
Experiment模型	0.48%	21.49	1.64	6.33%
Fourier模型	0.48%	21.49	1.64	6.46%

分别采用两种模型进行数值求解得到Experiment数值模拟值和Fourier数值模拟值，采用数值公式进行代数求解得到Equation求解值，得到的计算结果见表3-36。

表3-36 无量纲屈曲压力结果对照

屈曲类型	Experiment模型	Fourier模型	Equation模型
A	1.091	1.088	1.095
B	0.811	0.785	0.761
C	0.518	0.560	0.549

从表 3-36 中可以看出，利用三种求解方式计算得出的 p_c/p_y 相差不大，可以认为经验公式比较符合模型，该经验公式在本书假设前提条件下可信。

3.2　考虑荷载效应的冲蚀模型开发及仿真

3.2.1　应力-冲蚀试验装置设计

由于当前市面上的冲蚀试验装置无法考虑载荷对冲蚀损伤演化的促进作用，因此自行设计了一种可将荷载效应纳入考虑的喷射式应力-冲刷腐蚀试验装置，如图 3-36 所示。

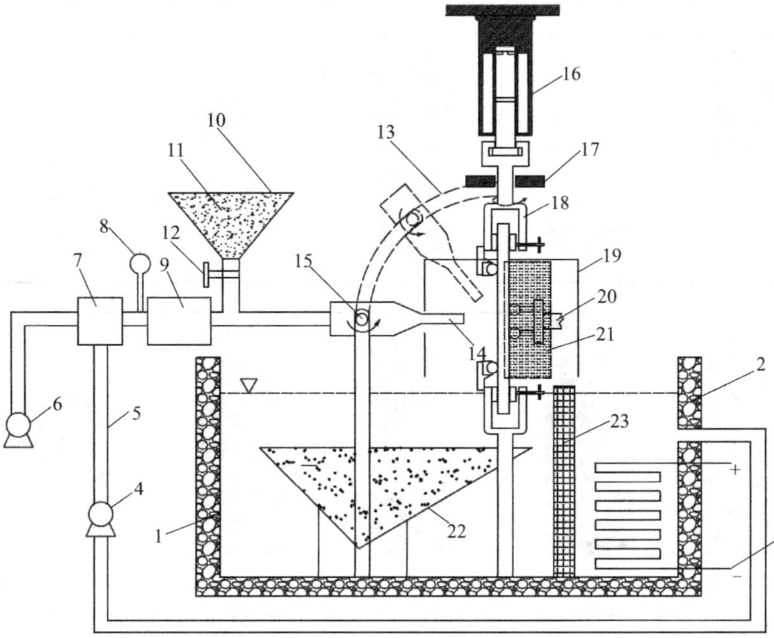

图 3-36　喷射式应力-冲蚀试验装置

1—储液箱；2—保温层；3—加热器；4—水泵；5—循环系统；6—气泵；7—气-液混合器；8—温度传感器；9—电子流量计；10—储砂箱；11—砂粒；12—调节阀；13—喷嘴支架；14—喷嘴；15—旋钮；16—液压油缸；17—定位导槽；18—试件夹具；19—防溅罩；20—四点弯；21—低温循环水槽；22—固体颗粒回收槽；23—滤网

3.2.2　试验及数值模型

下面将建立一个新的多场耦合应力-冲蚀数值模型，该模型可以将考虑荷载效应的冲蚀方程嵌入 COMSOL Multiphysics 5.3a 中，研究结构应力对冲蚀过程的影响。数值模型基于 Sun 的应力-冲射试验，试验示意图如图 3-37 所示，对应的试验参数见表 3-37。

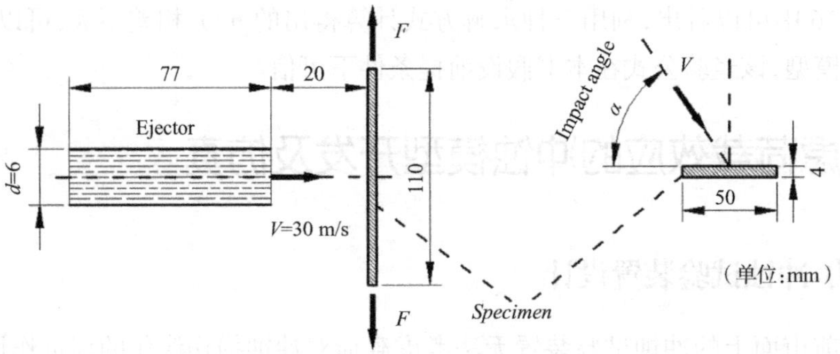

（a）

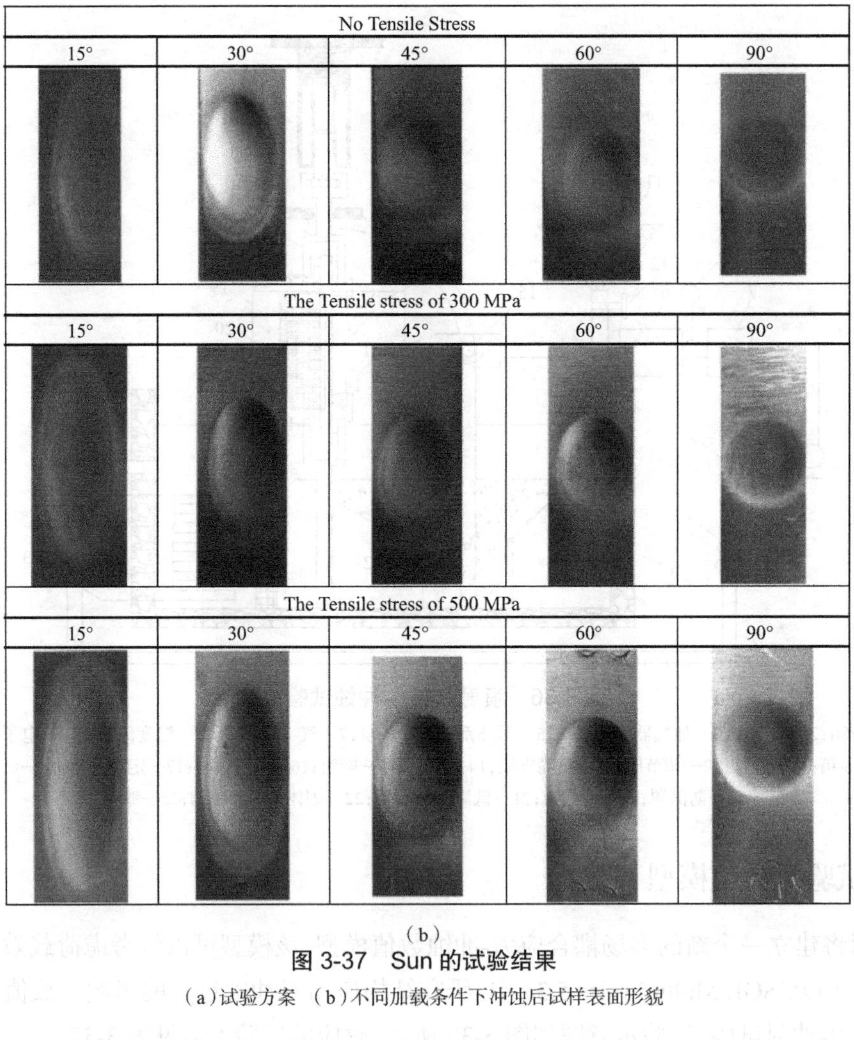

（b）

图 3-37 Sun 的试验结果

（a）试验方案 （b）不同加载条件下冲蚀后试样表面形貌

表 3-37　模型参数

<table>
<tr><td colspan="7">靶材属性</td><td colspan="5">颗粒属性</td></tr>
<tr><td>靶材</td><td>硬度</td><td>杨氏模量
E
（GPa）</td><td>泊松比
v</td><td>屈服应力
σ_y
（MPa）</td><td>抗拉强度
σ_b
（MPa）</td><td>密度
（kg/m^3）</td><td>颗粒材料</td><td>粒径
（μm）</td><td>平均粒径
（μm）</td><td>密度
ρ_1
（kg/m^3）</td><td>形状</td></tr>
<tr><td>30CrMo</td><td>229 BH
（= 241 HV）</td><td>211</td><td>0.279</td><td>785</td><td>930</td><td>7 800</td><td>覆膜砂</td><td>450~650</td><td>550</td><td>1 600</td><td>圆形</td></tr>
<tr><td colspan="12">环境参数</td></tr>
<tr><td>入口流速
V（m/s）</td><td>冲射角
α</td><td colspan="2">试验颗粒浓度
（wt%）</td><td>拉伸应力
（MPa）</td><td>pH</td><td>试验温度
（℃）</td><td>喷嘴内径
d
（mm）</td><td colspan="2">喷嘴长度
L_1（mm）</td><td colspan="2">喷嘴出口与试样表面间距 L_2
（mm）</td></tr>
<tr><td>30</td><td>15°，30°，45°，60°，90°</td><td colspan="2">10%</td><td></td><td>7.12~7.46</td><td>25~30</td><td>6</td><td colspan="2">77</td><td colspan="2">20</td></tr>
</table>

由于该问题涉及应力分析、流场求解和粒子追踪，模型比较复杂，根据图 3-38 所示的试验方案，建立了简化的二维（2D）模型（图 3-38），图中给出了计算域和边界条件。2D 模型与实际试验有一定的差别，然而，考虑到钢材是各向同性的，并且采用冯·米塞斯（Von Mises）应力来考虑载荷对冲蚀的影响，可以忽略载荷方向相对喷嘴来流方向的影响。这种简化的二维模型可为更复杂的三维（3D）模型提供基本信息。

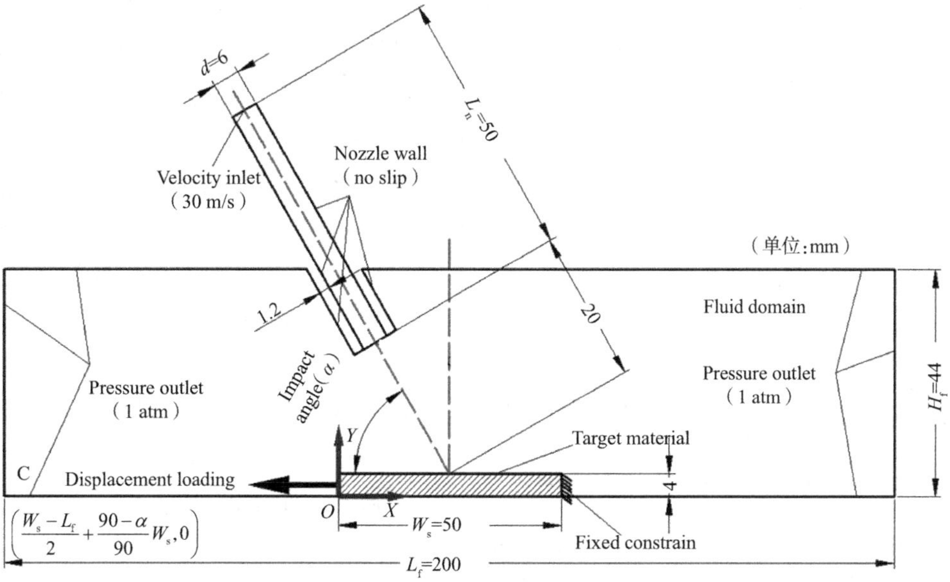

图 3-38　数值模型

3.2.3 考虑外加载荷效应的应力-冲蚀方程推导

如前所述 DNV、E/CRC、Oka 及 Finnie 冲蚀方程应用最为广泛，其中 DNV 模型和 E/CRC 模型最为简洁，且这两个方程的形式相似。塔尔萨（Tulsa）大学冲/蚀腐蚀研究中心（E/CRC）开发的冲蚀模型可对弯头、三通等管件的冲蚀进行预测，适用于预测表面干燥、湿润的碳钢的冲蚀损伤，E/CRC 冲蚀方程形式如下：

$$ER = C(BH)^{-0.59} F_s u_p^n F(\alpha)$$

$$F(\alpha) = \sum_{i=1}^{5} R_i \alpha^i$$

式中：ER 为冲蚀比（ER = 粒子撞击引起的靶材质量损失/撞击粒子质量）；C、n 为常数，对于碳钢 $C = 2.17 \times 10^{-7}$，$n = 2.41$；BH 为靶材的布氏硬度；F_s 为粒子的形状系数（对于尖锐颗粒 $F_s = 1$，半圆颗粒 $F_s = 0.53$，圆形颗粒 $F_s = 0.2$）；u_p 为粒子撞击速度（m/s）；α 为撞击角（rad）；R_i 为模型分类，取值见表 3-38。

表 3-38 E/CRC 冲蚀方程的模型参数

R_1	R_2	R_3	R_4	R_5
5.398 3	−10.106 8	10.932 7	−6.328 3	1.423 4

考虑到 E/CRC 冲蚀方程考虑了颗粒形状和靶材硬度的影响，将 E/CRC 方程给出的预测值与 Sun 给出的试验数据进行对比（根据 Sun 的试验结果，本书假设冲射角 θ = 颗粒撞击角 α，且颗粒速度经足够长的距离加速后与流速一致），对比结果如图 3-39 所示。结果表明，预估的冲蚀比 ER 比试验数据高得多，预测值过于保守。此外，公式预测的 ER 随撞击角 α 的变化趋势与试验结果不同。针对这些不足，应基于测试数据重新评估系数 C 和角度函数 $F(\alpha)$。考虑到与撞击角度相关的 ER 值与对数正态分布的概率密度函数（pdf）非常相似，用对数正态分布的 pdf 代替 E/CRC 冲蚀方程中的 $F(\alpha)$。实际上，研究也证明了广义极值分布 GEV 的 pdf 是适用的，但由于对数正态分布的简洁性，本书没有给出广义极值分布的分析结果。含对数均值 μ 和对数标准差 σ 的对数正态分布可以写成：

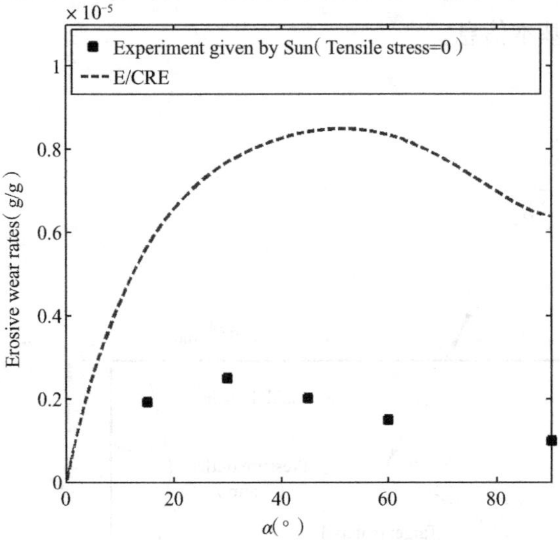

图 3-39 试验数据与 E/CRC 预测值对比

$$y = f(x|\mu,\sigma) = \frac{1}{x\sigma\sqrt{2\pi}} e^{\frac{-(\ln x-\mu)^2}{2\sigma^2}}$$

3.2.4　考虑拉伸应力的冲蚀方程

根据 Sun 给出的试验数据对 E/CRC 冲蚀方程进行修正，本节将外加应力对 *ER* 的贡献纳入冲蚀方程中。采用加速因子 F_a 考虑拉应力对冲蚀损伤的贡献。为了得到准确的 F_a 表达式，将拉伸应力下的 *ER* 试验数据用相应的无应力试验数据归一化。图 3-40(a)为归一化 *ER* 与颗粒撞击角度间的关系，有趣的是载荷对 *ER* 的增强作用在撞击角度等于 30° 和 90° 时最为明显，这可能是因为在较低撞击角度和法向撞击角度下微切削和冲击造成的塑性变形分别控制冲蚀过程。进一步的研究需通过更详细的试验结果检查和数值模拟确定。图 3-40(b)表明：对于 15°~90° 的撞击角度，*ER* 按指数形式随拉应力的增加而增加。此外，当载荷接近于屈服应力时，增强效果更为显著。

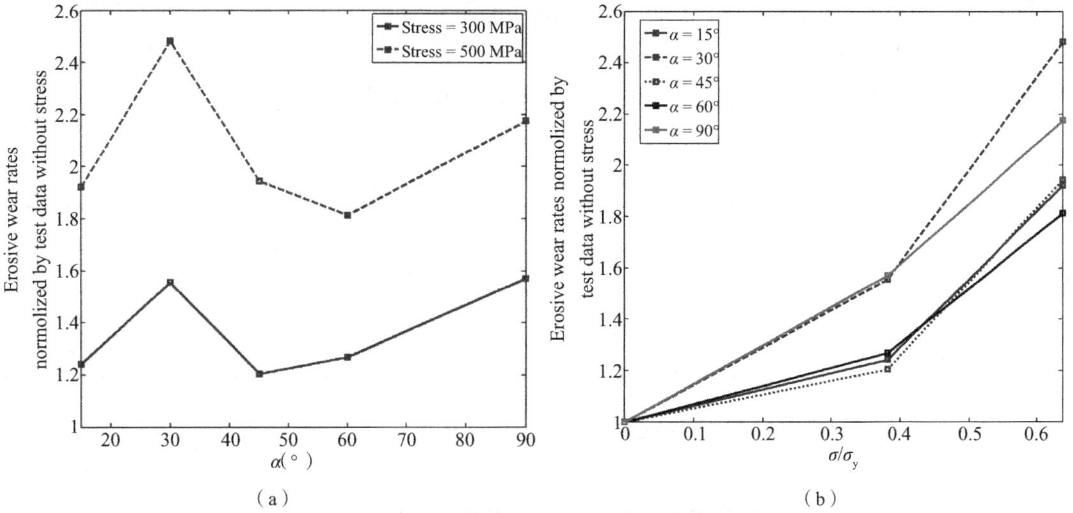

图 3-40　在不同拉伸应力下 *ER* 与撞击角的关系

(a)归一化 *ER* 与颗粒撞击角度的关系　(b)不同撞击角下 *ER* 与拉应力的关系

由以上分析可知，*ER* 是外加应力和撞击角的函数，鉴于此，构造具有下式形式的加速因子 F_a 表达式：

$$F_a = \exp\left(\frac{\sigma}{\sigma_y} \cdot F_2(\alpha)\right)$$

该公式满足边界条件：

$$\text{if} \quad \sigma = 0, \qquad F_a = 1$$

$$\text{if} \quad \sigma > 0, F_2(\alpha) > 0, \qquad F_a > 1$$

根据加速因子，拉应力作用下的冲蚀比 ER_s 可表示为

$$ER_s = ER_0 \cdot F_a$$

$F_2(\alpha)$应该能够准确描述随冲击角度变化的冲蚀率，可采用多项式或傅里叶级数形式，因此 $F_2(\alpha)$可以写成以下形式：

$$F_2(\alpha)=a+\sum_{i=1}^{n}b_i\alpha^i$$

或 $$F_2(\alpha)=a+\sum_{i=1}^{n}\left[b_i\sin(iw\alpha)+c_i\cos(iw\alpha)\right]$$

图 3-41（a）和图 3-41（b）给出了本书公式的预测值与 Sun 给出的测试数据的对比结果，以 α 和 σ/σ_y 为自变量的完整响应面如图 3-41（c）所示和图 3-41（d）。对于没有拉应力的情况（$\sigma=0$），显然对数正态形式的冲蚀方程具有极高的精度。对于 $0°\leqslant\alpha\leqslant45°$，在低拉伸载荷（$\sigma=300$ MPa）下，公式的预测值偏高，而对于更高的拉伸载荷（$\sigma=500$ MPa），预测值与试验数据吻合良好。但在更高的撞击角度下，多项式形式的冲蚀方程低估了 *ER* 值。误差主要来源是有限的试验数据以及本书采用的相对低阶的多项式和傅立叶级数。显然预测值可以采用更高阶项进行优化，然而为了简单易用，我们认为这是不必要的。显然，对数正态分布与傅立叶级数形式的应力函数（E/CRC-Log-S）的组合是最佳的，因此数值模拟将采用傅立叶级数形式的 E/CRC-Log-S 冲蚀方程。该公式的精度在 $0\leqslant\sigma/\sigma_y\leqslant0.637$ 范围内是准确的，但是，当外推超出这个范围时，应该谨慎使用，因为目前没有相关的测试数据可用于验证。

表 3-39 含拉伸应力下的用户定义冲蚀方程模型参数

参数	a	b_1	b_2	b_3			R^2
多项式	−1.189	12.2	−17.31	6.74			0.936 8
参数	a	b_1	c_1	b_2	c_2	w	R^2
傅里叶级数	−132.7	129.9	129.9	−50.22	0	0.811 8	0.952 9

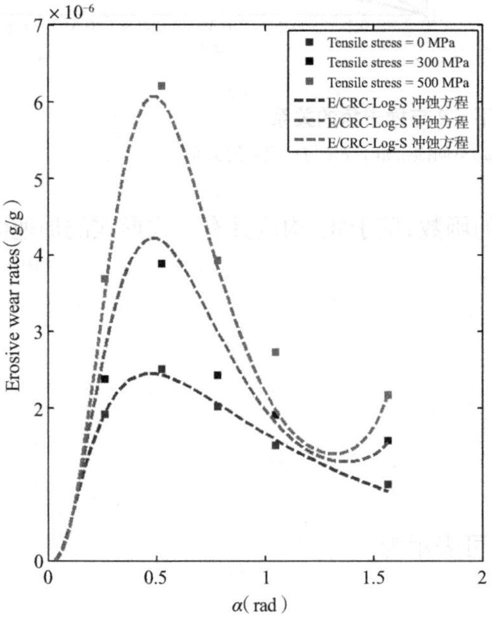

（a）

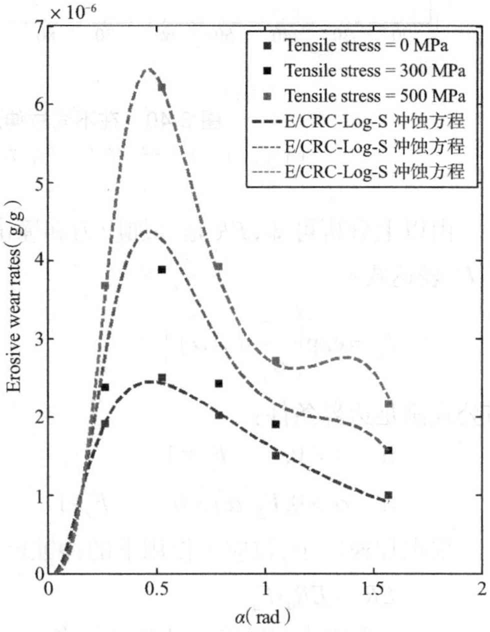

（b）

图 3-41 模型验证与表示

（a）多项式形式 （b）傅里叶级数形式

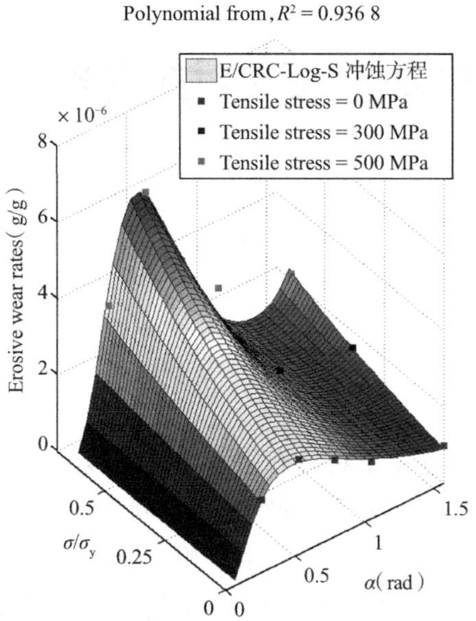

(c)

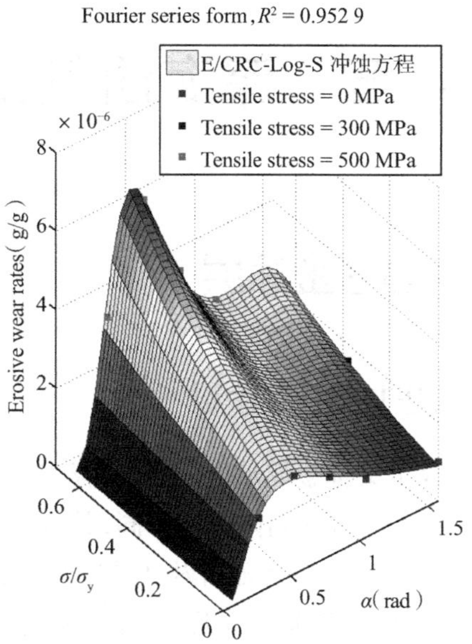

(d)

图 3-41　模型验证与表示(续)

(a)多项式形式　(b)傅里叶级数形式　(c)多项式形式的响应面　(d)傅里叶级数形式的响应面

本章部分图例

说明:为了方便读者直观地查看彩色图例,此处节选了书中的部分内容进行展示。页面左侧的页码,为您标注了对应内容在书中出现的位置。

第 4 章　深海油气采输结构涂层防护研究

4.1　非晶合金涂层

4.1.1　铁基非晶合金涂层

非晶合金又称金属玻璃，是合金熔体在较快的冷却速率下将液态原子冻结而形成的一种固态材料。与常规晶体金属不同，其具有长程无序而短程有序的独特原子排列结构特点。由于这种材料在结构上无晶界、位错和界面等缺陷，化学成分均匀，无第二相，无成分波动、偏聚和偏析，所以腐蚀介质无缝可钻，因此具有优异的耐腐蚀性能。非晶合金是目前发现的强度、硬度和韧性最高的金属材料，但是非晶合金几乎没有塑性，脆性差，合金塑性的改善与泊松比的增加有关，将三维的非晶合金制备成二维的非晶涂层，恰巧可以解决这一问题。大块金属非晶具有高的机械强度与质量密度比，是类似传统晶体合金的 2~3 倍，具有发展为未来结构金属的潜力。

先进的热喷涂技术是提高海洋工程装备可靠性的重要技术手段，传统的涂层材料逐渐不能满足先进海洋工程的防护需求，针对海洋环境设计高性能、耐腐蚀、绿色环保的新型防护材料及对其可应用性进行深度探索已经迫在眉睫。

铁（Fe）基非晶体系具有以下优点。

（1）铁元素在自然界广泛分布，储量丰富，成本低廉。

（2）铁基块体非晶合金具有超高的强度和硬度，如 FeNbB 非晶合金的压缩断裂强度高达 4.9 GPa，远大于晶态超强钢 2.9 GPa。此外，大部分铁基体系维氏硬度高于 1 000 HV。

（3）铁基非晶合金中含有很少量 Cr、Mo、P 时，其合金体系会具有极高的耐腐蚀能力。

（4）铁基非晶合金具有优异的耐磨性能。铁基非晶合金的磨损机制主要是氧化磨损。

（5）由于工业中大部分零部件主要由铁碳合金制备而成，形成这些零部件的一些主要元素与铁基非晶合金成分元素相近，因此，涂层与基体具有相匹配的热膨胀系数，在这些零部件表面铁基非晶涂层具有很好的润湿性，两者界面结合紧密且牢靠。

对于非晶合金涂层的制备，1996 年日本的 Otsubo 等采用超音速火焰喷涂（High-Velocity Oxygen-Fuel，HVOF）成功制备了 FeCr 基非晶涂层。2002 年，日本东北大学制备的 FeCr 基非晶合金，具有超高的耐腐蚀性和形成能力。2003 年美国国防部启动"海军先进非晶涂层（Naval Advanced Amorphous Coating）"计划，投资 3 000 万美金用于新型非晶涂层的开发及应用研究，包括劳化斯·利弗莫尔（Lawrence Livermore）国家试验室等 20 多家科研机构参加了这一研究计划，最后选择了两种成分的铁基非晶涂层合金，即 $Fe_{49.7}Cr_{17.7}Mn_{1.9}Mo_{7.4}W_{1.6}B_{15.2}C_{3.8}Si_{2.4}$ 和 $Fe_{48}Cr_{15}Mo_{14}C_{15}B_{6}Y_{2}$。

4.1.2　非晶形成能力及成分设计

1960 年，杜弗兹（Duwez）课题组通过熔体快淬工艺，获得了 Au-Si 二元无序合金，开创了非晶合金研究的新纪元。随后 Zr、La、Mg、Cu、Fe 基等非晶合金相继被人们发现。在众多非晶合金体系中，铁基非晶合金具有高强度（最高可达 4.93 GPa）、高硬度（Fe-B 系铁基非晶合金显微硬度达到 1 000 HV 以上）、高耐蚀性（耐蚀性超过传统不锈钢）、优异的软磁性能以及较低的原料成本等特点激起人们广泛的研究兴趣。最早报道的铁基非晶合金是 1967 年 Duewz 等制备的 Fe-P-B 非晶合金，而后一系列铁基非晶合金如 Fe-P-B，Fe-Si-B 等被成功制备出来。在经历近 30 年发展后，于 1995 年，Inoue 等通过铜模铸造法首次获得了临界尺寸达 1 mm 的 $Fe_{73}Al_5Ga_2P_{11}C_5B_4$ 非晶合金棒材，正式宣布铁基非晶合金进入块体时代。时至今日，铁基非晶合金因其优异的综合性能，被应用在不同领域，利用软磁性能制造变压器磁芯与传感器、利用耐蚀性能制备铁基非晶涂层、利用催化性能进行污水处理等。随着人们对其研究的不断深入，铁基非晶合金也必将拥有更为广阔的应用空间。

铁基非晶合金形成组元中通常含有大量的类金属元素，表现为“金属 + 类金属”类型，对其形成规律的理解有助于人们深入认识非晶合金形成机制。非晶合金的临界尺寸一直是限制其应用的重要因素之一，如何制备更大尺寸的非晶合金也是众多研究者不懈追求的目标。目前，铁基非晶合金最大临界尺寸也只有 16 mm。

影响铁基非晶合金形成能力的因素通常有以下几个：①组成元素的种类及组元数目，不同元素对非晶合金形成能力影响不同，如原子尺寸、电子结构、元素间混合焓等对非晶形成能力有显著影响，通常来说高形成能力的铁基非晶合金一般都拥有多种组元元素（4 种以上）；②制备工艺，不同工艺的冷却速度不同，所用的保护气氛的种类也不同，包括熔体净化等也直接影响非晶形成；③原料纯度、杂质的引入可能促进晶态相非均匀形核，不利于非晶形成。因此，改善非晶形成能力一般可通过以下两种方式：①改善制备工艺；②调整成分设计。

铁基块体非晶合金优异的耐腐蚀性能主要是由于合金化元素促进了单相固溶体结构的形成以及在合金表面上形成均匀一致的钝化膜所致。过去对于铁基非晶涂层的研究，发现其组分与耐腐蚀性能密切相关。通常铁基非晶合金的设计是为了提高非晶形成能力和涂层性能，使金属占比 80%，非金属占比 20 at%。

Inoue 和 Johnson 等通过合理的成分设计，发展多组元合金体系显著提高了非晶形成能力。铁基非晶合金形成组分通常为金属 + 类金属，其中的类金属元素主要是一些原子半径较小的 B、C、P、Si 等，这些小尺寸的元素可以拓宽组成原子间的尺寸差异以增加原子堆垛密度，提高系统的形成驱动力与晶化阻力从而增加非晶形成能力。

多种元素对非晶形成能力和防腐性能产生影响：在非晶合金中添加 B 元素，会使涂层中形成 B 的硬质相，成为支撑涂层的骨架，在一定程度上提高涂层的力学性能，但是当 B 元素过多添加时，涂层中硬质相含量过多可能导致涂层韧性降低，缩短了涂层在特殊环境的服役寿命。

同时增加合金中 Mo 和 Cr 成分，也可以提高耐腐蚀性。单独增加 Cr 或者 Mo 含量，能提高玻璃化转变温度 T_g 和晶化开始温度 T_x,从而提高非晶合金的热稳定性。随着 Cr 和 Mo 含量的增加,3 种弹性模量增加,硬度也随之增加。这主要是因为金属-非金属之间大的负混合焓导致,Cr-C 的混合焓为 −61 kJ/mol,Cr-B 的混合焓为 −31 kJ/mol; Mo-C 的混合焓为 −67 kJ/mol, Mo-B 的混合焓为 −34 kJ/mol;而 Fe-C 的混合焓仅为 −50 kJ/mol, Fe-B 的混合焓仅为 −26 kJ/mol。中科院沈阳金属所王建强研究员基于 SAM2X5 合金成分制备高性能 Fe 基非晶涂层,在不同化学试验中展现了优良的抗蚀性能。同时得出结论,涂层表面四价 Mo 的氧化物有利于涂层中三价 Cr 的富集,使涂层的钝化膜保持稳定,从而使涂层耐蚀性得到提高。

Mo 是难溶金属,在铁基非晶钢的开发中 Mo 的添加使合金液相线温度得到了降低,提高了约化玻璃转变 T_{rg}。Mo 作为合金化元素可以提高钢的耐腐蚀性能,因为 Mo 可以促进 Cr 离子在钝化膜中的富集、堵塞或者消除合金表面的活性空位。Tan 等研究了 Mo 添加对 1 mol/L HCl 溶液中 FeCrPC 非晶合金耐腐蚀性能的影响。结果显示, Mo 的添加会导致非晶合金迅速钝化,降低了非晶合金在 1 mol/L HCl 溶液中的钝化电流密度。Mo 的添加促进了 Cr 在其表面膜的富集,从而加快了 Cr 氢氧化物钝化膜的形成。Poon 等也发现 Mo 的添加能提高非晶钢的耐腐蚀性能和硬度,并抑制非晶钢的铁磁性。

在铁基非晶中加入稀土元素 Y 或 Er 等可以有效提高耐腐蚀性能,但是稀土元素会显著恶化合金的韧性,不利于涂层的耐磨性能。添加 Y 元素,可以去除 O 等杂质,抑制非均匀形核,并使合金成分更接近共晶点,提高过冷液体的稳定性和铸造性能,一般 Y 添加 1.5%~2%,加入量过多即大于 4% 时将导致新相如 $Fe_{17}Y_2$ 析出。

稀土元素可以显著改善非晶形成能力,厘米级铁基非晶合金基本含有稀土元素,其中 Y 是最常用的一种。Y 的作用可以体现在很多方面,首先, Y 具有极大的原子半径,造成原子尺寸存在差异更大,有利于形成随机密堆结构进而改善非晶形成能力;其次,Y 还具有净化合金熔体的作用,铁基非晶合金对氧含量十分敏感,而 Y 具有非常强的氧亲和力,易于在熔融液体阶段形成氧化物而最终留在铸锭的表面,可起到清除氧的效果,也就减少了异质形核的影响,从而提高了非晶形成能力。Poon 等通过向 $Fe_{50}Cr_{15}Mo_{14}C_{15}B_6$ 中加入 Y ,所制备的 $Fe_{48}Cr_{15}Mo_{14}Y2C_{15}B_6$ 非晶合金其临界尺寸从 1.5 mm 提升到 9 mm,而加入另一种稀土元素 Er,所制备的 $Fe_{48}Cr_{15}Mo_{14}E_r2C_{15}B_6$ 非晶合金临界尺寸更是达到了 12 mm,将铁基非晶合金从毫米级提升至厘米级。Liu 等添加 Y 独立开发的($Fe_{44.3}Cr_5Co_5Mo_{12.8}Mn_{11.2}C_{15.8}B_{5.9}$)$_{98.5}Y_{1.5}$ 和($Fe_{44.3}Cr_{10}Co_5Mo_{13.8}Mn_{11.2}C_{15.8}B_{5.9}$)$_{98.5}Y_{1.5}$ 非晶合金,将临界尺寸从原来不足 7 mm 提升到 12 mm。

Mn 元素的加入会改变原合金系统的电子态密度,从而使合金的软磁性能受到影响。Mn 的加入会降低液相线温度进而获得高的约化玻璃转变温度。加入难熔金属可通过增加弹性模量以及增强非晶结构的稳定性来提高玻璃化转变温度。根据 Backbone Model,关联更紧密的难溶金属-准金属少数原子基团形成主链结构,从而增加熔体的黏度,增强合金的玻璃形成能力。惠希东等研究块体非晶钢发现 Mn 含量从 0 至 8 可以将磁导率从 1.003 6 降低到 1.002 5,但 Mn 含量增加可以在很大程度上改善非晶合金在 HCl 溶液中的耐腐蚀性。

Ni 元素也可提高铁基非晶涂层的耐蚀性,Ni 是使铁族元素耐腐蚀性能最好的元素,NiP 合金具有良好的耐磨损和耐蚀性能，Ni 元素具有很好的抗氧化性,能够有效降低热喷涂涂层的含氧量和孔隙率，Ni 元素对铁基非晶合金的非晶度和结构具有重要影响，Ni 少量添加能够和 Fe、B 形成合金相,使体系的熔点降低从而提高非晶形成能力。但是 Ni 的过多添加会导致铁基非晶合金的非晶含量下降。过量添加 Ni 会阻碍 Fe-Si 固溶体的形成,使体系非晶形成能力降低,并且 Ni 与 Fe、Si 能够形成第二相粒子在晶化过程中抑制晶界的移动,使生成的晶粒尺寸更小,排列更均匀。Ni 在腐蚀介质中表面形成的 NiO_2 膜致密且保护性好，不像铁氧化物那么疏松多孔。

FeCrMoCBY 非晶合金分别加入了 Mn、Co、Ni 元素,元素含量分别为原子百分比 3、6、9。从差示扫描量热法(Differential Scanning Calorimetry，DSC)曲线(图 4-1)可以看出,非晶样品有明显的非晶放热峰,并且有多阶段晶化峰的转变。Duarte 通过试验证明了第一个峰主要是亚稳态的 α-Fe 和 σ-$Cr_6Fe_{18}Mo_5$,第二个峰主要是生成稳定的 $M_{23}(C,B)_6$(M=Fe,Cr,Mo)相,第三个峰是亚稳态的 M_7C_3,后面还有很弱的 h-Fe_3Mo_3C 和 $FeMo_2B_2$ 转变。

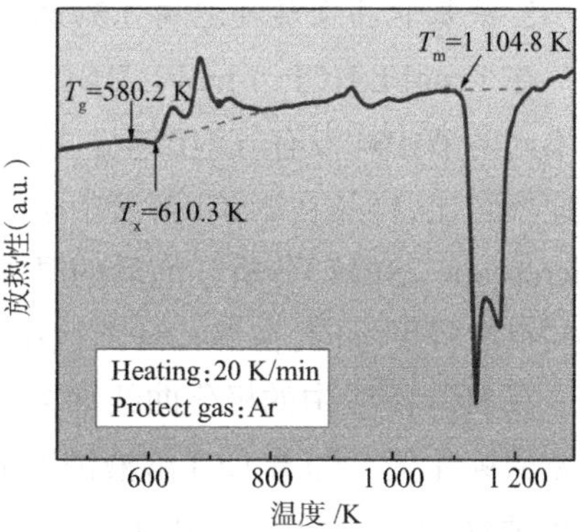

图 4-1　铁基非晶合金涂层 DSC 热分析曲线

多次晶化现象:元素添加抑制熔体在凝固过程中晶体相的析出,而熔体合金在快冷成型过程中,随着掺杂元素的不断增加导致体系内部的原子之间的扩散不能充分进行,形成了很多过饱和的固溶区,材料内部存在多个非晶结构区,在加热过程中发生多次晶化现象。这种结构会导致非晶材料的稳定性下降。

4.1.3　铁基非晶涂层耐蚀性研究

1. 铁基非晶涂层盐雾试验

对涂层进行最长 360 h 的盐雾试验,不同腐蚀时间的腐蚀情况,所有试样的表面没有出现明显的红锈和涂层脱落现象,涂层表面较为完整。通过微观形貌和元素含量分析(图 4-2)发现,表面腐蚀形貌较为严重,出现了少量腐蚀裂纹和未融颗粒的脱落坑。能谱扫描说明随着腐蚀时间的增长,涂层表面的氧元素含量在增大,腐蚀氧化程度增大,表面完整性恶化,涂层表面分散分布着很多腐蚀产物。腐蚀 144 h 的涂层，Cr 元素含量显著增加,说明腐蚀发生后，Cr 元素开始在涂层表面富集,有利于生成更厚的氧化膜,降低腐蚀速率。对于 216 h 和 288 h 的涂层,表面已经出现了大量腐蚀产物,降低了氧化膜的稳定性。氯离子开始通过氧化膜的薄弱区域进入涂层内部,腐蚀产生微裂纹。当到达 360 h 时,涂层表面产生严重的腐蚀红锈和涂层脱落失效,充分证明了铁基非晶合金涂层具有优异的抗腐蚀性能,尤其是抗长效腐蚀性能。

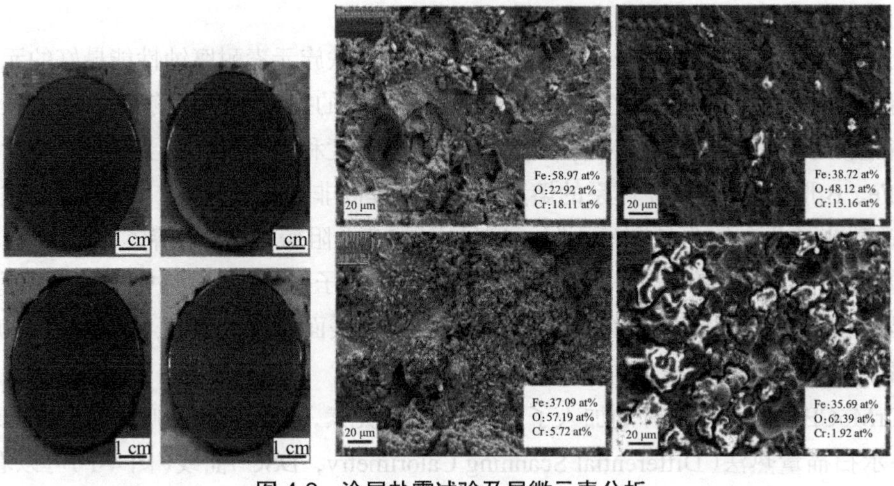

图 4-2 涂层盐雾试验及显微元素分析

2. 铁基非晶涂层浸泡腐蚀测试

在 1 mol/L HCl、1 mol/L HNO_3、1 mol/L NaOH、3.5% NaCl 溶液中浸泡 336 h，非晶合金在不同溶液中均没有气泡产生。浸泡后样品表面仍然保持着金属玻璃特有的光泽。通过腐蚀速率对比，样品在 NaCl 溶液中耐腐蚀性能最好。通过扫描电子显微镜（Scanning Electron Microscope，SEM）分析浸泡后的腐蚀形貌发现，在不同溶液中浸泡均发生点蚀现象，但溶液不同点蚀程度不同，在 NaOH 溶液中点蚀最严重，在 NaCl 溶液中点蚀最轻。

在 HCl 溶液中的极化曲线如图 4-3 所示，在研究浓度范围内均存在钝化现象，且出现了很宽的钝化区。随着 HCl 溶液浓度的增加，自腐蚀电位降低，同时自腐蚀电流密度增加，说明耐蚀性降低。而随着 HCl 溶液浓度的增加，非晶合金的点蚀电位变化不大，数据都在 0.9~1.0 V，点蚀电位在一定程度上反映了钝化膜被破坏的难易程度。

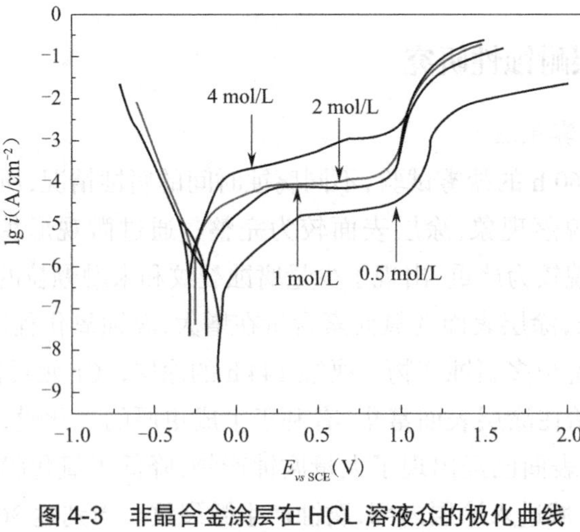

图 4-3 非晶合金涂层在 HCL 溶液众的极化曲线

如图 4-4 可知，在 HCl 溶液中发生的是均匀腐蚀，呈现大小相近的点蚀坑，随着浓度增大，腐蚀坑由小变大，小的腐蚀坑由于长大相互连接成更大的腐蚀坑。

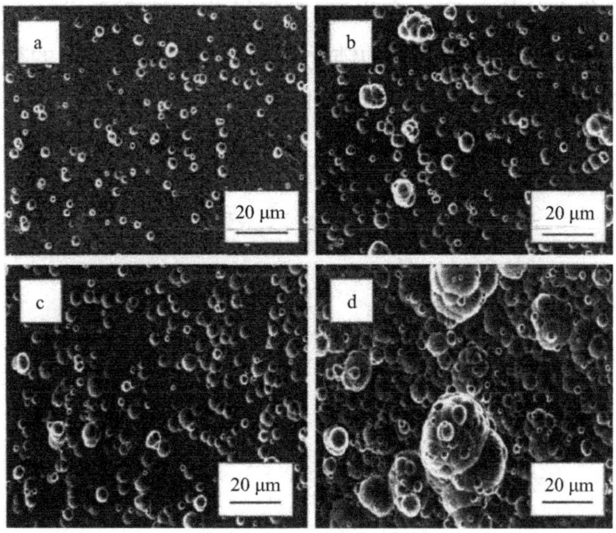

图 4-4　非晶合金涂层在 HCL 溶液中的腐蚀形貌

如图 4-5 所示，在不同浓度下电化学阻抗谱（Electrochemical Impedance Spectroscopy，EIS）都由单一的容抗弧组成，说明只具有一个状态变量，即电极系统的法拉第过程主要受到电极电位的影响。单一容抗弧表明非晶合金在不同浓度下的腐蚀机理相同。随着浓度的减小，容抗弧逐渐增大，可以估计铁基非晶合金的耐腐蚀性能随着 HCl 溶液浓度的减小而逐渐增强。通过 EIS 拟合数据可知，随着 HCl 溶液浓度降低，溶液电阻 R_s 逐渐增大。这是因为对于强电解质盐酸，当浓度增加时，溶液中参与导电的离子数增加，进而使溶液电阻下降。随着 HCl 溶液浓度的降低，非晶合金电化学反应电阻 R_t 急剧增大，证实了该非晶合金的耐蚀性能随着 HCL 浓度的降低而增加，这与极化曲线测试结果一致。

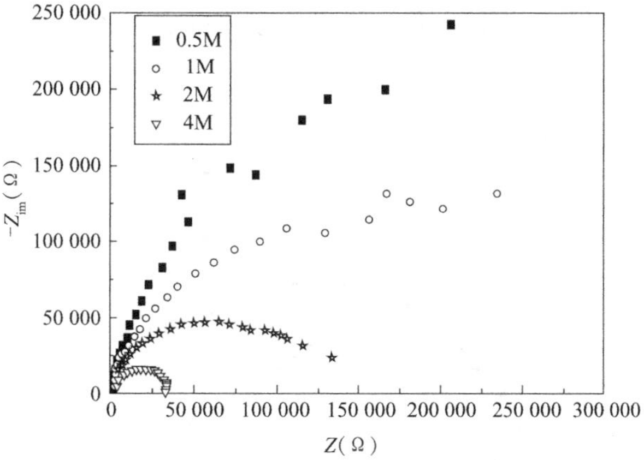

图 4-5　非晶合金涂层在 HCL 溶液中的开路电位下的奈奎斯特（Nyquist）曲线

在 1 mol/L HCL 溶液中，非晶合金和不锈钢腐蚀性能对比如图 4-6 所示。非晶合金涂层在不同浓度的 NaOH 溶液中的极化曲线的形状相似，都出现了钝化现象。在极化电位 -500 mV 附近，各种浓度的 NaOH 溶液中，非晶合金都表现为活性溶解，腐蚀过程受电化学控制;随着阳极极化电位增加到一定程度,阳极极化电流不再增加,传质过程成为影响腐蚀的主要因素,从而出现了一小段较窄的钝化区。这是因为在腐蚀的初期,非晶合金中具有钝化能力的元素快速形成了钝化膜,阻止了阳极的溶解。

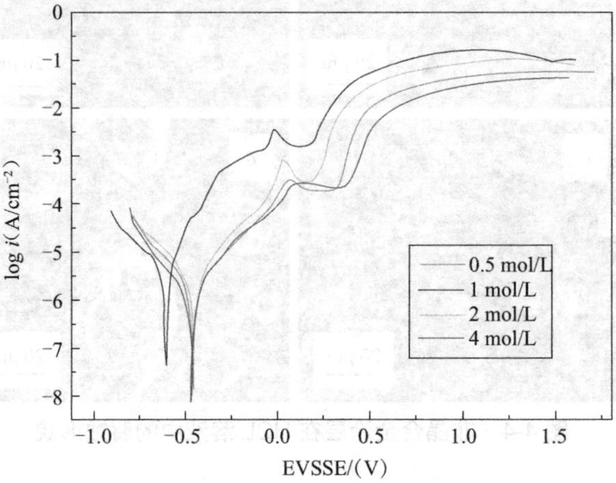

图 4-6　非晶合金涂层在不同浓度 NaOH 溶液中的极化曲线

如图 4-7 所示,在 NaOH 溶液浓度从 0.5 mol/L 增加到 2 mol/L 的过程中,自腐蚀电位基本相等,大致都在 -450 mV 左右,曲线也大致重合。但当溶液浓度达到 4 mol/L 时,自腐蚀电位降低,自腐蚀电流密度增大,说明非晶合金的耐腐蚀性能有所下降,由钝化区域的宽度也可以说明这一点。四条极化曲线中,钝化区最宽的浓度为 0.5 mol/L 的 NaOH 溶液中的极化曲线,随着溶液浓度增大,钝化区的宽度逐渐变窄,说明非晶合金耐腐蚀能力在逐渐下降。随着 NaOH 溶液浓度的增大,自腐蚀电位和点蚀电位都逐渐减小,而自腐蚀电流密度和维钝电流密度基本上都呈现增大的趋势,这说明耐蚀性逐渐降低。点蚀电位一定程度上能反应钝化膜被破坏的难易程度,点蚀电位逐渐减小说明随着 NaOH 溶液浓度的增大,钝化膜相对容易被破坏了。

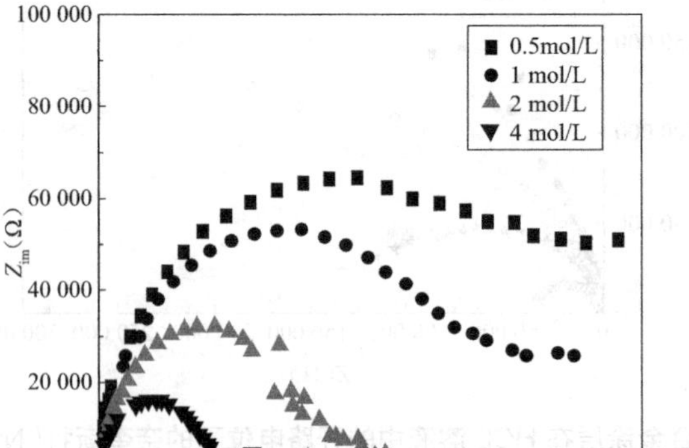

图 4-7　非晶合金涂层在不同浓度 NaOH 溶液中的电化学阻抗谱

在所有浓度下，非晶合金的 EIS 都由单一的容抗弧组成，说明材料形成了均匀的腐蚀产物。随着溶液浓度的增大，容抗弧的幅值越来越小，说明非晶合金的耐蚀性能逐渐减弱。

如图 4-8 所示，非晶合金在阳极极化曲线刚开始时首先出现了活性溶解，腐蚀电流密度随着电位的增大而迅速增大。而后随着电极电位的继续升高则出现了一段较窄的钝化区，随后又发生过钝化溶解，而不锈钢的极化曲线出现了一段较宽的钝化区。从曲线上看，非晶合金的极化曲线稍在不锈钢上面，说明非晶合金在 NaOH 溶液中的耐腐蚀性要略差于不锈钢。通过拟合数据看出，非晶合金的自腐蚀电流密度和维钝电流密度都比不锈钢的高，而点蚀电位却比不锈钢的低。这说明在 1 mol/L NaOH 溶液中，非晶合金的耐蚀性比不锈钢差。

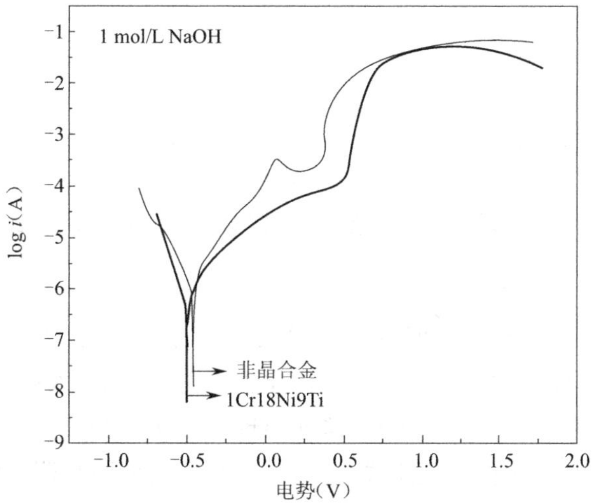

图 4-8　非晶合金涂层在 1 mol/L NaOH 溶液中的极化曲线

如图 4-9 所示，通过交流阻抗谱测试，两种材料都只有一个单一的容抗弧构成，说明都形成了较为均匀的腐蚀产物。非晶合金的容抗弧略小于不锈钢，说明其耐腐蚀能力低于不锈钢。非晶合金的电化学转移电阻要小于不锈钢，但仍然在同一数量级上，这说明虽然铁基非晶合金在 NaOH 溶液中的耐蚀性低于不锈钢，但二者相差不大。

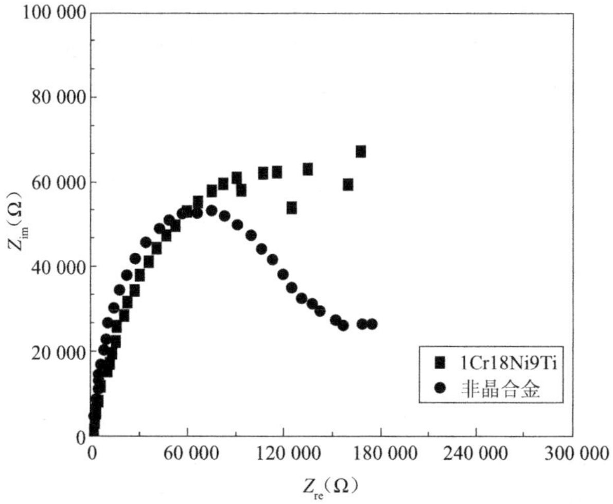

图 4-9　非晶合金涂层在 1 mol/L NaOH 溶液中的 Nyquist 曲线

在 NaCL 溶液中的腐蚀行为如图 4-10 所示。

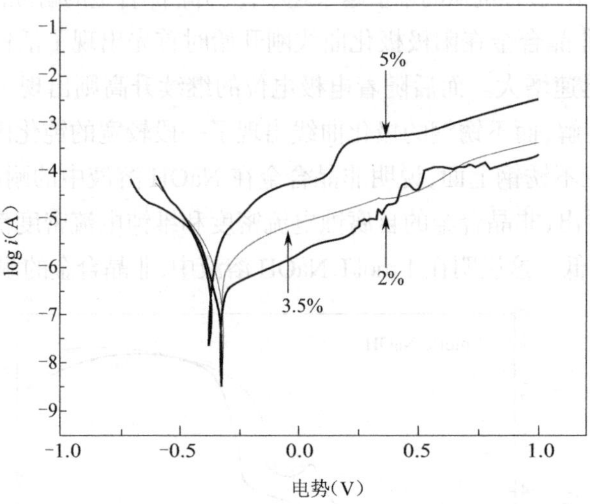

图 4-10 非晶合金涂层在不同浓度 NaCL 溶液中的极化曲线

在不同盐溶液中,铁基非晶合金的极化曲线形状相似,都有钝化的倾向。这是因为样品中在腐蚀开始阶段, Cr 元素首先快速溶解,形成一层钝化膜,好像一层屏障,阻止了阳极的继续溶解。随着电位升高,由于原来所形成钝化膜很薄,而且不太稳定,所以很快就被破坏了,而易钝化的 Cr 元素还会形成钝化膜,这就出现了钝化膜的形成→破坏→再形成→再破坏的周而复始的过程。因此在极化曲线上只是钝化倾向,而不是明显的钝化区。从极化曲线拟合结果看出,盐浓度从 2% 升高到 3.5%,非晶合金的平衡电位几乎没有变化,而溶液浓度从 3.5% 提高到 5%,平衡电位明显向负方向移动。随着盐溶液浓度的增大,自腐蚀电流密度逐渐增大,极化电阻逐渐减小。上述结果都说明,随着盐溶液浓度的增大,非晶合金的耐腐蚀性能逐渐减弱。

3. 铁基非晶涂层的磨损性能

干态下线性往复摩擦测试,测试在室温下进行,湿度为 30%~40% 以减少温度、水分对测试造成影响。测试程序的输入载荷为 5~40 N,滑动速度为 5 mm/s,划痕长度为 3 mm,滑动总时间为 30 min。摩擦副选用直径 6.35 mm 的 Si_3N_4 球,硬度达到 22.0 GPa,与 WC-Co 陶瓷相当。每次测试前换用新球,以保证摩擦试验中材料与摩擦副的初始接触面积一致。在摩擦试验前,对样品抛光到镜面光洁度,平均表面粗糙度 *Ra* 约为 4 nm, 用乙醇洗净并吹干。

磨损速率 R_w 按下式计算:

$$R_w = \frac{NS}{V_w}$$

式中:N 为加载力;S 为划痕长度;V_w 为磨损面积。

如图 4-11 所示,随着载荷的增加,非晶合金的磨损失重和磨损系数都呈现先增后减的趋势。磨损失重和摩擦系数的最大值都出现在载荷为 50 N 的条件下,可见载荷对磨损失重和摩擦系数的影响存在临界值。

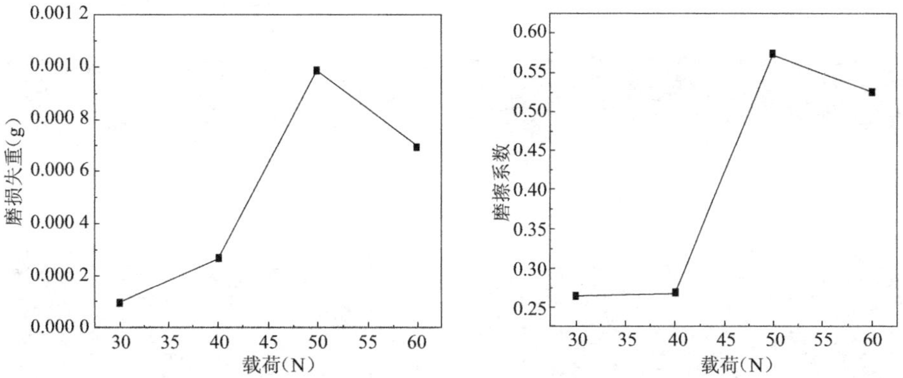

图 4-11　非晶合金涂层在不同载荷下的磨损失重和摩擦系数

在 30 N 的条件下，分别进行摩擦距离为 500 m、1 000 m、1 500 m、2 000 m 的摩擦试验。在摩擦开始时，摩擦表面上的能量交换和转移首先促进合金表面的氧化，试样表面形成一层氧化膜有助于防止材料凸峰点的直接接触，从而减小了试样的磨损。因此，摩擦距离在 500 m 内，非晶合金只出现比较均匀的且很细小的沿着滑动方向的划痕。这是由于在滑动速度很低时，摩擦是在表面氧化膜之间进行的，所以产生的磨损为氧化磨损，磨损失重很小。当摩擦距离进行到 1 000 m 再观察其表面形貌，可发现此时非晶合金出现了非常明显的一道道的沟痕。这说明随着摩擦距离的增大，表面的氧化膜被磨掉后，直接露出的非晶合金与摩擦副之间发生了对磨，形成了磨粒磨损。磨粒的运动方向与发生摩擦的两固体表面接近平行，磨粒的两固体表面接近平行，磨粒与表面接触处的应力较低，固体表面产生了微小的犁沟痕迹。

当摩擦进行到 1 500 m 时，观察非晶合金的形貌再次发生变化，非晶合金的犁沟变得宽且深，说明磨粒磨损更加严重，在犁沟附近磨损面有擦伤的痕迹，说明在此阶段试样的磨损机制除了磨粒磨损之外还表现为粘着磨损。铁基非晶合金作为一种脆性材料其粘结点的破坏主要是剥落，并有磨屑出现。众所周知的铁基非晶合金是一种高硬度的脆性材料，其表面附近的材料受到法向载荷的作用而产生持续的应力，而脆性材料缓解应力的方法没有塑性变形的过程，只能通过微小的裂纹来实现换解，随着应力的持续作用，这些微小的裂纹逐渐扩展、合并，在摩擦力的作用下最后剥离非晶合金表面而形成磨屑。在这一阶段非晶合金主要表现为在持续应力作用下的脆性剥离的疲劳破损并兼具磨粒磨损的过程。

4.2　高熵合金涂层

4.2.1　CrFeCoNi 和 CrMnFeCoNi 高熵合金熔覆层

图 4-12 为 CrFeCoNi 和 CrMnFeCoNi 高熵合金熔覆层的光学显微截面图。由图可知，涂层的厚度约为 1 000 μm，熔覆层中无裂纹及气孔等缺陷，能明显区分出熔覆区与基体。两

种不同材料制备的熔覆层的截面形貌无明显区别。此外，截面形貌能明显看出不同道次间的过渡，且熔覆层中无宏观偏析区，表明激光重熔法能够有效地避免熔覆层形成宏观偏析。

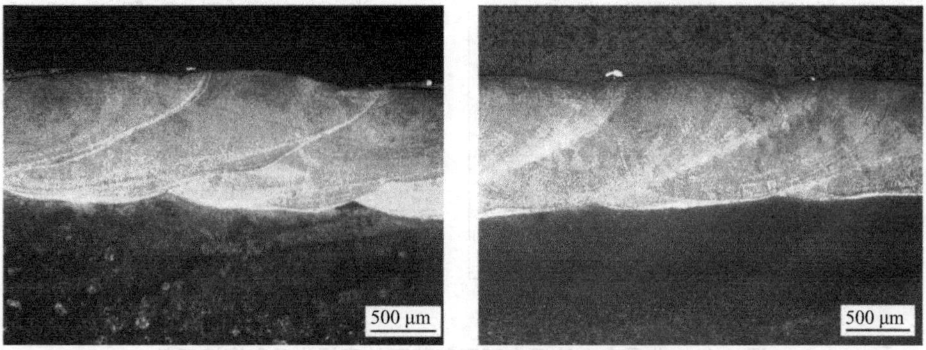

（a） （b）

图 4-12 高熵合金熔覆层的光学显微截面图

（a）CrFeCoNi （b）CrMnFeCoNi

图 4-13 为高熵合金熔覆层与基体界面处的光学金相图。由图可知，熔覆层与基体形成了冶金结合，这表明熔覆层与基体具有良好的结合强度。由于激光束能量密度高度集中，因此其热影响区很小。熔覆层的显微结构由在界面处的平面晶生长逐渐过渡为柱状枝晶生长方式，并且柱状枝晶的生长方向与界面结合处垂直。CrFeCoNi 和 CrMnFeCoNi 两熔覆层的平面晶厚度约为 10 μm。Lu 等研究了 $CrCuFe_xNiTi$ 高熵合金熔覆层的显微结构，结果也表明在基体与熔覆层的界面结合处晶体呈平面增长方式。这与温度梯度（G）和生长速度（R）有关。依据凝固理论，高的温度梯度有助于形成平面晶。在熔覆过程中熔池底部与冷的基体接触，从而形成高的温度梯度，使熔池内液体在基体与界面处以平面增长的方式凝固。随着熔池与金属基体的距离增加，熔池的温度梯度降低，这会导致其凝固方式由平面晶转变为柱状晶。

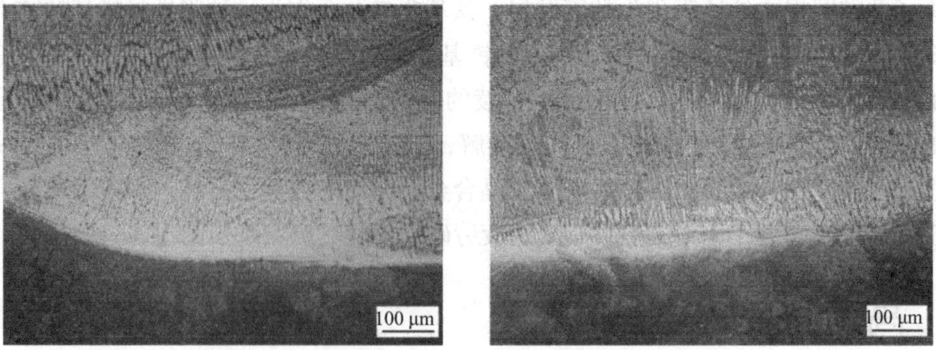

（a） （b）

图 4-13 高熵合金熔覆层与基体界面处的光学金相图

（a）CrFeCoNi （b）CrMnFeCoNi

图 4-14 为高熵合金熔覆层的高倍金相图。由图可知，熔覆层晶粒由大量的亚晶粒组成，亚晶粒尺寸为 3~4 μm。

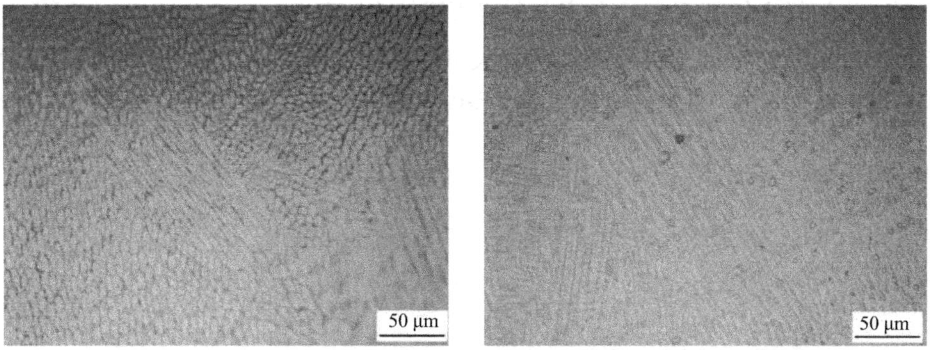

（a）　（b）

图 4-14　高熵合金熔覆层的高倍金相图

（a）CrFeCoNi　（b）CrMnFeCoNi

图 4-15 为高熵合金熔覆层的表面光学显微结构。由图可以明显看出不同道次间的过渡。熔覆层表面无明显的裂纹与缺陷。熔覆层的表面高倍显微形貌如图 4-16 所示。由图可知，熔覆层由大量细小的亚晶粒组成，这与 Zhang 等的研究相吻合。亚晶粒包含细晶粒和粗晶粒，研究已表明微米范围内的晶粒尺寸对不锈钢的腐蚀性能几乎没有影响。本研究中 CrFeCoNi 和 CrMnFeCoNi 两种熔覆层均处于微米范围内，因此可忽略晶粒尺寸不同对材料腐蚀性能的影响。

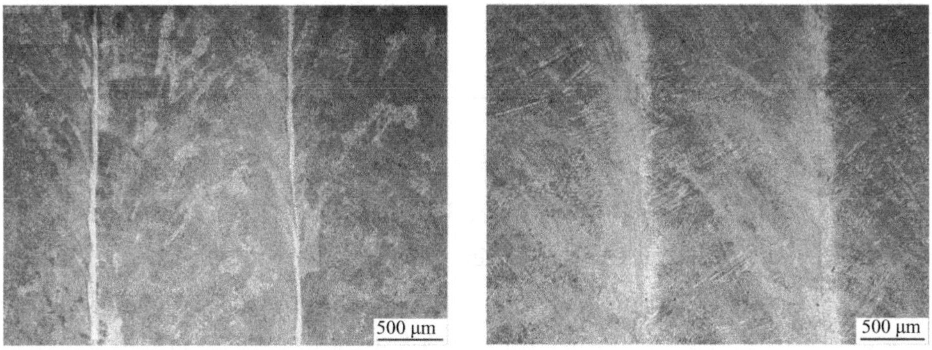

（a）　（b）

图 4-15　高熵合金熔覆层的表面光学显微结构

（a）CrFeCoNi　（b）CrMnFeCoNi

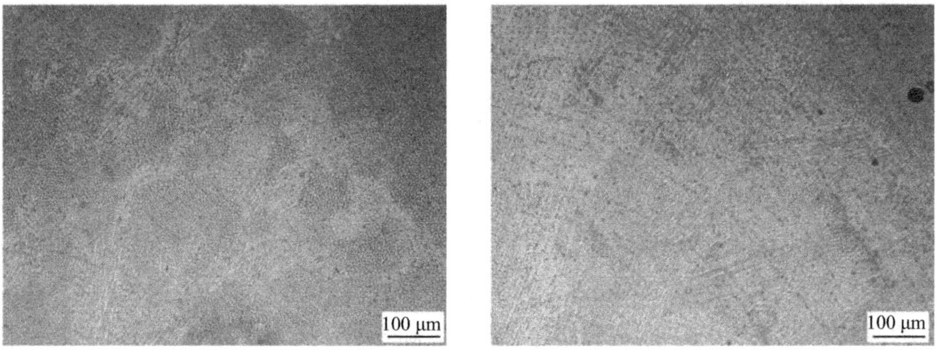

（a）　（b）

图 4-16　高熵合金熔覆层的表面高倍光学显微图

（a）CrFeCoNi　（b）CrMnFeCoNi

图 4-17 为扫描电镜下观察的高熵合金熔覆层的表面形貌。CrFeCoNi 熔覆层由大量细小的枝晶组成,而 CrMnFeCoNi 熔覆层包含大量的柱状枝晶及二次枝晶。为了测试两种熔覆层的化学组成,采用 EDS 能谱仪对熔覆层表面进行了化学组分的测定,其结果见表 4-1。

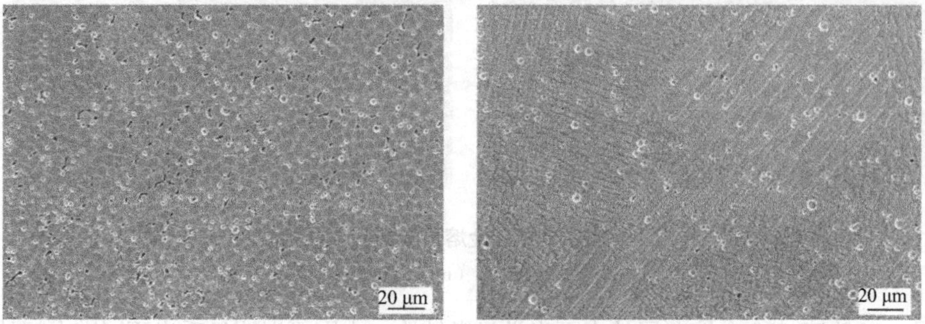

(a) (b)

图 4-17 高熵合金熔覆层的表面 SEM 图

(a)CrFeCoNi (b)CrMnFeCoNi

表 4-1 高熵合金熔覆层表面化学组成

元素	Fe(at%)	Co(at%)	Ni(at%)	Cr(at%)	Mn(at%)
CrFeCoNi	29.00	24.25	24.00	22.75	—
CrMnFeCoNi	22.09	17.60	18.84	20.35	21.11

与等摩尔比熔覆粉末相比，CrFeCoNi 和 CrMnFeCoNi 熔覆层均含有相对较高的 Fe 元素,这是由于激光熔覆过程中基体的稀释。表 4-1 表明基体的主要成分为 Fe,因此稀释基体会造成熔覆层中 Fe 元素的增加。对于 CrMnFeCoNi 熔覆层，Mn 元素的原子百分含量为 21.11%,这表明熔覆过程中未造成 Mn 元素的大量损耗。Mn 元素是面心立方(Fall Centered Cubic，FCC)相的稳定元素,相对高的 Mn 元素含量有利于抑制熔覆过程中发生相转变,从而抑制凝固裂纹的产生。

4.2.2 熔覆层相组成

图 4-18 为 CrFeCoNi 和 CrMnFeCoNi 熔覆层的 X 射线衍射(X-Ray Diffraction，XRD)图。由图可知,两种熔覆层都具有 FCC 晶体结构。CrFeCoNi 熔覆层对应的特征峰分别位于 $2\theta \approx 43.84°$、$2\theta \approx 50.98°$、$2\theta \approx 75.14°$ 和 $2\theta \approx 91.21°$ 处对应的(111)、(200)、(220)和(311)晶面，CrMnFeCoNi 熔覆层对应的特征峰分别位于 $2\theta \approx 43.57°$、$2\theta \approx 50.70°$、$2\theta \approx 74.52°$ 和 $2\theta \approx 90.50°$ 处对应的(111)、(200)、(220)和(311)晶面。与 CrFeCoNi 熔覆层的衍射峰相比,可以发现 CrMnFeCoNi 熔覆层的衍射峰位向左移动,这表明 CrMnFeCoNi 熔覆层的晶格常数增大。依据布拉格定律,可以确定 CrFeCoNi 和 CrMnFeCoNi 熔覆层的晶格常数分别为 0.358 nm 和 0.360 nm。CrMnFeCoNi 熔覆层晶格常数的增大是由于 Mn 元素具有比其他元素更高的原子半径,这会导致晶格体积膨胀,使晶格常数增大。

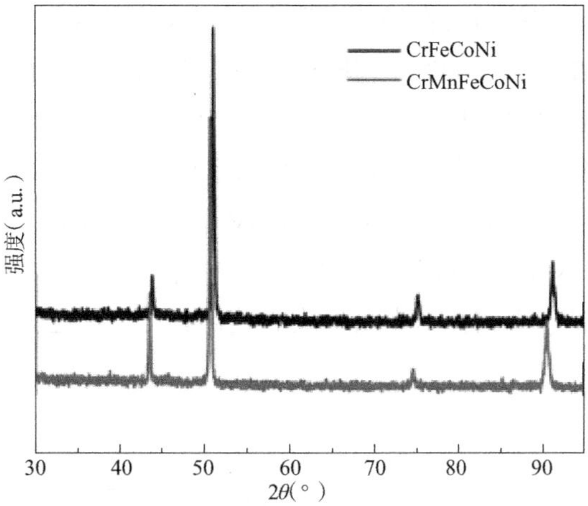

图 4-18　CrFeCoNi 和 CrMnFeCoNi 熔覆层的 XRD 图

图 4-19 为 CrFeCoNi 和 CrMnFeCoNi 熔覆层截面的电子背散射衍射(Electron Backscattered Diffraction，EBSO)图。由图 4-19(a)和 4-19(b)可知，CrFeCoNi 和 CrMnFeCoNi 两种熔覆层均由柱状晶组成,且枝晶的生长方向与熔合线垂直,并且单个柱状晶由大量的亚晶组成。基体材料由细晶粒组成,无明显的热影响区,且两种熔覆层均无宏观偏析和凝固裂纹。这表明此方法制备的熔覆层能够有效地避免产生缺陷,即选用的工艺参数合理。图 4-19(c)和图 4-19(d)表明 CrFeCoNi 和 CrMnFeCoNi 熔覆层均由 FCC 相组成。这表明熔覆过程无相转变,这与 XRD 的结果一致。

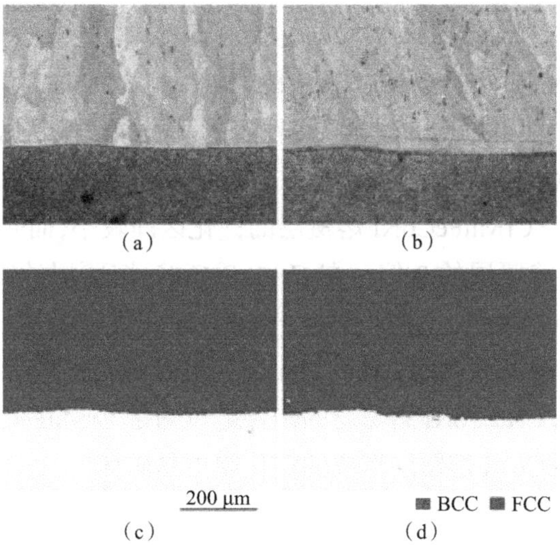

图 4-19　CrFeCoNi 和 CrMnFeCoNi 熔覆层截面的 EBSD 图

(a)CrFeCoNi 熔覆层的带对比度　(b)CrMnFeCoNi 熔覆层的带对比度
(c)CrFeCoNi 熔覆层的相分布　(d)CrMnFeCoNi 熔覆层的相分布

4.2.3　熔覆层极化曲线

图 4-20 为 CrFeCoNi 和 CrMnFeCoNi 熔覆层在 3.5 wt% NaCl 溶液中浸泡 2 h 的开路电

位随时间的变化曲线。由图可知,在初始阶段, CrFeCoNi 和 CrMnFeCoNi 两熔覆层的开路电位随时间急剧增加,在大约 3 000 s 后开路电位达到相对稳定的状态。开路电位的增加是由于在熔覆层表面形成了保护性钝化膜。此外, CrMnFeCoNi 熔覆层的开路电位曲线中具有大量的指向负方向的尖峰。所有电位的尖峰都呈现先急剧下降,随后又相对缓慢上升的特点。在这些尖峰中,最大的电位尖峰可达 50 mV。这种情况归因于亚稳态点蚀的产生、生长及再钝化过程。与 CrMnFeCoNi 熔覆层的开路电位曲线相比,CrFeCoNi 熔覆层的开路电位几乎没有明显电位尖峰,表明在其表面生成的钝化膜更加稳定。

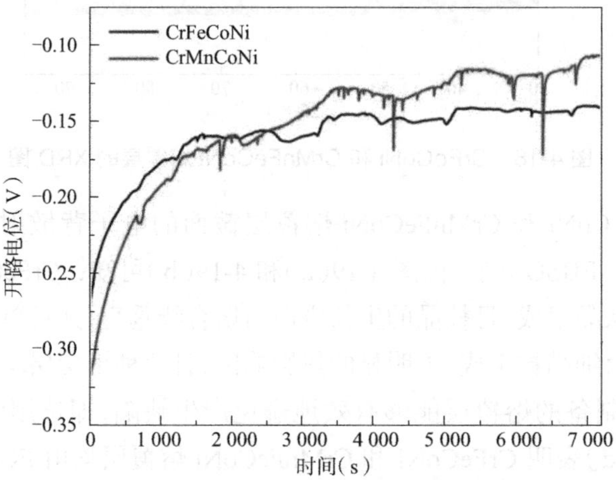

图 4-20 CrFeCoNi 和 CrMnFeCoNi 熔覆层的开路电位

1. 动电位极化曲线

图 4-21 为 CrFeCoNi 和 CrMnFeCoNi 熔覆层在 3.5 wt% NaCl 溶液中的动电位极化曲线。由图可知, CrFeCoNi 和 CrMnFeCoNi 熔覆层的阴极曲线服从塔菲尔线性关系,为活化极化控制。在阳极区, CrFeCoNi 和 CrMnFeCoNi 两熔覆层均呈立即钝化,这表明在熔覆层表面形成了一层钝化膜。CrMnFeCoNi 熔覆层的钝化区间较小,而 CrFeCoNi 熔覆层的钝化区间约是 CrMnFeCoNi 熔覆层的 3 倍。在 CrMnFeCoNi 熔覆层的钝化区内具有大量的尖峰,这与形成的亚稳态点蚀有关。这表明在 CrMnFeCoNi 熔覆层表面生成的钝化膜不稳定,其与开路电位的测试结果一致。而 CrFeCoNi 熔覆层在钝化区内无明显的尖峰,表明生成了稳定的钝化膜。此外, CrFeCoNi 熔覆层的击穿电位约是 CrMnFeCoNi 熔覆层击穿电位的 2.5 倍,这也表明 CrMnFeCoNi 熔覆层形成的钝化膜更易破坏。

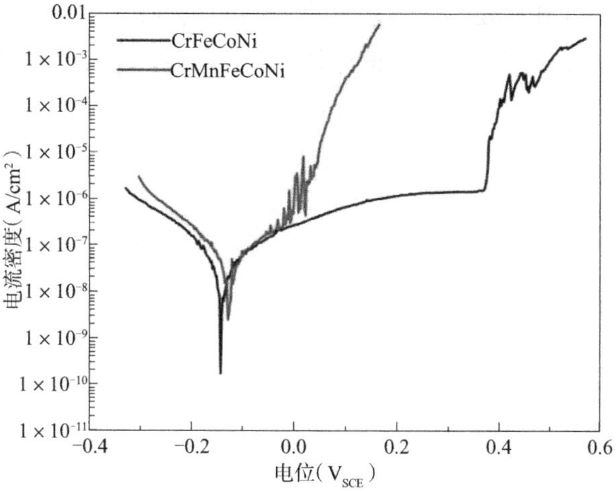

图 4-21　CrFeCoNi 和 CrMnFeCoNi 熔覆层的动电位极化曲线

依据线性外推法可确定 CrFeCoNi 和 CrMnFeCoNi 熔覆层在 3.5 wt% NaCl 溶液中的电化学参数，其结果见表 4-2。

表 4-2　CrFeCoNi 和 CrMnFeCoNi 熔覆层的电化学参数

熔覆层	E_{corr}（mV）	I_{corr}（A/cm^2）	b_c（mV/dec）	E_b（mV）
CrFeCoNi	−149.68	4.26×10^{-8}	111.81	351.87
CrMnFeCoNi	−139.06	5.14×10^{-8}	107.94	68.7

2. 恒电位极化曲线

为了进一步测试 CrFeCoNi 和 CrMnFeCoNi 熔覆层在 3.5 wt% NaCl 溶液中的钝化行为，在钝化电位下对熔覆层进行恒电位极化处理，分析其对应的电流瞬态值的变化。为确保试验的可重复性，在进行恒电位极化之前，首先将样品在 −1.3 V 恒电位下阴极极化 5 min 以去除样品表面的氧化膜。图 4-22 为 CrFeCoNi 和 CrMnFeCoNi 熔覆层在 3.5 wt% NaCl 溶液中在 −0.1 V 恒电位条件下极化 2 h 的电流密度随时间变化的曲线。由图可知，CrFeCoNi 和 CrMnFeCoNi 熔覆层在钝化电位的作用下，腐蚀电流密度急剧下降。这表明在熔覆层表面形成了具有保护性的钝化膜。

图 4-23 为 CrFeCoNi 和 CrMnFeCoNi 熔覆层在 3.5 wt% NaCl 溶液中的恒电位极化曲线在不同时间段的局部放大图。由图可知，CrMnFeCoNi 熔覆层的恒电位极化曲线中具有大量的尖峰电流，这是由于在其钝化膜表面形成了亚稳态点蚀，这与开路电位及动电位极化曲线的结果一致，而 CrFeCoNi 熔覆层的恒电位极化曲线中几乎不存在峰值电流，这表明在其表面形成了稳定的钝化膜，能有效抵抗点蚀的产生。材料形成稳定点蚀的可能性与亚稳态点蚀的数量直接相关，CrMnFeCoNi 熔覆层中具有更高数量的亚稳态点蚀，表明其具有更高的点蚀敏感性，且 CrFeCoNi 熔覆层的钝化电流密度明显低于 CrMnFeCoNi 熔覆层的钝

化电流密度。这也表明 CrFeCoNi 熔覆层具有更高的腐蚀抗性。图 4-23(b)表明随着极化时间的增加，CrMnFeCoNi 熔覆层中峰值电流形成的频率升高,而 CrFeCoNi 熔覆层中的电流密度相对稳定。

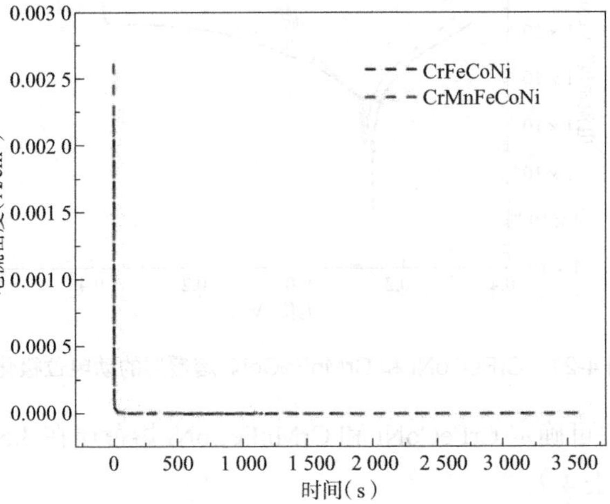

图 4-22 CrFeCoNi 和 CrMnFeCoNi 熔覆层电流-时间曲线

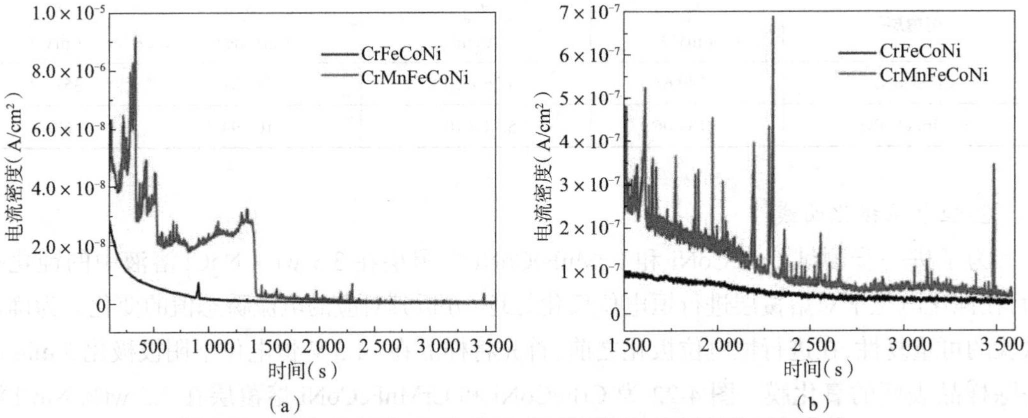

图 4-23 CrFeCoNi 和 CrMnFeCoNi 熔覆层的局部电流-时间曲线

图 4-24 为 CrFeCoNi 和 CrMnFeCoNi 熔覆层在 3.5 wt% NaCl 中 −0.1 V_{SCE} 恒电位下电流-时间曲线中电流尖峰的形状图。由图可知,每个电流尖峰都呈现典型的亚稳态点蚀形状。这与不锈钢材料中的亚稳态点腐蚀情况相同,并且,电流瞬态形态表现了亚稳态点蚀的萌生、发展和再钝化过程。

图 4-25 为 CrFeCoNi 和 CrMnFeCoNi 熔覆层在 3.5 wt% NaCl 溶液中的 lg i-lg t 曲线。由图可知,两种熔覆层具有相似的衰减动力学。阳极电流密度逐渐降低表明在熔覆层表面形成了具有保护性的钝化膜。已有报道使用下式来描述电流密度与时间的关系：

$$i = At^{-n}$$

式中:i 为阳极电流密度;A 为常数;t 为时间;n 为钝化指数。可通过拟合 lg i-lg t 曲线的线性段来确定钝化指数,这是一种间接测试钝化膜形成速率的方法。

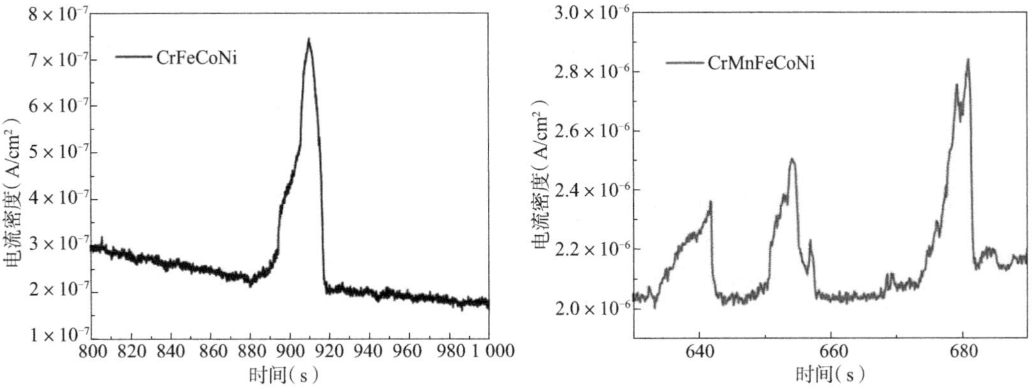

(a)　(b)

图 4-24　CrFeCoNi 和 CrMnFeCoNi 熔覆层电流尖峰的形状

(a)CrFeCoNi　(b)CrMnFeCoNi

基于此式,可通过对 lg i-lg t 曲线的线性区域拟合求得 CrFeCoNi 和 CrMnFeCoNi 熔覆层的钝化指数,其值分别为 0.88 和 0.69。相对高的钝化指数表明形成的钝化膜具有更高的保护性,即 CrFeCoNi 熔覆层表面形成的钝化膜更具保护性。有报道指出,当钝化指数 $n = 1$ 时,表明形成了致密度高的保护性钝化膜。当 $n = 0.5$ 时,表明形成的钝化膜为多孔型。

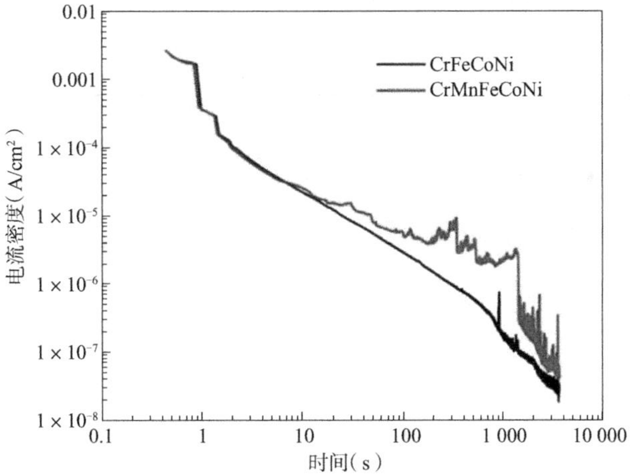

图 4-25　CrFeCoNi 和 CrMnFeCoNi 熔覆层的 log$i$-log$t$ 曲线

3. 循环极化曲线

为了评价熔覆层的点蚀敏感性,可采用环形极化曲线的方法测试。图 4-26 为 CrFeCoNi 和 CrMnFeCoNi 熔覆层在 3.5 wt% NaCl 溶液中的循环极化曲线。由图可知 CrFeCoNi 和 CrMnFeCoNi 两种熔覆层的击穿电位分别为 0.3 V 和 0.125 V。击穿电位越低,钝化膜的稳定性越差。此外,通过循环极化曲线的环形面积可比较材料的耐点蚀敏感性。由图可知, CrFeCoNi 和 CrMnFeCoNi 熔覆层都具有滞后环,且 CrMnFeCoNi 熔覆层的环形面积明显大于 CrFeCoNi 熔覆层,表明 CrMnFeCoNi 熔覆层具有更高的点蚀敏感性。

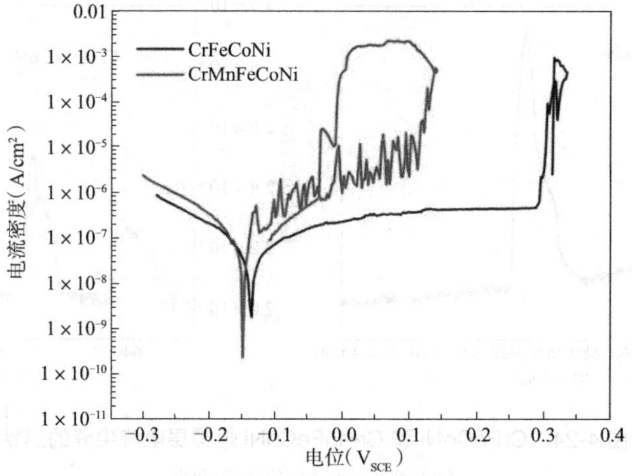

图 4-26 CrFeCoNi 和 CrMnFeCoNi 熔覆层的循环极化曲线

4.2.4 熔覆层阻抗谱分析

图 4-27 为 CrFeCoNi 和 CrMnFeCoNi 熔覆层在 3.5 wt% NaCl 溶液中开路条件下的奈圭斯特图和波特图。阻抗谱的测量要求腐蚀体系处于相对稳定的状态。因此，在测试之前需先将 CrFeCoNi 和 CrMnFeCoNi 熔覆层在 3.5 wt% NaCl 溶液中浸泡 2 h，使其开路电位达到相对稳定的状态。

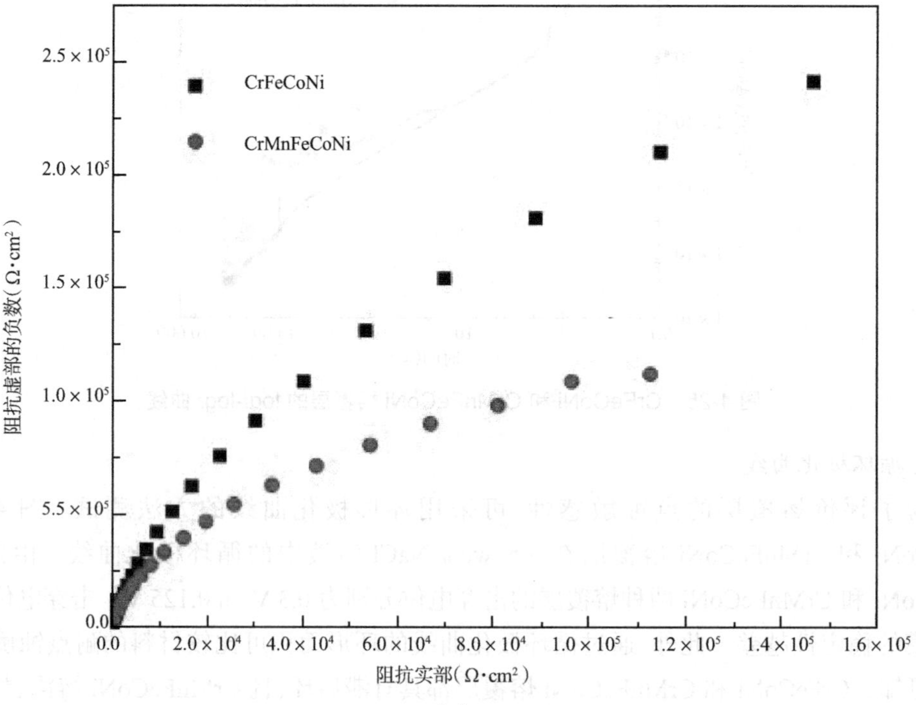

(a)

图 4-27 CrFeCoNi 和 CrMnFeCoNi 熔覆层的奈奎斯特和波特图

(a)奈奎斯特图

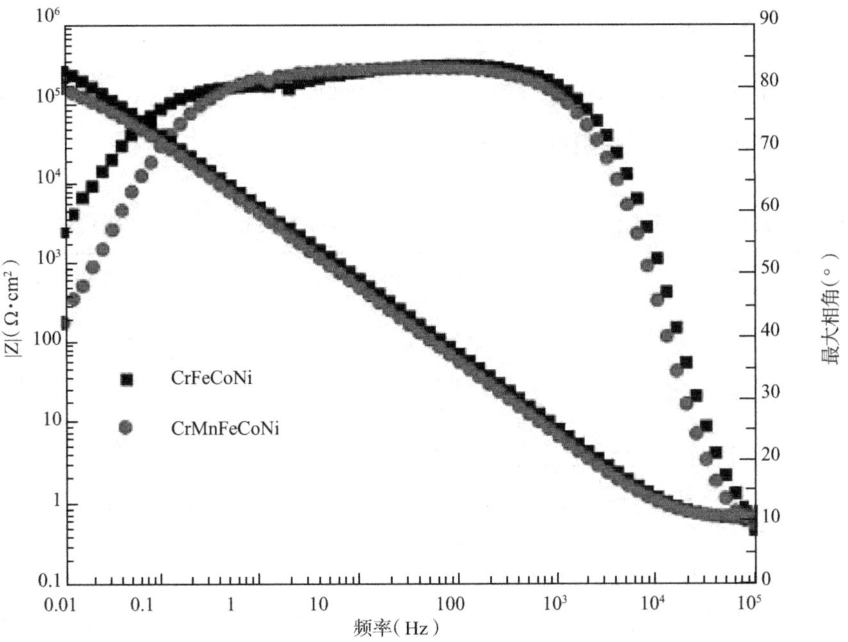

(b)

图 4-27　CrFeCoNi 和 CrMnFeCoNi 熔覆层的奈奎斯特和波特图(续)

(b)波特图

由图 4-26(a)可知，CrFeCoNi 和 CrMnFeCoNi 熔覆层的奈圭斯特图均为容抗弧。与 CrMnFeCoNi 熔覆层相比，CrFeCoNi 熔覆层具有更大的容抗弧直径。这表明在此条件下，CrFeCoNi 熔覆层具有更高的腐蚀抗性。由波特图可知，两种熔覆层在 $0.1\sim1\times10^3$ 的率频范围内，阻抗模量的对数值与频率的对数值呈线性关系，且斜率接近 −1。两种熔覆层的最大相角值均接近 90°。此外，两种熔覆层的阻抗模量在高频段为常数，其值代表溶液电阻。通常，在波特图中，在固定频率 0.1 Hz 下对应的阻抗模量代表极化阻力，它能够反映材料在溶液中的抗腐蚀性能。由图 4-26(a)可知，在 0.1 Hz 频率下，CrFeCoNi 熔覆层对应的阻抗模量($6.3\times10^4\,\Omega\cdot cm^2$)大于 CrMnFeCoNi 熔覆层的阻抗模量($5.3\times10^4\,\Omega\cdot cm^2$)，这表明在 3.5 wt% NaCl 溶液中，CrFeCoNi 熔覆层具有更高的抗腐蚀性。两种熔覆层腐蚀性能的差异是由于在浸泡过程中在两熔覆层上形成的钝化膜的组分和厚度不同。

图 4-28 为 CrFeCoNi 和 CrMnFeCoNi 熔覆层在开路条件下 3.5 wt% NaCl 溶液中的阻抗谱的等效电路。在等效电路中，R_s 为溶液电阻，R_{ct} 为电荷转移电阻，Q_{dl} 为常相位角元件(Constant Phase Element，是 CPE)双电层电容。常相位角元件用于解释非理想电容的响应，这是由于腐蚀金属表面具有一定的不均匀性、粗糙度以及吸附效应。CPE 的阻抗 Z_{CPE} 可表示为

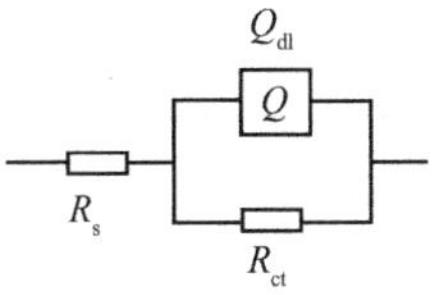

图 4-28　等效电路

$$Z_{CPE}=Y^{-1}(j\omega)^{-n}$$

式中：Y_0 为比例因子；ω 为角频率；n 为与表面不均匀性有关的 CPE 指数，取值为 0~1。

表 4-3 列出了阻抗谱的拟合参数。拟合误差为

$$\sum c^2=\sum_{i=1}^{N}\left\{\left[Z_i'-Z'(\omega_i)\right]^2+\left[Z_i''-Z''(\omega_i)\right]^2\right\}/\sigma^2$$

式中：N 为数据点个数；Z_i'、Z_i'' 分别为实部和虚部的阻抗测试值；$Z'(\omega_i)$、$Z''(\omega_i)$ 分别为依据等效电路计算的实部和虚部的阻抗值；σ^2 为方差。

表 4-3 CrFeCoNi 和 CrMnFeCoNi 熔覆层在开路条件下 3.5 wt% NaCl 溶液中的阻抗谱的等效电路参数

参数名称	CrFeCoNi	CrMnFeCoNi
R_s（cm^2）	2.43	2.36
R_{ct}（$\Omega\cdot$cm^2）	5.91×10^5	4.04×10^5
Q_{dl}（Ω^{-1}cm^{-2}s^n）	2.42×10^{-5}	2.73×10^{-5}
n	0.94	0.92
$\sum c^2$	3.43×10^{-4}	4.94×10^{-4}

结果的拟合误差很小，为 10^{-4} 数量级，表明拟合质量良好。两种熔覆层的拟合参数中 n 值均小于 1，表明两种熔覆层的电化学行为不同于纯电容。CrFeCoNi 熔覆层中电荷转移电阻值高于 CrMnFeCoNi 熔覆层，这表明在 CrMnFeCoNi 熔覆层形成的钝化膜的表面发生的电化学反应速度更高，即在 CrMnFeCoNi 熔覆层表面形成的钝化膜具有更高的活性点，更易遭受腐蚀。

4.2.5 熔覆层钝化膜分析

钝化膜的厚度对材料的腐蚀性能具有重要的影响。有研究表明钝化膜的厚度与腐蚀材料的有效电容（C_{eff},F/m^2）有关，其关系式如下：

$$C_{eff}=\frac{\varepsilon\varepsilon_0 A}{d}$$

式中：ε 为压电常数，其值为 15.6；ε_0 为真空介电常数，值为 $8.854\,2\times10^{12}$ F/m^1；A 为钝化膜的表面积；d 为钝化膜的厚度。Orazem 等总结了 4 种用于计算 C_{eff} 的方法，见表 4-4。依据这 4 种方法计算得到的钝化膜厚度见表 4-5。

表 4-4 用于计算 C_{eff} 的公式

计算方法	计算公式
方法一	$C_{eff}=Q$
方法二	$C_{eff}=Q^{1/n}R_s^{(1-n)/n}$
方法三	$C_{eff}=Q^{1/n}R_f^{(1-n)/n}$
方法四	$C_{eff}=gQ\left(\rho_d\varepsilon\varepsilon_0\right)^{(1-n)}$

表 4-5　不同计算方法对应的钝化膜厚度

涂层	公式	d(nm)
CrFeCoNi	$C_{eff}=Q$	0.57
CrMnFeCoNi		0.51
CrFeCoNi	$C_{eff}=Q^{1/n}R_s^{(1-n)/n}$	1.14
CrMnFeCoNi		1.24
CrFeCoNi	$C_{eff}=Q^{1/n}R_f^{(1-n)/n}$	0.50
CrMnFeCoNi		0.43
CrFeCoNi	$C_{eff}=gQ(\rho_d\varepsilon\varepsilon_0)^{(1-n)}$	11.40
CrMnFeCoNi		10.00

方法一是简单地采用 Q 值作为 C_{eff},这种方法计算的有效电容值通常不准确。方法二中认为时间常数的分布为表面分布,而方法三认为时间常数的分布为正态分布。方法三计算的钝化膜厚度远低于已有研究的钝化膜厚度,因此不适用于此研究。方法四不适用于此研究,因为采用其计算的钝化膜厚度远高于已有研究的厚度(1~3 nm)。因此,本研究采用方法二计算钝化膜的厚度,其计算公式为

$$d=\frac{\varepsilon\varepsilon_0 A}{Q^{1/n}R_s^{(1-n)/n}}$$

式中:R_s 为溶液电阻;Q 为对应的电容值。

由表 4-5 可知, CrFeCoNi 和 CrMnFeCoNi 熔覆层在开路条件下形成的钝化膜的厚度分别为 1.14 nm 和 1.24 nm。

为进一步探测钝化膜的化学组成,本书采用 X 射线光电子能谱(X-ray Photoelectron Spectroscopy, XPS)测试技术探测形成在熔覆层表面的钝化膜化学组成差异。为探测两种熔覆层的化学组成,首先采用恒电位极化的方式使熔覆层表面形成具有一定厚度的钝化膜,然后对制备的钝化膜进行 XPS 测试。本书中首先将 CrFeCoNi 和 CrMnFeCoNi 熔覆层在 −0.1 V_{SCE} 的恒电位条件下极化 2 h 以获得钝化膜,然后对其表面进行 XPS 测试。

图 4-29 为 CrFeCoNi 和 CrMnFeCoNi 熔覆层在 3.5 wt% NaCl 溶液中 −0.1 V_{SCE} 恒电位条件下极化 2 h 后的表面 XPS 全谱图。由图可知,CrFeCoNi 和 CrMnFeCoNi 熔覆层表面主要包含 Cr、Fe、Co、Ni 和 O 元素。Mn2p3 的谱图受到 Ni 的间歇信号的干扰,从而导致在 CrFeCoNi 的全谱中会有 Mn 的对应峰。C 元素主要源于空气中吸附的石墨碳,这是因为其具有强的吸附性而广泛存在于样品表面。

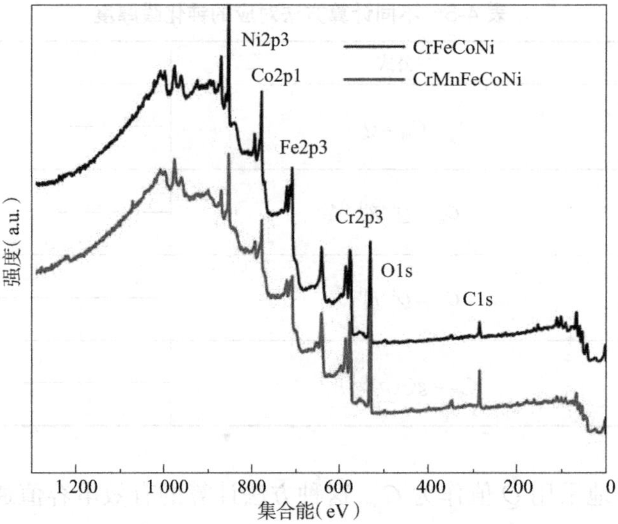

图 4-29 CrFeCoNi 和 CrMnFeCoNi 熔覆层表面 XPS 全谱图

图 4-30 为 CrFeCoNi 和 CrMnFeCoNi 熔覆层在 3.5 wt% NaCl 溶液中 −0.1 V_{SCE} 恒电位极化 2 h 后形成的钝化膜的阳离子百分含量。由图可知，CrFeCoNi 和 CrMnFeCoNi 熔覆层形成的钝化膜中的 Cr 元素的含量分别为 39.94 at% 和 40.58 at%，这明显高于原始熔覆层中 Cr 元素的含量。相反，CrFeCoNi 和 CrMnFeCoNi 熔覆层表面形成的钝化膜中的 Fe 元素和 Co 元素的含量分别为 18.3 at%、17.84 at% 和 13.51 at%、10.03 at%，这低于原始熔覆层中 Fe 元素和 Co 元素的含量。此外，CrMnFeCoNi 熔覆层表面形成的钝化膜中 Mn 元素的含量（8.45 at%）也明显低于原始熔覆层中 Mn 元素的含量。两熔覆层表面形成的钝化膜中 Ni 的含量也高于原始熔覆层中 Ni 元素的含量。

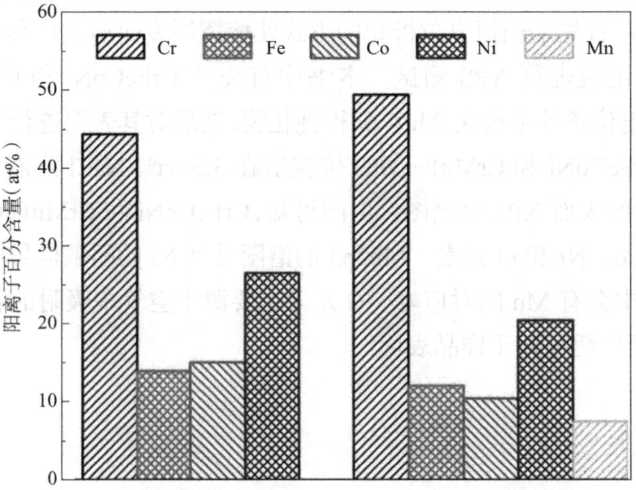

图 4-30 在 CrFeCoNi 和 CrMnFeCoNi 熔覆层表面形成的钝化膜的离子百分含量

上述结果表明 CrFeCoNi 和 CrMnFeCoNi 两熔覆层表面形成的钝化膜呈现明显的 Cr 元

素和 Ni 元素富集以及 Fe 元素、Co 元素、Mn 元素贫瘠。这是由于在 3.5 wt% NaCl 溶液中 Fe 元素、Co 元素、Mn 元素及其氧化物的选择性溶解以及 Cr 元素的优先氧化。在本研究中，CrMnFeCoNi 熔覆层表面的钝化膜具有比 CrFeCoNi 熔覆层更高的 Cr 元素含量和更低的 Fe 元素含量。通常，更高的 Cr 元素含量能够改善材料的抗腐蚀性能。但是，上述极化曲线及阻抗的分析结果都表明 CrMnFeCoNi 熔覆层具有比 CrFeCoNi 熔覆层更低的腐蚀抗性，因此，钝化膜中 Cr 元素的含量不是决定熔覆层腐蚀抗性的关键因素，这与之前的研究结果一致。

图 4-31 为 CrFeCoNi 和 CrMnFeCoNi 熔覆层在 3.5 wt% NaCl 溶液中 −0.1 V_{SCE} 恒电位条件下极化 2 h 后形成的钝化膜的 Cr2p3/2，Fe2p3/2，Co2p3/2，Ni2p3/2，O1s 和 Mn2p3/2 的 XPS 精细谱图及拟合结果。拟合过程中所有谱图的背底都采用 Shirley 方法去除。

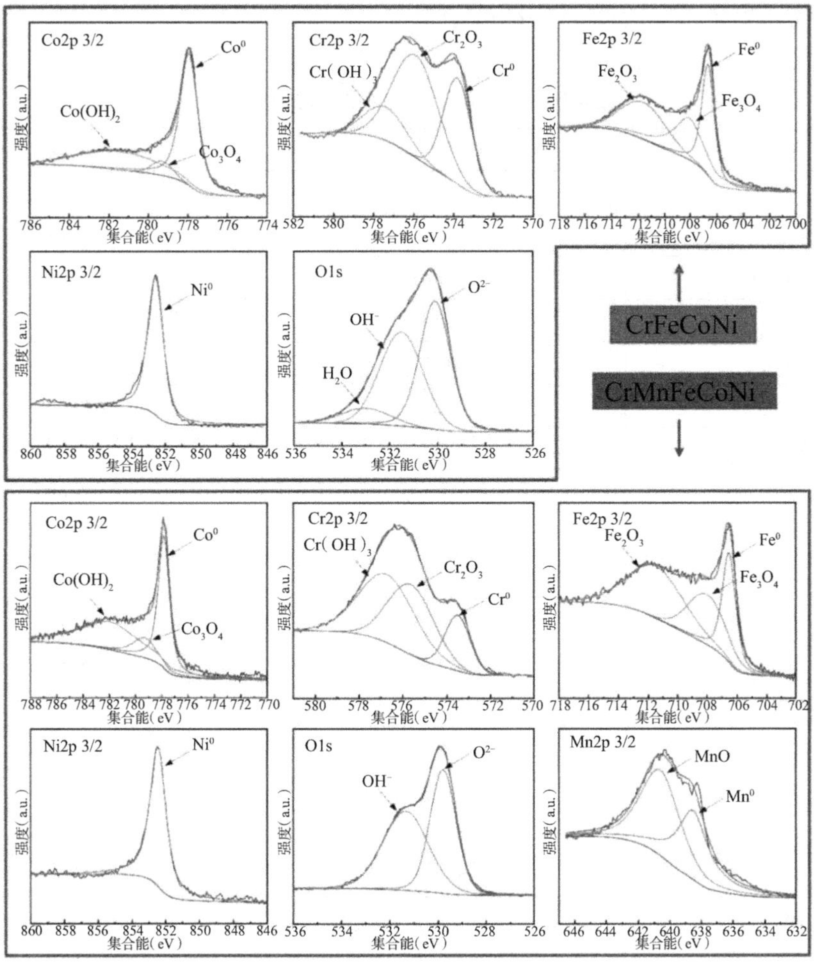

图 4-31　CrFeCoNi 和 CrMnFeCoNi 在 3.5 wt% NaCl 溶液中 −0.1 V_{SCE} 恒电位极化 2 h 后的 XPS 精细谱图及拟合结果

表 4-6 列出了不同化合物对应的结合能。在两种熔覆层中，Cr2p3/2 谱图可分解为三个峰，分别为金属态 Cr、Cr_2O_3 和 $Cr(OH)_3$。这 3 种 Cr 元素对应的产物是传统合金及高熵合

金材料钝化膜中典型的产物。CrFeCoNi 和 CrMnFeCoNi 熔覆层表面钝化膜中不同化合物的百分含量。由图可知，CrFeCoNi 熔覆层形成的钝化膜中 Cr 元素的主要产物为 Cr_2O_3，而 CrMnFeCoNi 熔覆层形成的钝化膜中 Cr 元素的主要产物为 $Cr(OH)_3$。Fe2p3/2 谱图可分为 3 个峰，分别对应 Fe、Fe_3O_4 和 Fe_2O_3。在两种熔覆层中铁的氧化物类型是钝化膜的主要组分。Ni2p3/2 图谱可分为 4 个峰，分别对应 Ni、Nio、$Ni(OH)_2$ 和镍的卫星峰，其中 Ni 元素是钝化膜中的主要组成物。Co2p3/2 谱图可分为钴单质、Co_3O_4 和 $Co(OH)_2$ 3 个峰。Mn2p3/2 可分为 3 个峰，分别为 Mn 单质、MnO 和 Mn_2O_3。CrFeCoNi 熔覆层形成的钝化膜中 O1s 谱图由 3 个组分组成，分别对应于 O^{2-}、OH^- 和 H_2O。其中 O^{2-} 类型对应于金属的氧化，而 OH^- 类型主要形成 $Co(OH)_2$、$Ni(OH)_2$ 和 $Cr(OH)_3$。CrMnFeCoNi 熔覆层形成的钝化膜中 O1s 谱图由两个组分组成，分别对应于 O^{2-} 和 OH^-。其中，O^{2-} 类型对应于金属的氧化，而 OH^- 类型主要形成 $Co(OH)_2$、$Ni(OH)_2$ 和 $Cr(OH)_3$。

表 4-6 用于拟合的不同化合物的集合能

组分	CrFeCoNi 集合能(eV)	CrMnFeCoNi 集合能(eV)
Cr^0	573.8	573.7
Cr_2O_3	576.1	575.8
$Cr(OH)_3$	577.0	577.1
Fe^0	706.8	706.5
Fe_3O_4	708.1	708.0
Fe_2O_3	711.4	711.0
FeOOH	711.8	711.8
Co^0	778.1	777.8
Co_3O_4	779.3	779.3
$Co(OH)_2$	781.8	782.0
Ni^0	852.7	852.4
NiO	853.4	853.4
$Ni(OH)_2$	856.6	855.3
Ni,sat	859.2	859.1
O^{2-}	530.0	529.7
OH^-	531.4	531.1
H_2O	532.7	532.7
Mn^0	—	638.5
MnO	—	640.7
Mn_2O_3	—	642.8

本章部分图例

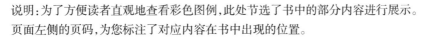

说明：为了方便读者直观地查看彩色图例，此处节选了书中的部分内容进行展示。页面左侧的页码，为您标注了对应内容在书中出现的位置。

第5章　深海管道腐蚀疲劳研究

腐蚀疲劳指的是在交变应力和腐蚀介质的共同作用下，金属材料或构件发生开裂或者断裂而提前失效的现象。在海洋油气管道安全服役期间，结构失效的主要原因之一就是结构性能的降低。一方面，与陆地结构相比，海洋油气管道常年处于深海这一腐蚀性环境，表面遭受严重的腐蚀损伤会导致产生凹坑或更大范围的损害，会降低材料力学性能；另一方面，作用在结构上的循环载荷会导致结构的疲劳破坏，而腐蚀疲劳就是腐蚀环境与循环载荷耦合下的作用结果，其造成结构损坏的程度可能比二者单独作用的总和还要大。这种现象对于海洋油气管道而言是一项亟待解决和控制的问题，一旦发生腐蚀疲劳失效，往往造成巨大的经济损失、人员伤亡乃至严重的环境和社会影响。

同时，海洋油气管道建造铺设安装过程中必然需要通过焊接手段以保证其连续性，在这种情况下，焊接残余应力的存在会对油气管道在海洋腐蚀环境下的疲劳寿命产生一定程度的影响。因此针对这种情况，研究海洋油气管道在焊接残余应力影响下的腐蚀疲劳性能，从而确定较为准确的腐蚀疲劳裂纹扩展模型参数，对保障海洋油气管道服役期的安全可靠性将是一项有意义的工作。综合考虑腐蚀和疲劳的交互作用对海洋油气管道的影响，开展了存在焊接残余应力情况下海洋油气管道腐蚀疲劳试验，得到的腐蚀疲劳裂纹扩展模型参数具有较高的工程应用价值。

5.1　X65 钢焊接残余应力的数值模拟

焊接残余应力对腐蚀疲劳的影响不容忽视，为准确预测焊接残余应力的分布及变化情况，基于 ABAQUS 有限元软件，编写 DFLUX 子程序进行焊接残余应力的模拟。数值模拟作为一种方便可靠的技术，可用于模拟焊接温度场、焊接残余应力场和焊接变形，从而得出各项应力、应变的实时变化情况。因此，通过有限元模拟预测，可以为后续试验方案提供依据。

5.1.1　X65 钢热物理性能参数

根据美国石油学会《管线钢管规范》（API SPEC 5L）和中国国家标准《石油天然气工业 管线输送系统用钢管》（GB/T 9711—2017），可得出 API X65 材料的力学性能要求和化学成分要求及实际测得的 X65 材料的力学性能参数见表 5-1。

表 5-1　API X65 材料的力学性能要求

牌号	抗拉强度（MPa）	屈服强度（MPa）	屈强比	伸长率
API X65	≥535	450~570	≤0.9	18%
实际 X65 钢	609	516	0.85	39.9%

对于 X65 钢材的液相线温度按照一般钢种计算公式约为 1 513.45 ℃，采用特殊钢计算公式其液相线温度为 1 509.525 ℃。考虑到后者为回归式，计算精度相对高，因而选取 1 509.525 ℃为 X65 钢的液相线温度值。由于钢铁的固相线温度通常介于 1 100~1 200 ℃，因此将 X65 材料的固相线温度设定为 1 150 ℃。

由于焊接过程材料的热物理性能会随温度的变化而变化，为更合理地模拟其温度场，参照表 5-2 中材料参数对有限元模型的 CT 试样赋予材料属性。对于应力场的模拟，X65 钢的密度取 7 800 kg/m^2，泊松比取 0.30。

表 5-2　X65 钢随温度变化的热物理性能参数

温度（℃）	0	100	200	400	500	600	700	800	1 000	1 100	1 500	2 000
比热容 J（kg·K）	520	551	582	611	646	677	705	736	765	786	800	800
温度（℃）	0	100	200	400	500	600	700	800	1 000	1 200	1 500	—
热导率 W（m·K）	16.3	17.4	18.5	20.5	21.1	21.2	21.6	21.8	22.8	24.0	24.9	—

参考《气焊、焊条电弧焊、气体保护焊和高能束焊的推荐坡口》（GB/T 985.1—2008），对钢板开 V 形坡口，如图 5-1 所示，坡口角度 $\alpha = 60°$，两板间隙为 2 mm，焊后余高低于 3 mm。钢板尺寸为 296 mm × 196 mm × 10 mm，如图 5-2 所示。

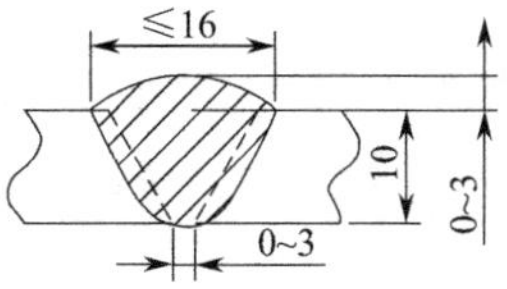

图 5-1　焊缝形状及尺寸（单位：mm）

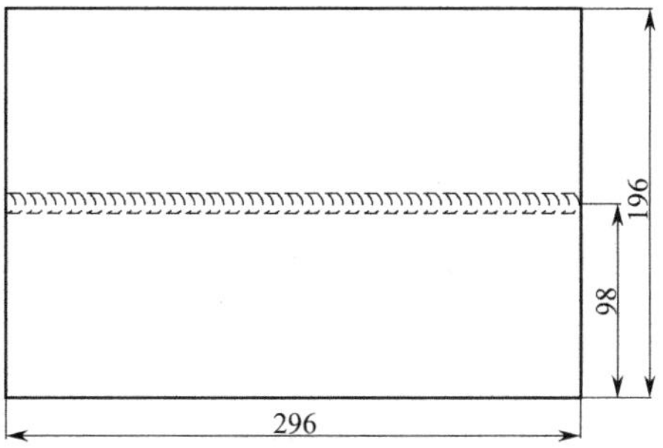

图 5-2　钢板尺寸（单位：mm）

采用手工氩弧焊对其进行焊接操作。为避免焊后变形过大，焊接过程采用刚性固定约束。采用 CUT60 J 焊机，焊机通过输入电流自动确定焊接电压。选取 AWS 5.28 ER80S-D2 焊丝，采用双层焊接工艺，打底焊完成后冷却 30 min 进行盖面焊接，具体参数见表 5-3。

表 5-3 焊接工艺参数

焊道	焊丝直径(mm)	电流 I(A)	电压 U(V)
1(打底)	2	195	10~16
2(盖面)	3	230	12~18

5.1.2 基于 ABAQUS 的焊接过程模拟

根据规范 *Standard Test Method for Measurement of Fatigne Crack Growth Rates*(ASTM E647-15e1)采用用于疲劳裂纹扩展速率测试的标准紧凑 CT 试样如图 5-3 所示。最大宽度 H 和最大长度 L 分别设置为 50 mm 和 48 mm,装夹孔直径 Φ 为 9.5 mm。

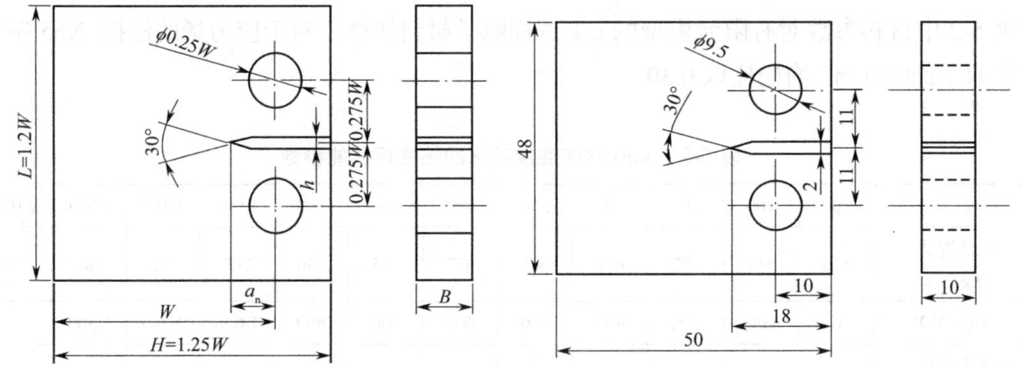

(a) (b)

图 5-3 CT 试样尺寸(单位:mm)

(a)标准 CT 试样 (b)本试验 CT 试样

根据试验室切割后板材的尺寸,对板材和 CT 试样进行建模,如图 5-4 和图 5-5 所示。基于 MIG 焊接参数,对钢板的热源参数进行调整:设置焊接电压为 16 V,焊接电流为 190 A,热效率为 0.8,并设置 1 800 s 的散热时间。

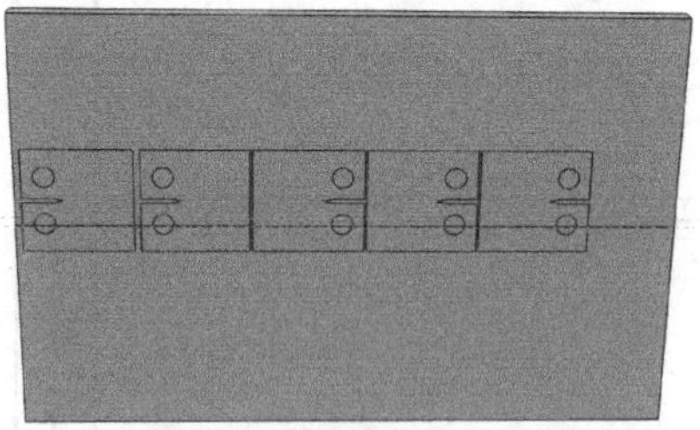

图 5-4 板材建模示意图

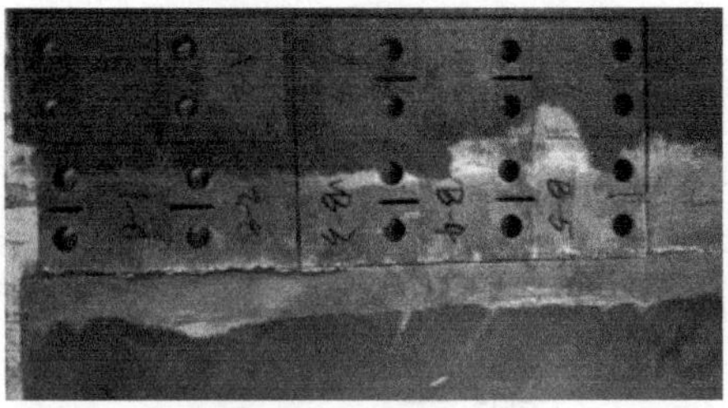

图 5-5 板材实际图

设置合适的网格密度,对钢板的焊接温度场和残余应力场进行计算。由于涉及 CT 试件,因此为保证计算收敛性,应控制网格质量,对 CT 试样附近的网格做加密处理。考虑残余应力重分布问题,改变建模思路重新建模,在 Part 模块建立含有 CT 试件的板材模型,方便后续 CT 试件从钢板分离,并设定材料的属性和分析步。

温度场计算完成后，在应力场计算中，设置两个分析步：welding 分析步和 release 分析步。Welding 分析步用来计算焊接及冷却过程的板材应力分布；release 分析步用来计算从板材分离出 CT 试件之后的应力分布，即模拟线切割将 CT 试件切出来时的残余应力重分布过程。

为实现该想法，在 Interaction 模块中，将 CT 试件以外的板材全部以 model change 命令将其在 release 这一步 deactive，以分离出 CT 试件。此外为保证计算结果准确连续，在进行应力场计算时，应不改变网格划分方式，并将网格由热传导分析单元 DC3D8 转换为力分析单元 C3D8R。同时，在板材长边两侧 welding 分析步设置 ENCASTRE 全约束边界条件，在 release 分析步为保证不发生刚体位移，选取 CT 试件裂纹尖端一点，选择全约束方式，完成该边界条件的设定。

计算结果分别如图 5-6 至图 5-8 所示。可以明显看出，对于焊接后的钢板，分离 CT 试件会产生残余应力的释放及重分布问题，试件本身的残余应力会产生重分布，其应力值明显减小，且其应力分布相对一块完整的钢板而言更为复杂。但整体趋势依旧不变，即焊接位置为拉应力。单独建立 CT 试件模型，直接对其施加温度场，在冷却后基于该温度场进行焊接残余应力场的求解，得到单个试件建模的焊接残余应力场如图 5-9 所示。

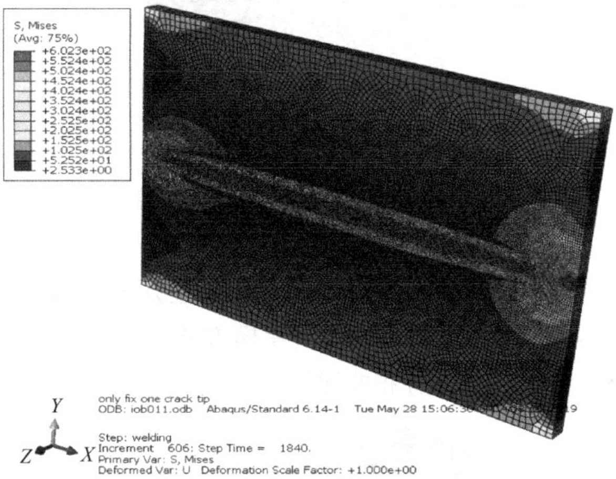

图 5-6　板材焊接残余应力计算结果

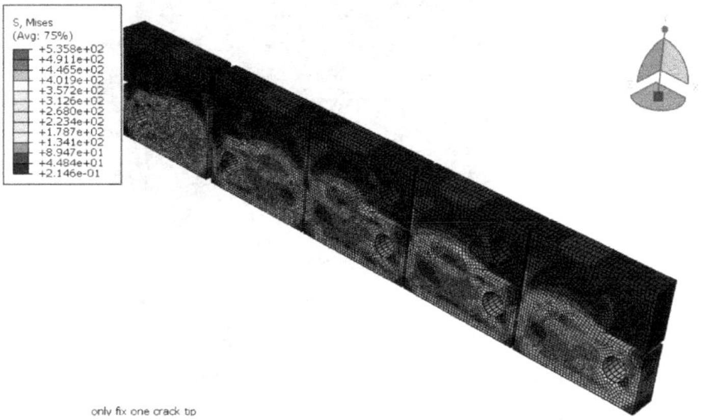

图 5-7　CT 试件焊接残余应力计算结果

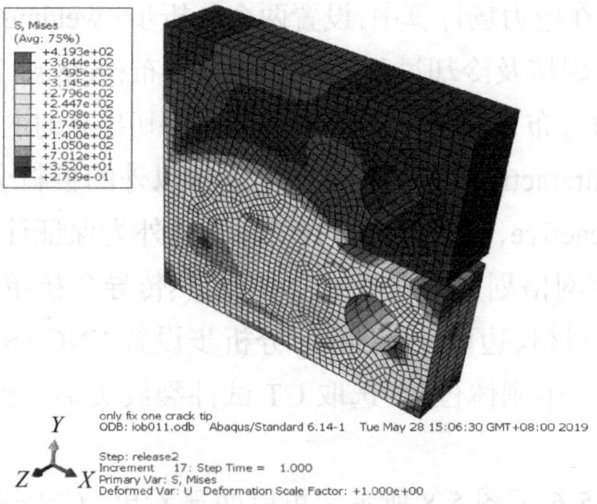

图 5-8 焊后切割 CT 试件焊接残余应力分布结果

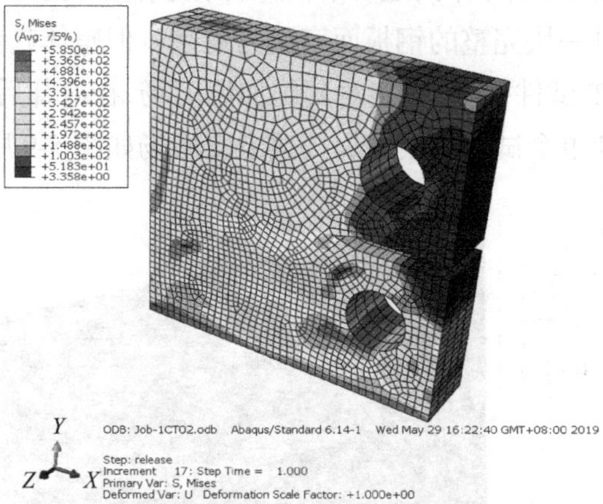

图 5-9 单个建模 CT 试件焊接残余应力分布结果

建立路径 1 如图 5-10 所示，提取两种不同建模方式（钢板焊后切割 CT 试件和单独建模焊接 CT 试件）在路径 1 上的应力分布曲线，得到的结果如图 5-11 所示。

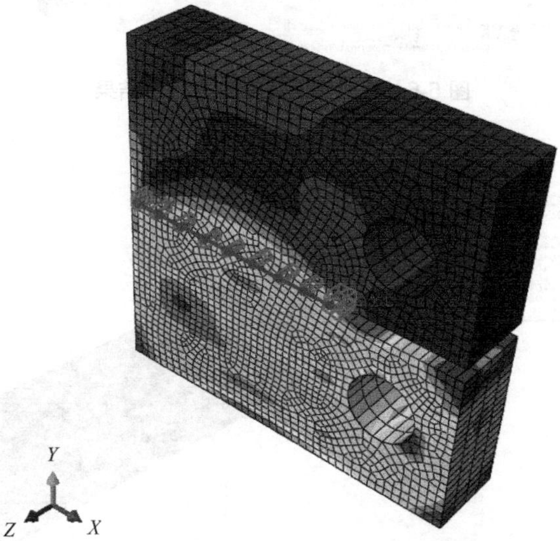

图 5-10 沿裂纹扩展路径方向的路径选取点

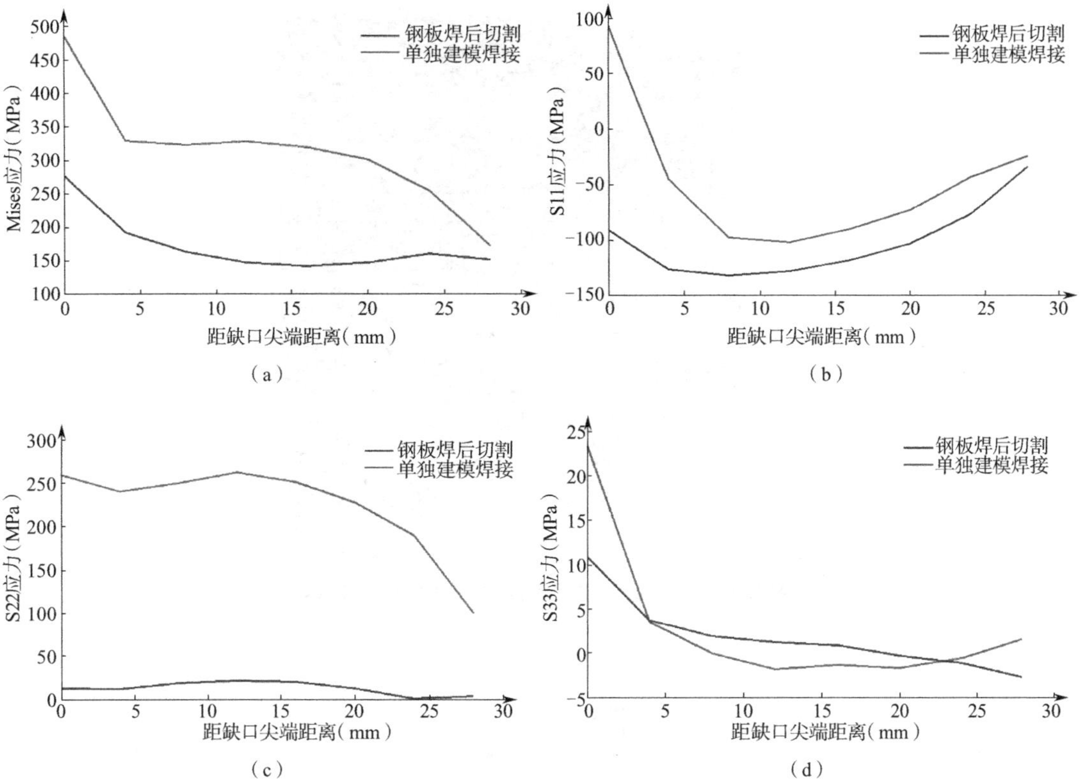

图 5-11　路径 1 上的应力分布曲线(续)

(a)沿路径 1 的 Mises 应力对比　(b)沿路径 1 的 S11 应力对比

(c)沿路径 1 方向的 S22 应力对比　(d)沿路径 1 方向的 S33 应力对比

通过沿裂纹扩展路径方向的残余应力对比可以发现,单独对 CT 试样进行建模,其 Mises 应力、S11 应力、S22 应力会高于在钢板焊接以后再切割出的 CT 试样。这一点是由于钢板焊接,再进行切割得到 CT 试样这种建模方式,在整个过程中热传递效果与单独对 CT 试件建模不同,此外对 CT 试样以外构件全部使其失活以近似模拟线切割过程,这一步存在应力重分布过程;而单独对 CT 试件进行建模,则不存在应力重分布。但亦可明显看出,两种建模方式的应力值最大差距可达 200 MPa,但其残余应力分布的整体趋势大体相同。

建立路径 2 如图 5-12 所示,提取两种不同建模方式(钢板焊后切割 CT 试件和单独建模焊接 CT 试件)在垂直裂纹扩展方向的应力分布曲线,得到的结果如图 5-13 所示。

通过对垂直裂纹扩展路径方向的应力对比,发现钢板焊后切割 CT 试样的 Mises 应力和 S22 应力值均小于单独建模焊接 CT 试件,二者应力差值约为 200 MPa,而 S11 和 S33 应力值相差不大,且大部分应力变化趋势相似。综合以上分析,可以发现,两种建模方式各有利弊。先在钢板焊接,后续切割出 CT 试样的建模方式,更贴近真实情况,更能描述机械加工过后试件的真实应力状态,模拟过程相对更为合理。焊后切割出的 CT 试件,其在距垂直焊接方向 2 mm 位置处的 S22 应力为压应力,大小约为 −50 MPa,符合其应力变化规律。

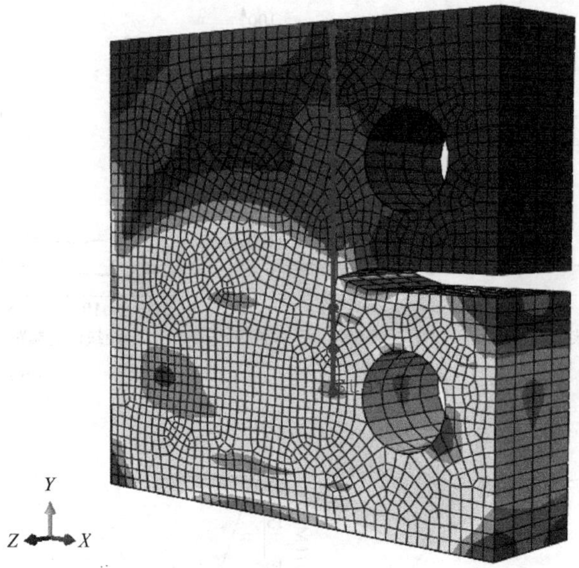

图 5-12 垂直裂纹扩展路径方向的路径 2 选取点

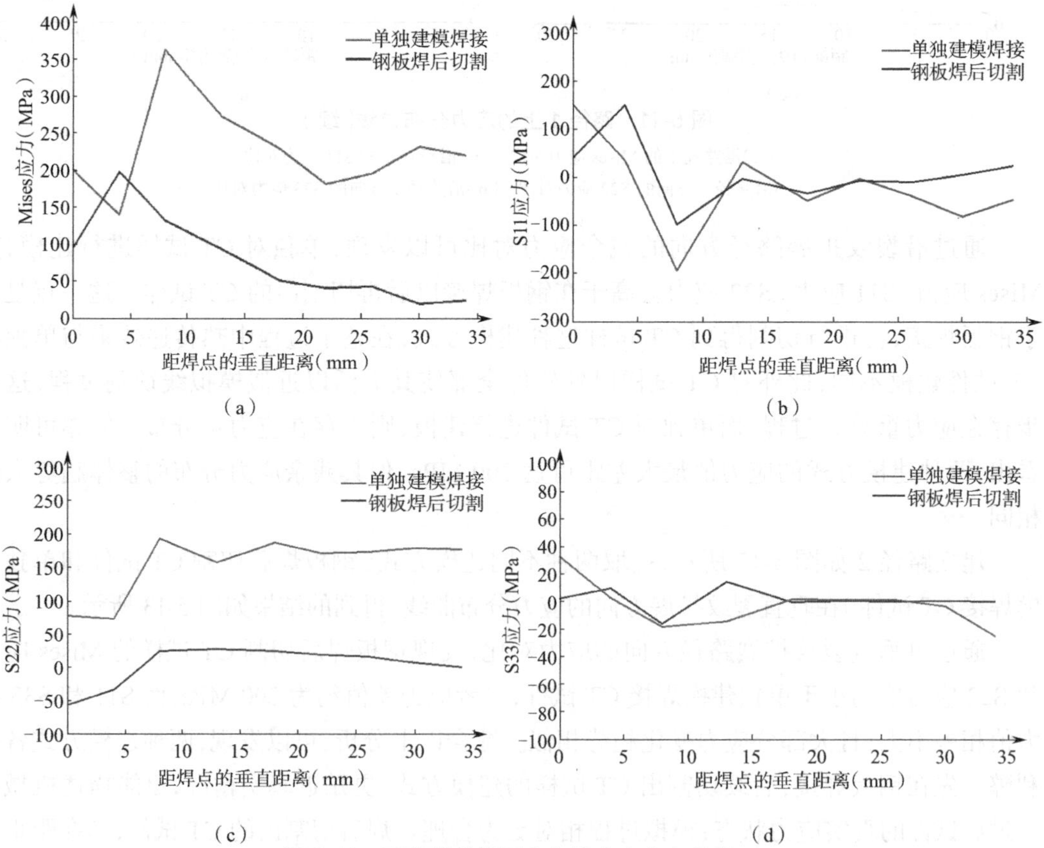

图 5-13 垂直裂纹扩展方向的应力分布曲线

（a）垂直裂纹扩展方向的 Mises 应力对比 （b）垂直裂纹扩展方向的 S11 应力对比

（c）垂直裂纹扩展方向的 S22 应力对比 （d）垂直裂纹扩展方向的 S33 应力对比

5.2　考虑焊接残余应力的腐蚀疲劳试验研究

5.2.1　试验目的

由于引入焊接残余应力过程中,焊材的选取需要符合与母材材质及力学性能大致相似的要求,焊接电流、电压的选取需保证焊接质量,试样规格须符合规范,板材切割方案及试验缺口的布置需满足控制变量的要求等。所以,对引入了腐蚀介质以后的疲劳试验而言,试样的选取、焊接方案以及试验方案的规划都需要更为严谨的考量。因此,需要对 X65 钢考虑焊接残余应力的腐蚀疲劳试验进行科学合理的规划:一方面需要基于相关规范制订构件尺寸;另一方面需要合理规划试验方案,确保试验过程的严谨性和科学性。

目前,大多数研究普遍显示,在 0.1~0.2 Hz 的加载频率下,海水对焊接接头的疲劳性能不利,同时也提高了疲劳裂纹的扩展速率。但对于存在焊接残余应力的情况,X65 钢的腐蚀疲劳裂纹扩展性能、加载频率对于存在焊接残余应力的 X65 钢的腐蚀疲劳裂纹扩展特性的影响有待进一步研究。因此,开展以下试验以研究加载频率和腐蚀溶液对存在焊接残余应力构件的腐蚀疲劳特性的影响:

(1)针对海洋油气管道建设常用钢材 X65,确定焊接残余应力对 X65 钢的腐蚀疲劳裂纹扩展速率和腐蚀疲劳寿命的影响;

(2)在 3.5% NaCl 溶液的腐蚀环境下,得到不同加载频率下的腐蚀疲劳裂纹扩展规律,得出腐蚀溶液对存在焊接残余应力的 X65 钢疲劳性能的影响;

(3)得到试样的断口形貌,以从宏观断口形貌的角度分析焊接残余应力对腐蚀疲劳裂纹扩展的影响。

5.2.2　试验方案

以海洋油气管道建设常用的钢材 X65 为研究对象,主要研究焊接产生的残余应力对该材料腐蚀疲劳裂纹扩展性能的影响,该试验的技术路线如图 5-14 所示。

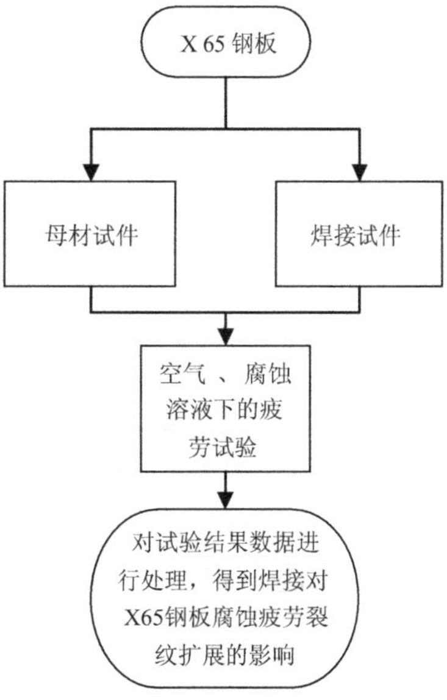

图 5-14　腐蚀疲劳试验的技术路线

制备 3 组试样,分别为 A 组(母材 CT 试件)、B 组(焊接 CT 试件)及 C 组(拉伸试验试件)。首先,取 C 组试样进行拉伸试验,明确试验所用 X65 钢的拉伸性能;然后,取 A、B 两组试样,其分布情况如图 5-15 所示,对这两组试样分别进行试验。

在空气环境下的试验见表 5-4,分别取焊接试件和母材试件,将其裂纹扩展试验分为两个阶段,首先通过恒 K 法预制 2 mm 的疲劳裂纹,随后采用恒力控制升 K 的方法,使试样在 0.2 Hz 的加载频率下达到稳定扩展阶段,裂纹扩展一段距离后将试样拉断。

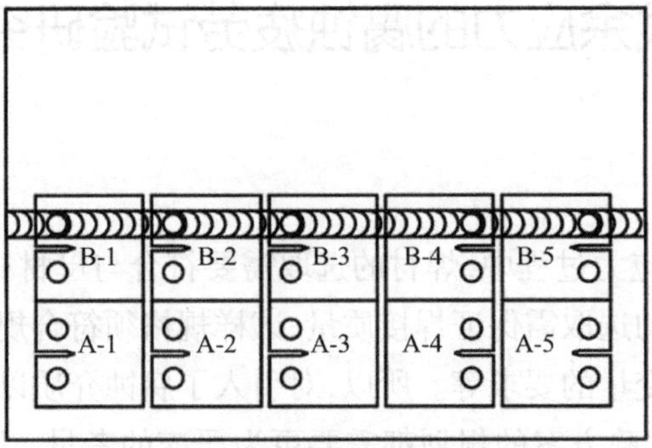

图 5-15　钢材及焊材 CT 试样取样示意

表 5-4　空气环境下焊接试件和母材试件的疲劳裂纹扩展试验规划

试件	工况	温度(℃)	环境	加载频率	加载方式	加载波形
A-3	疲劳预裂	室温	空气	2 Hz	恒 K, K_{max} = 30 MPa·m$^{1/2}$	正弦波
B-3	正式试验	室温	空气	0.2 Hz	恒力控制 P_{max} = 9 kN	正弦波

注:A 为母材试件,B 为焊接试件,“3”为试验编号。

在 3.5% NaCl 溶液的腐蚀环境下的试验见表 5-5,分别取 3 个焊接试件和 3 个母材试件,加载频率设定为 1 Hz、0.5 Hz、0.2 Hz,以恒幅加载的形式进行疲劳裂纹扩展试验,疲劳预裂阶段依旧采用恒定 K = 30 MPa · m$^{1/2}$,研究加载频率对腐蚀疲劳裂纹扩展的影响,以及加载频率对焊接残余应力存在状况下腐蚀疲劳裂纹扩展的影响。

表 5-5　3.5% NaCl 环境下焊接试件和母材试件的腐蚀疲劳裂纹扩展试验规划

工况	疲劳预裂	A-1 和 B-1	A-2 和 B-2	A-4 和 B-4
		正式试验	正式试验	正式试验
温度(℃)	室温	室温	室温	室温
环境	3.5% NaCl 溶液	3.5% NaCl 溶液	3.5% NaCl 溶液	3.5% NaCl 溶液
加载频率	2 Hz	1 Hz	0.5 Hz	0.2 Hz
P_{max}(kN)	—	9	9	9
应力比 R	0.1	0.1	0.1	0.1
加载波形	正弦波	正弦波	正弦波	正弦波

注:A 为母材试件,B 为焊接试件,“1”“2”“3”“4”为试验编号。

5.2.3　试验材料和装置

采用南京钢铁有限公司出厂的 10 mm 厚的 X65 钢板。其实际力学性能和化学成分见表 5-6 和表 5-7。

表 5-6　API X65 材料的力学性能

牌号	抗拉强度(MPa)	屈服强度(MPa)	屈强比	伸长率	热处理状态
X65	609	516	0.85	39.9%	淬火+回火

表 5-7　API X65 材料的化学成分要求

牌号	C	Si	Mn	P	S	V
X65	0.09%	0.21%	1.28%	0.013%	0.005%	0.015%
牌号	Nb	Ti	Al	Cu	Ni	—
X65	0.01%	0.06%	0.03%	0.002%	0.13%	—

疲劳裂纹扩展试验常用的试样形式为标准 CT 试样，ASTM E647-15e1 中对疲劳裂纹扩展的标准 CT 试样形式做了明确规定，具体形式如图 5-16(a)所示。根据试验机夹具限制，制定标准紧凑 CT 试样尺寸如图 5-16(b)所示。最大宽度 H 和最大长度 L 分别设置为 50 mm 和 48 mm，装夹孔直径为 9.5 mm。

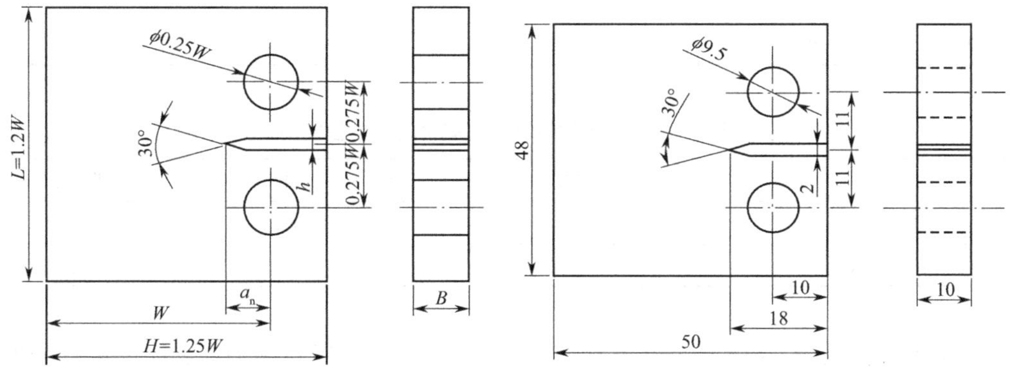

(a)　(b)

图 5-16　试样尺寸

(a)ASTM 规范标准紧凑型 CT 试样　(b)实际 CT 试样

用 3.5% NaCl 溶液模拟海水环境。每一次腐蚀疲劳试验都按比例制备人造海水：在 2 000 mL 蒸馏水中缓慢添加 72.54 g NaCl 不断搅拌，待其溶解。试验每进行 5 h，更换一次腐蚀溶液，以确保腐蚀溶液的作用效果。

图 5-17　腐蚀疲劳试验机

使用试验室的高温高压腐蚀疲劳试验机，在腐蚀环境下对材料进行腐蚀疲劳试验，如图 5-17 所示。本试验机由拉伸加载单元、腐蚀环境容器(试验釜)、直流电压降(Direct Current Potential Drop，DCPD)裂纹扩展测量单元、试验夹具、测控系统、试验软件、计算机、控制机柜等部分组成，可实现正弦波、三角波以及半波、梯形波、随机波的加载，正弦波可实现 0.000 1~2 Hz 的加载频率。

5.2.4 试验过程

本着焊丝化学成分、机械性能与 X65 钢接近的原则，综合考虑选用适用于低合金高强度钢焊接的 ER80S-D2 焊材进行焊接。基于 AWS 5.28 气体保护焊用低合金钢焊丝和填充丝标准，可得出不同焊丝的化学成分和机械性能，见表 5-8。根据美国石油学会标准（API SPEC 5 L）和中国国家标准（GB/T 9711—2017），可得出 API X65 材料的力学性能要求，同时结合可选焊材的力学性能（表 5-9），所采购的 MIDALLOY ER80S-D2 为裸露焊丝，用于气体保护焊和氩弧焊焊接，预热温度以及焊接层间温度不低于 149 ℃。

表 5-8 X65 钢化学成分与 AWS 5.28 对焊材的化学成分要求

材料	C	Mn	Si	P	S	Ni
X65	0.16%	1.6%	0.45%	0.02%	0.01%	0.3%
ER80S-D2	0.09%	1.75%	0.7%	0.10%	0.012%	—
材料	Cr	Mo	V	Ti	Cu	—
X65	0.3%	0.3%	0.06%	0.06%	0.25%	—
ER80S-D2	0.05%%	0.47%	—	—	0.15%	—

表 5-9 API X65 材料及相关焊材的力学性能对比

牌号	抗拉强度（MPa）	屈服强度（MPa）	伸长率
API X65	≥535	450~570	18%
AWS ER80S-D2	≥550	≥470	17%

为保证焊接质量，结合相关文献和《气焊、焊条电弧焊、气体保护焊和高能束焊的推荐坡口》（GB/T 985.1—2008），采用如图 5-18 所示的坡口形式。坡口具体参数为：焊缝宽度 $C=12\sim17$ mm，钝边 $p=2.0$ mm，坡口角度 $\alpha=60^{\circ}$，间隙 $b=2.0\sim3.0$ mm，焊缝余高 $h=0\sim3$ mm。最终对钢板开 V 形坡口，如图 5-19 所示，坡口角度 $\alpha=60^{\circ}$，两板间隙 2 mm，焊后余高低于 3 mm。

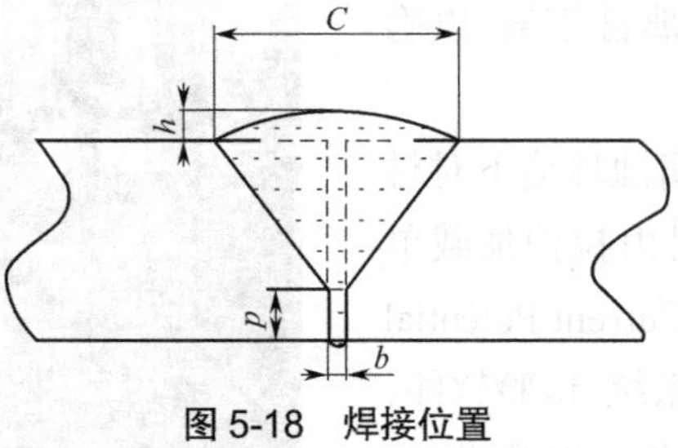

图 5-18 焊接位置

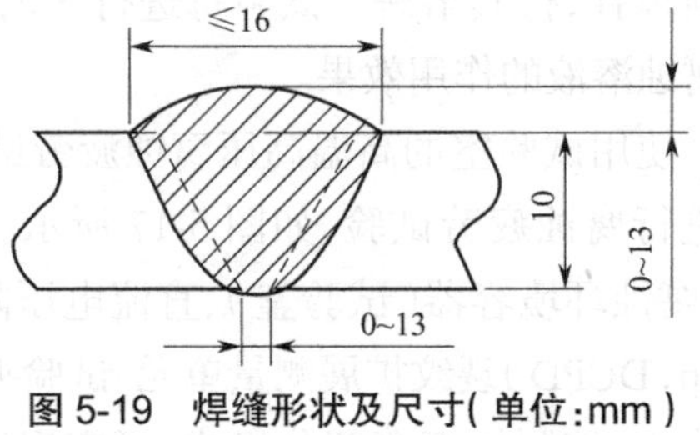

图 5-19 焊缝形状及尺寸（单位：mm）

钢板尺寸为 296 mm × 196 mm × 10 mm，如图 5-20 所示。焊接前将焊接接口位置表面打磨光滑，去除氧化物，并用无水乙醇擦拭干净，以保证焊接质量。采用手工氩弧焊对其进行焊接操作;为避免焊后变形过大,焊接过程采用刚性固定约束。采用 CUT60J 焊机,通过输入电流,使其自动确定焊接电压。选取 AWS 5.28 ER80S-D2 焊丝,采用双层焊接工艺,打底焊完成后冷却 30 min 进行盖面焊接,具体参数见表 5-10。

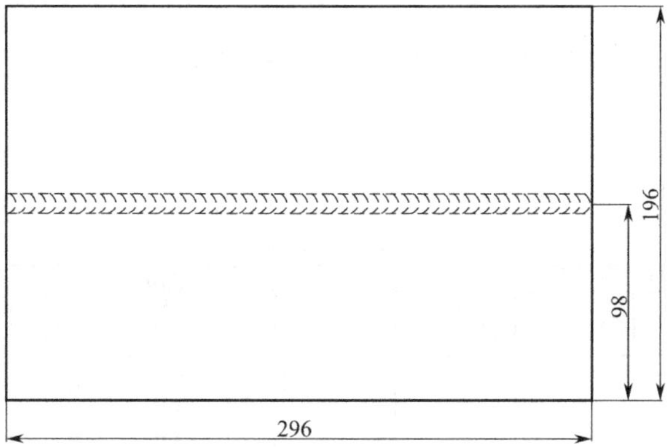

图 5-20　钢板尺寸(单位:mm)

表 5-10　焊接工艺参数

焊道	焊丝直径(mm)	电流 I(A)	焊接道数
1(打底)	2	195	1
2(盖面)	3	230	3

焊后的 X65 钢板如图 5-21 所示。随后对焊后钢板表面焊缝余高进行打磨,方便后续线切割操作。

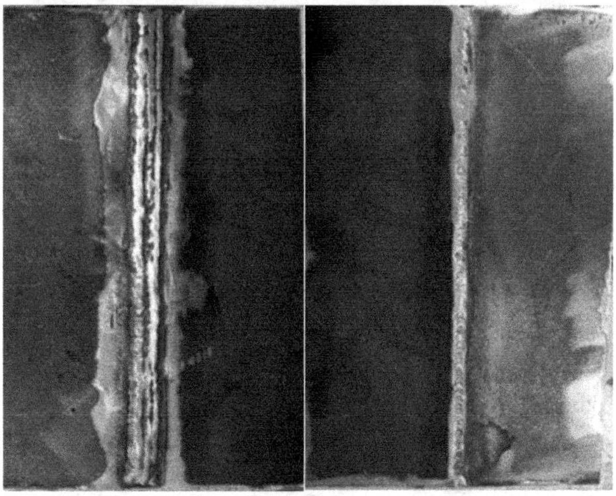

图 5-21　钢板焊后正面形态(左)和背面形态(右)

拉伸试样的加工尺寸如图 5-22 所示,板材的切割规划按图 5-23 进行,对切割出的 CT 试件分别按照 A-1 至 A-5、B-1 至 B-5 进行编号。

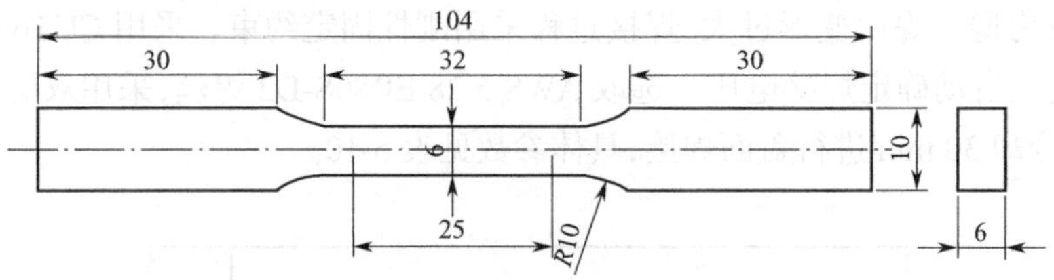

图 5-22　拉伸试验小尺寸试样(单位:mm)

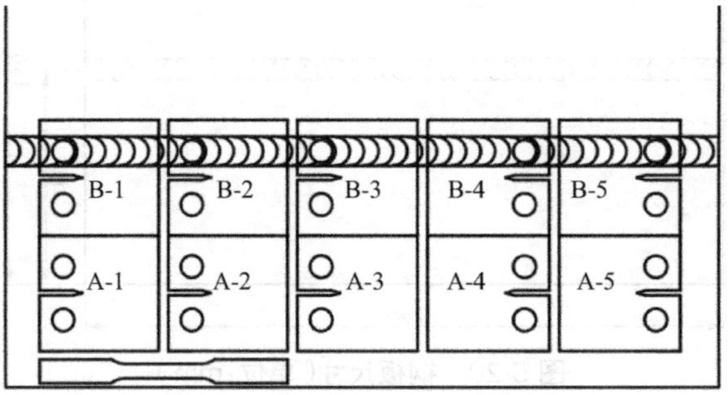

图 5-23　试件切割及编号方案

线切割试样及编号如图 5-24 所示。A 组试样为母材试样，B 组试样为焊接试样,机械加工缺口处于距离焊缝 2 mm 的热影响区的位置。

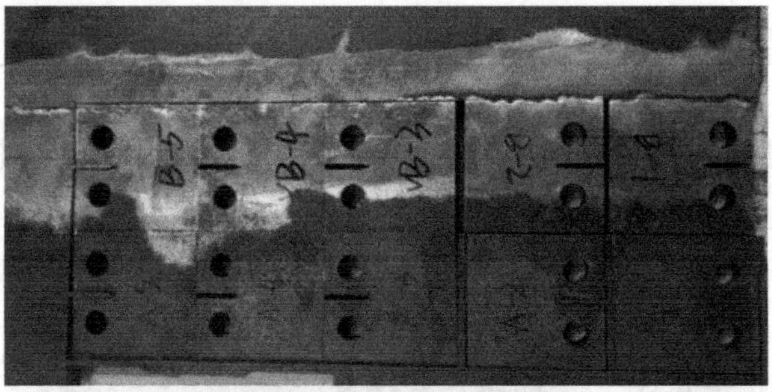

图 5-24　线切割加工 CT 试样

对两组试样表面线切割油污及原板材锈迹进行打磨,采用角磨机去除试件表面锈迹及不平整缺陷,使其表面平整,加工效果如图 5-25 所示。

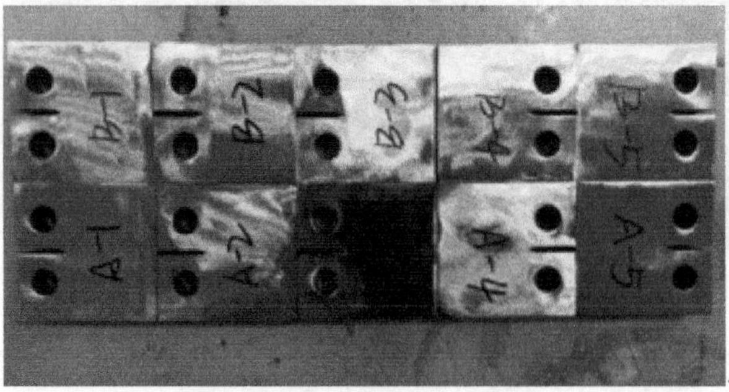

图 5-25　打磨后的 CT 试样

待试件表面全部打磨至无锈迹状态后，将打磨后的试件擦拭干净，置于装有无水乙醇的烧杯中，将烧杯置于超声清洗设备（图 5-26）中隔水清洗，进行 30 min 的超声清洗。经过超声清洗的试件如图 5-27 所示，清洗完成后取出试样，擦拭表面无水乙醇，随后将试件密封包装并标号，便于后续试验。

图 5-26 超声清洗设备

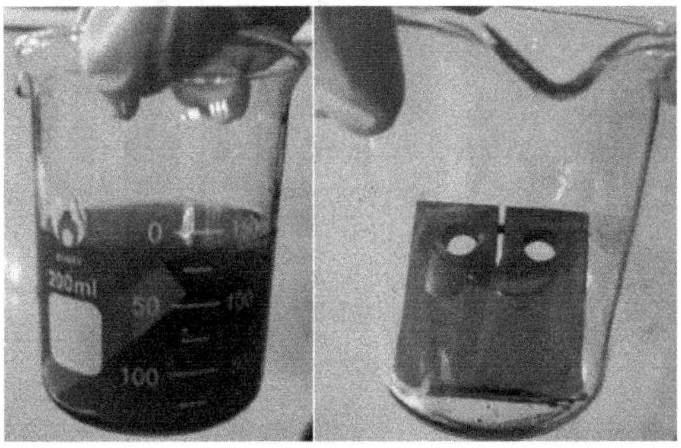

图 5-27 超声清洗后溶液状态及试件形貌

对打磨清洗后的试样真实尺寸进行测量并记录，实际尺寸见表 5-11。

表 5-11 打磨后试件实际尺寸

试件	实测 W（mm）	实测 L（mm）	实测 B（mm）	实测 a（mm）
A-1	39.00	47.66	10.60	7.64
A-2	39.46	47.90	10.60	7.70
A-3	40.00	47.90	10.52	8.00
A-4	40.00	47.86	10.60	8.00
A-5	39.60	47.50	10.20	7.20
B-1	39.00	47.90	10.44	7.86
B-2	39.40	47.86	10.46	7.36
B-3	38.44	47.76	10.46	7.00
B-4	38.76	47.76	10.32	7.40
B-5	39.22	47.50	10.00	7.40
理论值	40.00	48.00	10.00	8.00

根据试验室 DCPD 系统测量原理，按照如图 5-28 所示的测点布置，结合实际测量的试样尺寸进行打点，如图 5-29 所示，以方便后续 DCPD 测点的焊接。对于存在焊接残余应力试样的测点，应保证打点位置均位于母材，防止打点位置处焊材导电性不同而引起的 DCPD 电位测量误差。完成上述操作后将试样密封包装。由于试件存在加工误差，因此其实测值与理论值存在一定程度的误差，这一点在后续的数据分析阶段将用来修正裂纹扩展长度值。

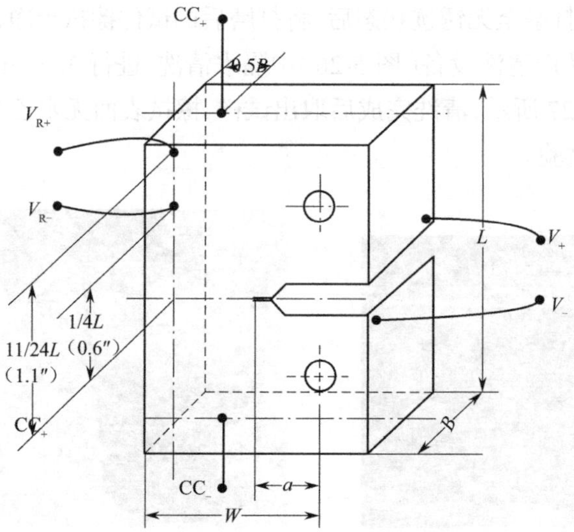

图 5-28　DCPD 系统试件测点布置

图 5-29　测点打点

在空气环境下的疲劳试验如图 5-30 所示，整个试样从疲劳预裂阶段至正式试验，全程均在空气环境下进行，而在腐蚀溶液中的试验如图 5-31 所示，首先在配制的 3.5% NaCl 溶液中进行疲劳预裂，当裂纹预裂长度满足 $a/W \geqslant 0.3$ 时进行正式试验，整个试验过程均保证试件浸入腐蚀溶液，且每隔 5 h 更换一次腐蚀溶液。

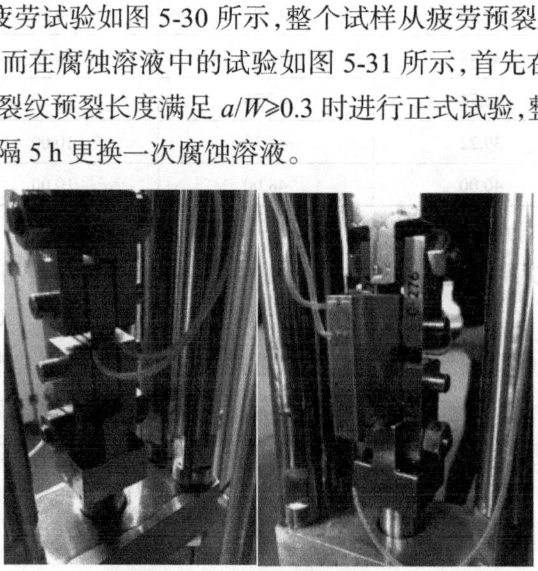

图 5-30　空气环境下的疲劳试验

图 5-31　腐蚀溶液环境下的腐蚀疲劳试验

正式试验采用试验方案拟定的加载频率，持续加载直至裂纹扩展到试件明显断裂。由于受试验设备量程的限制，试件疲劳裂纹试验进行到如图 5-32 所示状态时，即裂纹扩展导致试件竖向位移达到 70 mm 位置情况下，为保护试验装置，即停止试验，取下试件。

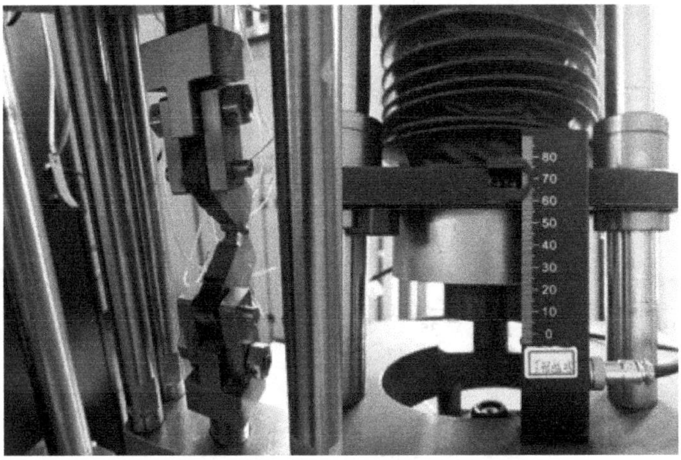

图 5-32　试件试验终止阶段试件状态

5.3　焊接残余应力对 X65 钢腐蚀疲劳裂纹扩展的影响

基于腐蚀疲劳试验结果，考虑焊接残余应力对其腐蚀疲劳裂纹扩展的影响，采用科学的数据处理方法，可以得出 X65 钢的腐蚀疲劳裂纹扩展规律，总结腐蚀溶液对存在焊接残余应力试件疲劳裂纹扩展的影响。对比不同加载频率下的试件裂纹扩展情况，可以得出加载频率对存在焊接残余应力试件的腐蚀疲劳裂纹扩展的影响。同时通过数据拟合可以得出不同条件下的帕里斯（Paris）常数及其变化规律，从而指导工程应用。

5.3.1　腐蚀疲劳试验加载情况

整个试验的加载情况如图 5-33 所示。可以发现，对于所有试件而言，裂纹扩展情况和应力强度因子变化情况一致,即分为 3 个阶段:第一阶段为初始扩展阶段,即近门槛区;第二阶段为裂纹扩展进入稳定扩展阶段;第三阶段为快速扩展直至断裂的快速扩展阶段,亦称瞬断区。

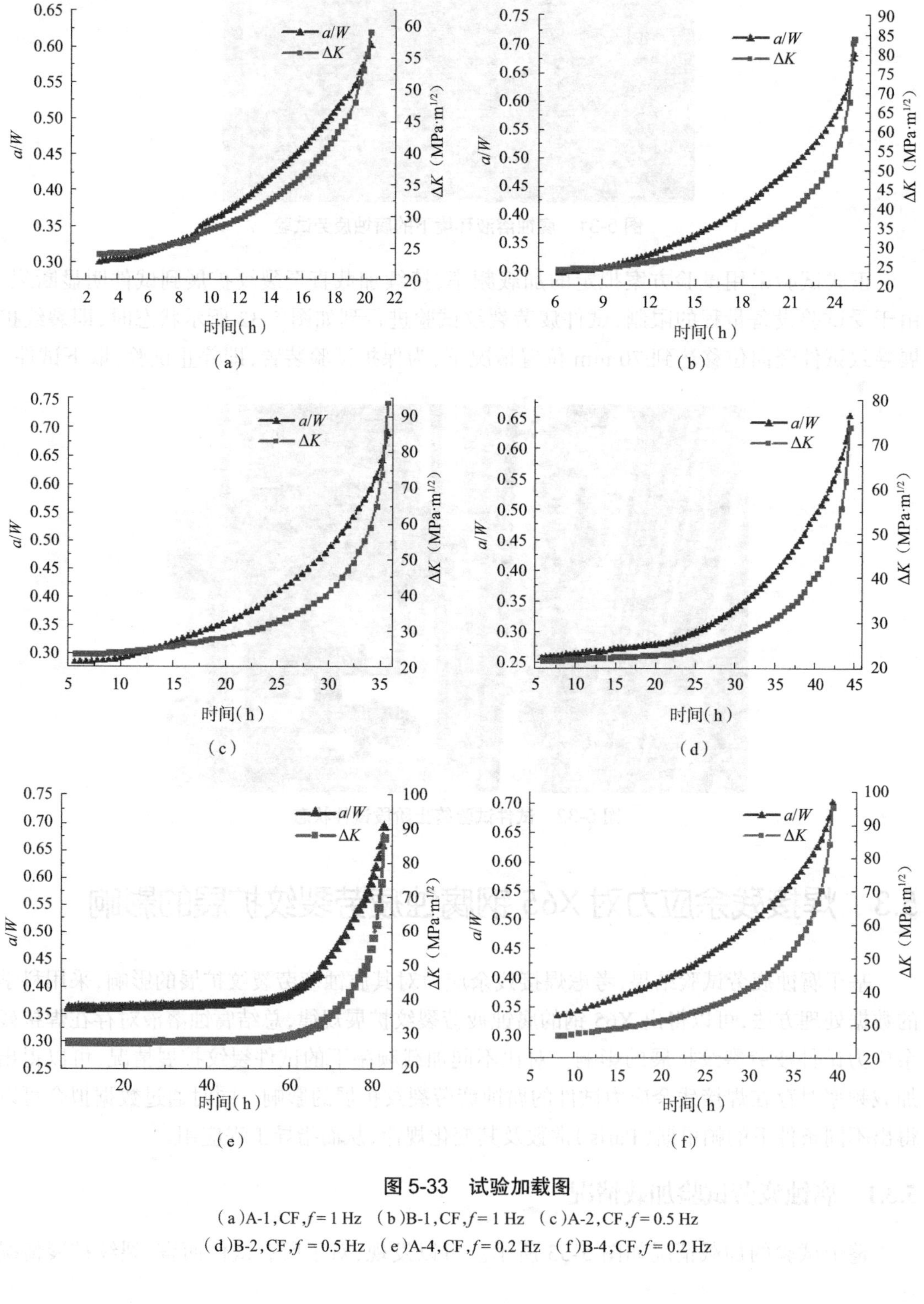

图 5-33　试验加载图

(a)A-1,CF,f= 1 Hz　(b)B-1,CF,f= 1 Hz　(c)A-2,CF,f= 0.5 Hz
(d)B-2,CF,f = 0.5 Hz　(e)A-4,CF,f= 0.2 Hz　(f)B-4,CF,f= 0.2 Hz

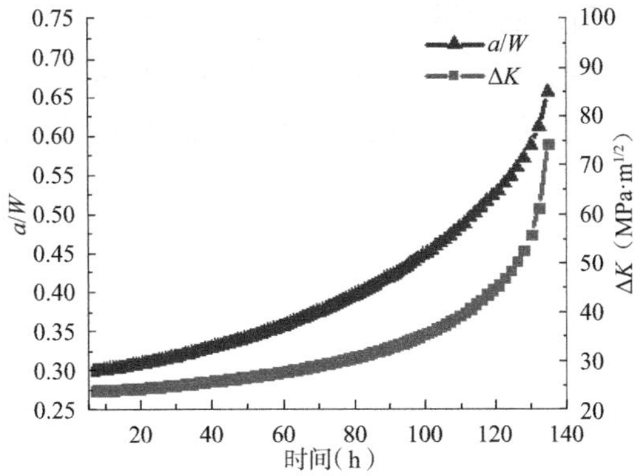

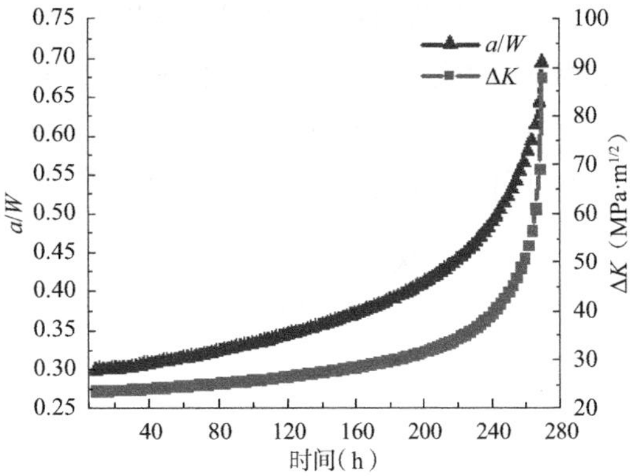

图 5-33　试验加载图(续)

(g)A-3,F, f = 0.2 Hz　(h)B-3,F, f = 0.2 Hz

CF——腐蚀疲劳(Corrosion Fatigue);F——疲劳(Fatigue)

同时,在 3.5% NaCl 溶液腐蚀环境下,对于 1 Hz 加载频率,焊接试件的试验时间要略长于母材试件;对于 0.5 Hz 的加载频率,结果相反,焊接试件的试验时间要低于母材试件的试验时间;对于 0.2 Hz 的加载频率,焊接试件的试验试件明显低于母材试件;可见在较低频率下,越接近 0.2 Hz 的波浪激励频率,相比于母材试件,腐蚀溶液对焊接试件的腐蚀促进越大。

对比同在 0.2 Hz 加载频率条件下,存在焊接残余应力的试件在 3.5% NaCl 溶液腐蚀环境下的试验时间低于空气环境,说明在该激励频率下,腐蚀溶液的作用可明显提高焊接试件的裂纹扩展速率。对比腐蚀溶液下不同加载频率对存在焊接残余应力试件试验时间的影响可以发现,频率越低,试验时间越长。这是由于加载频率越低,构件疲劳循环次数越少,其裂纹扩展需要时间越长。

统计 0.2 Hz 激励频率下,正式试验 a/W 取值从 0.34 扩展到 0.6 的循环周数见表 5-12 所示,可发现母材试件在腐蚀溶液环境下的循环周数略微小于空气环境,而存在焊接残余应力的试件在空气环境下的循环周数约为腐蚀溶液环境下的 5 倍。可见腐蚀溶液对母材裂纹的扩展起到一定的促进作用,而对存在焊接残余应力试件裂纹的扩展速率的促进作用更为明显。

表 5-12　试验循化周数统计(a/W = 0.34~0.6)

试件	试验条件	正式试验循环周数 N(cycle)
A-4	CF, f = 0.2 Hz	57 889
B-4	CF, f = 0.2 Hz	20 033
A-3	F, f = 0.2 Hz	58 076
B-3	F, f = 0.2 Hz	105 442

对比 A-1 试件和 B-1 试件的 a-N 曲线(如图 5-34),可以发现焊接试件的裂纹扩展速率

要低于母材试件，且裂纹扩展同样长度，焊接试件所需要的循环周数明显多于母材试件。对比两试件的应力强度因子变化（图 5-35），可以发现达到同一应力强度因子值，焊接试件所需时间明显高于母材试件。综合上述两种现象，可以发现在 1 Hz 加载频率下，焊接试件的热影响区位置相比于母材试件更不易发生腐蚀疲劳破坏。

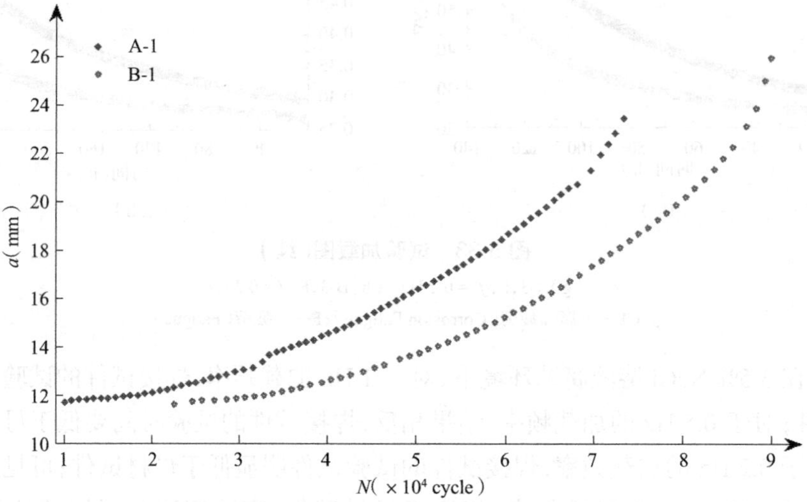

图 5-34　A-1 试件和 B-1 试件的 *a-N* 曲线

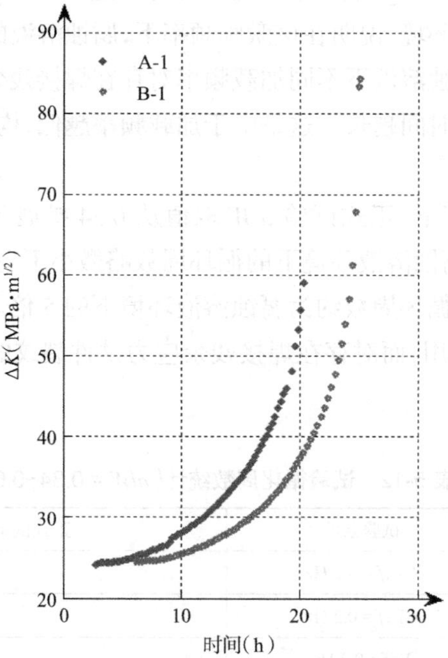

图 5-35　A-1 试件和 B-1 试件的应力强度因子变化

对比 A-2 试件和 B-2 试件的 *a-N* 曲线（图 5-36），可以发现同 1 Hz 加载频率情况一样，焊接试件的裂纹扩展速率要低于母材试件，且裂纹扩展同样长度焊接试件所需要的循环周数明显多于母材试件。对比两试件的应力强度因子变化(图 5-37),可以发现达到同一应力强度因子值,焊接试件所需时间明显高于母材试件。综合上述两种现象,可以发现在 0.5 Hz 加载频率下,焊接试件的热影响区位置相比于母材试件更不易发生腐蚀疲劳破坏。

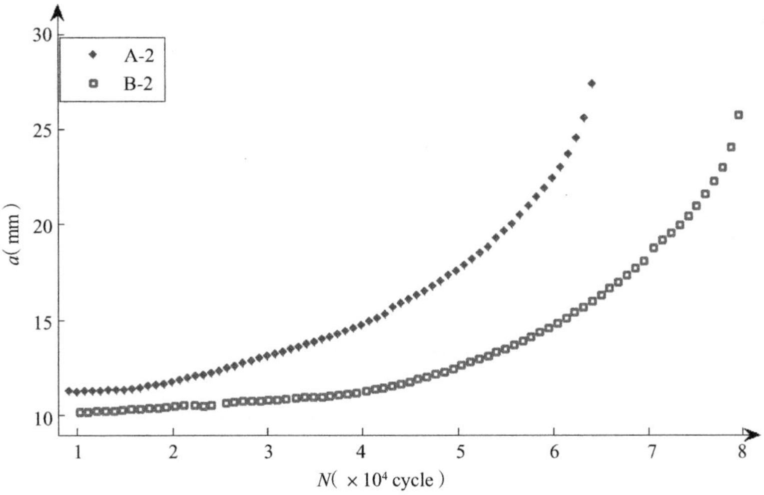

图 5-36　A-2 试件和 B-2 试件的 *a*-*N* 曲线

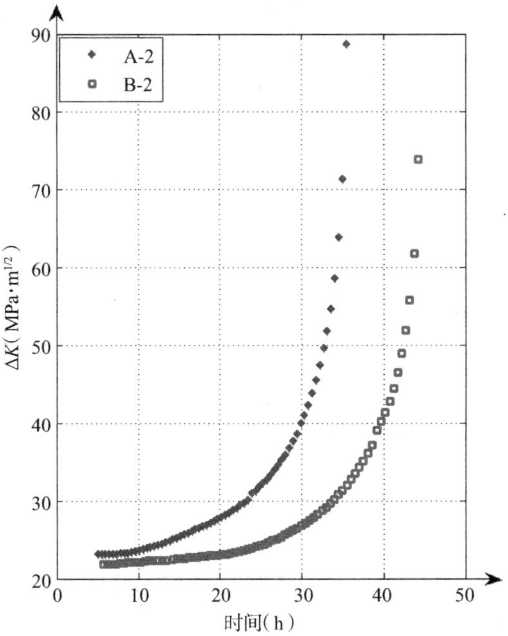

图 5-37　A-2 试件和 B-2 试件的应力强度因子变化

对比 A-4 试件和 B-4 试件的 *a*-*N* 曲线(图 5-38),可以发现同为腐蚀疲劳试件,施加相同的加载频率,裂纹扩展同样长度,焊接试件 B-4 比母材试件 A-4 需要的时间更短。这一现象说明在 0.2 Hz 加载频率的腐蚀环境下,焊接试件更易发生裂纹扩展。对比两试件的应力强度因子变化(5-39),可以发现达到同一应力强度因子值,A-4试件所需时间明显高于B-4试件。综合上述两种现象可以发现,相比于母材试件,在腐蚀溶液中,施加0.2 Hz接近海水频率的加载环境下,焊接试件更易发生裂纹扩展。

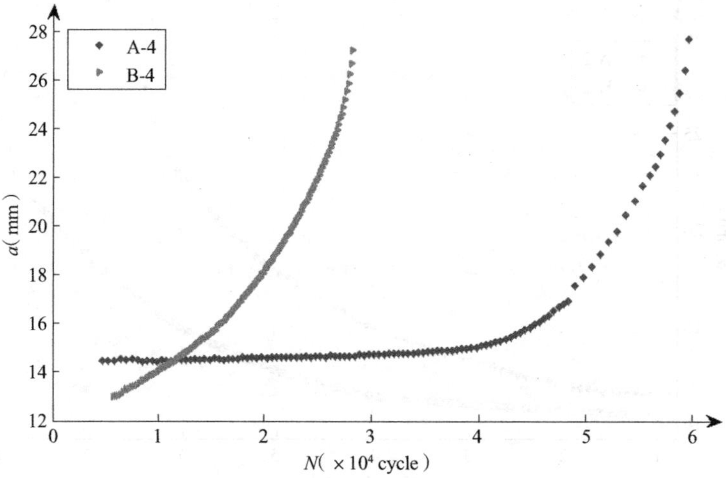

图5-38 A-4试件和B-4试件的 *a-N* 曲线

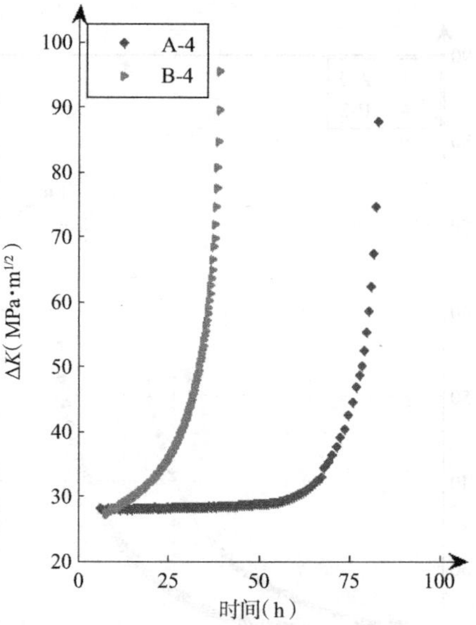

图5-39 A-4试件和B-4试件的应力强度因子变化

对比A-3试件和B-3试件的 *a-N* 曲线(图5-40),可以发现焊接试件的裂纹扩展速率要低于母材试件,且裂纹扩展同样长度,焊接试件所需要的循环周数明显多于母材试件。对比两试件的应力强度因子变化(图5-41),可以发现达到同一应力强度因子值,焊接试件所需时间明显高于母材试件。综合上述两种现象可以发现,在空气环境施加0.2 Hz加载频率条件下,焊接试件的热影响区位置相比于母材试件更不易发生腐蚀疲劳破坏。

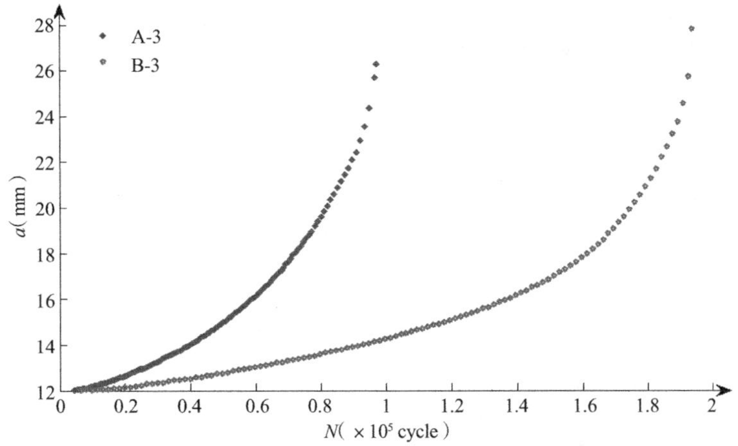

图 5-40　A-3 试件和 B-3 试件的 *a-N* 曲线

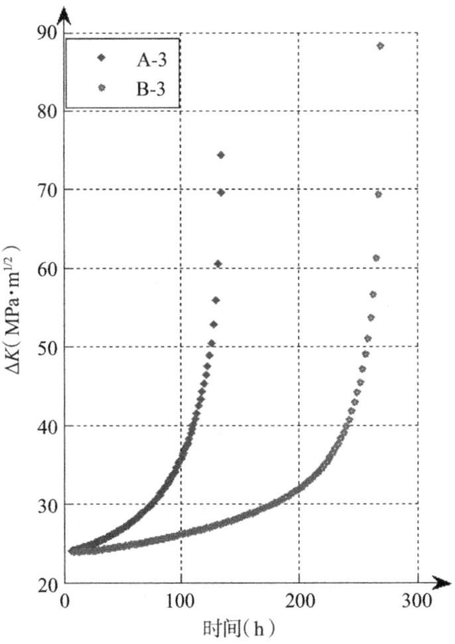

图 5-41　A-3 试件和 B-3 试件的应力强度因子变化

对比 A-3 试件和 A-4 试件的 *a-N* 曲线(图 5-42),可以发现同为母材试件,施加相同的加载频率,裂纹扩展同样长度,在腐蚀溶液环境下的 A-4 试件需要的循环周数明显低于空气环境下的 A-3 试件。这一点现象说明在 0.2 Hz 的加载条件下,腐蚀环境对裂纹扩展起到明显的促进作用。对比两试件的应力强度因子变化(图 5-43),可以发现达到同一应力强度因子值, A-3 试件所需时间明显长于 A-4 试件。综合上述两种现象可以发现,对于母材试件,在 0.2 Hz 接近海水频率的加载环境下,腐蚀溶液对裂纹扩展起到一定的促进作用。

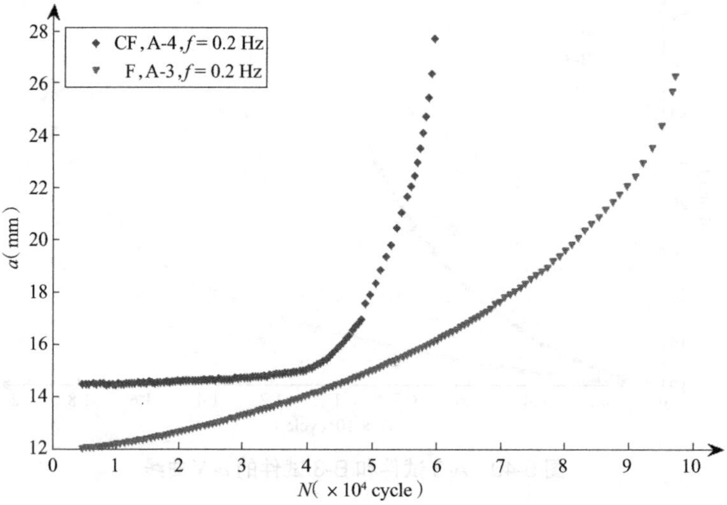

图 5-42 A-3 试件和 A-4 试件的 *a*-*N* 曲线

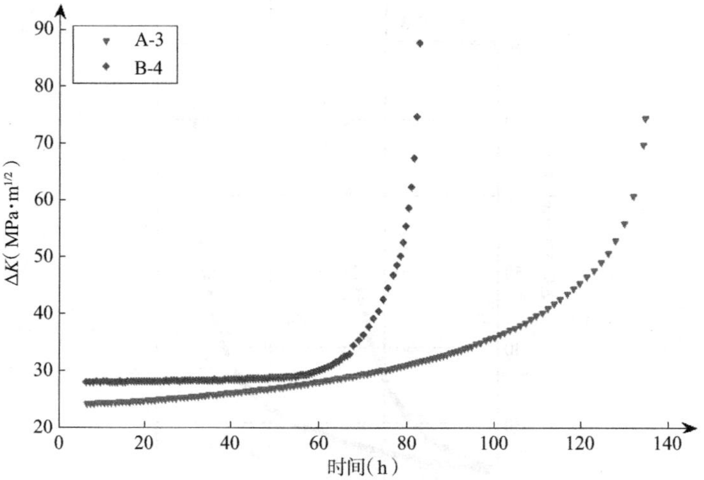

图 5-43 A-3 试件和 A-4 试件的应力强度因子变化

综合上述对比分析可以发现，对于 1 Hz 和 0.5 Hz 的加载频率，相比于母材试件，存在焊接残余应力试件更不易发生腐蚀疲劳破坏；而在 0.2 Hz 加载频率下，焊接试件则更易发生裂纹扩展现象；同时，对于母材试件，在 0.2 Hz 加载频率下，腐蚀溶液中的裂纹扩展速率明显高于空气环境中的。可以看出，加载频率越接近波浪激励频率，腐蚀作用越明显，尤其对于存在焊接残余应力的试件而言，其促进裂纹扩展效果更为明显。

5.3.2 焊接残余应力对 X65 钢腐蚀疲劳裂纹扩展的影响

采用递增多项式法对 *a*-*N* 曲线进行拟合求导，以确定疲劳裂纹扩展速率和裂纹长度的拟合值。对任一试验数据点 *i* 及前后各 *n* 点，共($2n+1$)个连续数据点，采用如下二次多项式进行拟合求导。点数 *n* 值可取 2、3、4，一般取 3。

$$\widehat{a}_i = b_0 + b_1\left(\frac{N_i - C_1}{C_2}\right) + b_2\left(\frac{N_i - C_1}{C_2}\right)^2 \tag{5-1}$$

其中：

$$-1 \leqslant \frac{N_i - C_1}{C_2} \leqslant +1$$

$$C_1 = \frac{1}{2}\left(N_{i-n} + N_{i+n}\right)$$

$$C_2 = \frac{1}{2}\left(N_{i+n} - N_{i-n}\right)$$

$$a_{i-n} \leqslant a \leqslant a_{i+n}$$

按最小二乘法(即使裂纹长度观测值与拟合值之间的偏差平方和最小)确定的回归参数。拟合值 $\widehat{a}_i$ 是对应于循环数 N_i 上的拟合裂纹长度。参数 C_1 和 C_2 用于交换输入数据,以避免在确定回归参数时的数值计算困难。在 N_i 处的裂纹扩展速率由式(5-1)求导而得:

$$\left(\frac{\mathrm{d}a}{\mathrm{d}N}\right)_{\widehat{a}_i} = \frac{b_1}{C_2} + \frac{2b_2\left(N_i - C_1\right)}{C_2^2} \tag{5-2}$$

利用对应于 N_i 的拟合裂纹长度 a_i 计算与 da/dN 值相对应的 ΔK 值。

将《金属材料 疲劳试验 疲劳裂纹扩展方法》(GB/T 6398—2017)推荐的七点增量多项式法和割线法的计算结果进行对比,得出如图 5-44 所示结果。通过观察可发现:七点增量多项式法相比于割线法而言曲线分布规律更为清晰,分散的数据点相对于割线法而言更少,因此采用七点增量法对试验数据进行处理,将裂纹长度 a 随循环次数 N 变化的关系转变为裂纹扩展速率 da/dN 随裂纹长度 a 变化的关系,从而得到裂纹扩展速率 da/dN 随应力强度因子范围ΔK变化的规律,对后期的数据进行处理。

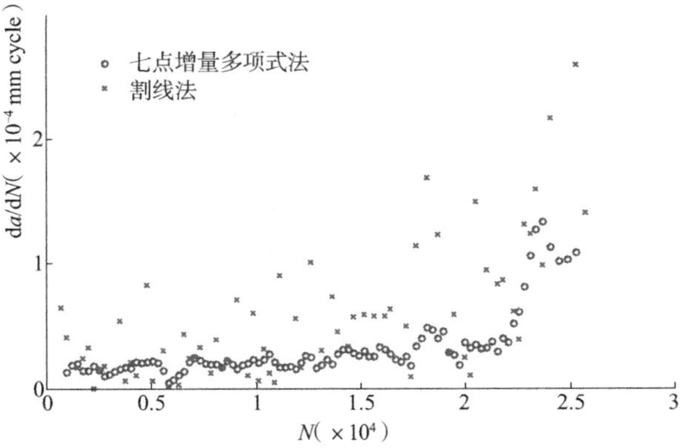

图 5-44　腐蚀溶液环境下的两种算法比较

采用七点增量多项式法对 A-1 试件和 B-1 试件的试验数据进行处理,得到正式试验 da/dN 与ΔK 的关系曲线如图 5-45 所示,以研究在 1 Hz 加载频率下,焊接残余应力对 X65 钢腐蚀疲劳裂纹扩展的影响。可以发现,在双对数坐标系下, A-1 试件的和 B-1 试件疲劳裂纹扩展存在 3 个阶段。

第一阶段为初始稳定扩展区,该区存在一个垂直渐近线 ΔK_{th},即疲劳裂纹扩展应力强度因子的下门槛值,在该区域内 ΔK 越趋近于 ΔK_{th}, da/dN 越趋近于 0。通常试验测定 ΔK_{th} 值为 $da/dN = 10^{-6}$ mm/cycle 时的 ΔK 值。在这一阶段,利用线性拟合外推法确定存在焊接残余应力试件的门槛值约为 24.41 MPa·$m^{1/2}$ 与母材试件的门槛值 24.32 MPa·$m^{1/2}$ 极为接近。

第二阶段为中速稳定扩展区, da/dN 与 ΔK 在对数坐标系下近似呈一条直线,也是目前大多数研究的区域,工程上常用 Paris 公式进行表达。这一阶段,二者差距依旧不大。

第三阶段为高速扩展区,这一阶段试件 ΔK 急剧上升,裂纹扩展速率急剧加快,随后试件将发生断裂,这一阶段也存在一垂直渐近线 $\Delta K_{max} = K_c$,该上限值就称为断裂韧度。两试件的断裂韧度趋势相差不大。

因此,对比 A-1 试件和 B-1 试件的 da/dN 与 ΔK 关系可以发现,在裂纹快速增长阶段和稳定扩展阶段, A-1 试件和 B-1 试件的图像相差不大。在瞬断区,同一应力强度因子下焊接试件的裂纹扩展速率略小于母材试件,但区别也不是很明显。可见焊接试件和母材试件在腐蚀溶液、1 Hz 加载频率下的裂纹扩展状况几乎一致,即焊接残余应力在 1 Hz 加载频率下对腐蚀疲劳裂纹扩展门槛值、稳定阶段扩展速率以及断裂韧度均影响不大。

在双对数坐标系下, 0.2 Hz 腐蚀溶液条件下, A-4 试件和 B-4 试件正式试验 da/dN 与 ΔK 的关系曲线如图 5-46 所示。研究在 0.2 Hz 加载频率下,焊接残余应力对 X65 钢腐蚀疲劳裂纹扩展的影响。可以发现,第一阶段 A-4 试件的 ΔK_{th} 趋近于 27.95 MPa·$m^{1/2}$,而 B-4 试件的 ΔK_{th} 值不明显。第二阶段的中速稳定扩展区, A-4 试件裂纹扩展速率略高于焊接 B-4 试件,说明焊接热影响区的残余应力对裂纹扩展起到了一定程度的抑制作用。第三阶段为高速扩展区,这一阶段根据ΔK 的增长趋势,可以发现 A-4 试件的断裂韧度低于 B-4 试件。

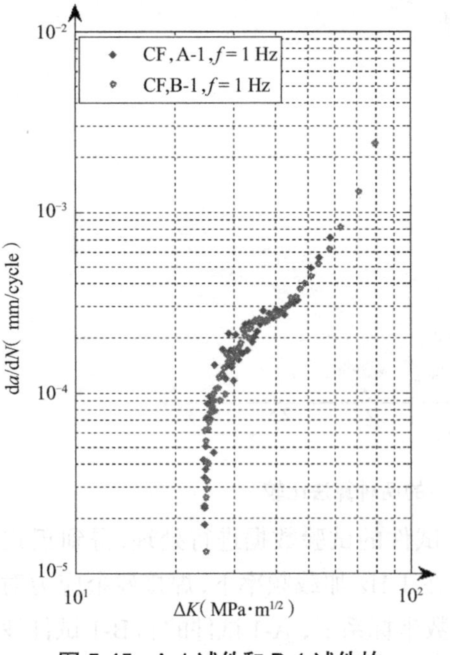

图 5-45 A-1 试件和 B-1 试件的 da/dN 与 ΔK 关系曲线

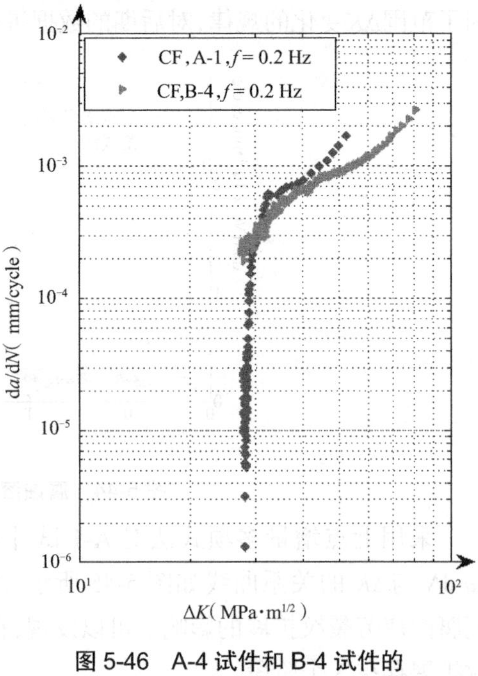

图 5-46 A-4 试件和 B-4 试件的 da/dN 与ΔK 关系曲线

因此，对比 A-4 试件和 B-4 试件的 da/dN 与 ΔK 关系可以发现，在腐蚀溶液环境、0.2 Hz 加载频率下，在裂纹稳定增长阶段和快速增长阶段，A-4 试件的图像更偏左，同一应力强度因子下焊接试件的裂纹扩展速率均小于母材试件，即焊接残余应力在 0.2 Hz 加载频率下会抑制稳定阶段的腐蚀疲劳裂纹扩展速率，提高其断裂韧度。

在双对数坐标系下，施加 0.2 Hz 加载频率的空气环境下，A-3 试件和 B-3 试件正式试验 da/dN 与 ΔK 的关系曲线如图 5-47 所示，研究在 0.2 Hz 加载频率下，焊接残余应力对 X65 钢疲劳裂纹扩展的影响。可以发现，A-3 试件和 B-3 试件疲劳裂纹扩展存在 3 个阶段：第一阶段为初始稳定扩展区，在这一阶段，存在焊接残余应力试件的门槛值与母材试件门槛值相差不大，约为 24.0 MPa · $m^{1/2}$；第二阶段，A-3 试件的裂纹扩展速率明显高于 B-3 试件，即母材试件的裂纹扩展速率更高；第三阶段为高速扩展区，这一阶段根据试件 ΔK 的变化趋势，可以推测 B-3 试件的断裂韧度高于 A-3 试件。

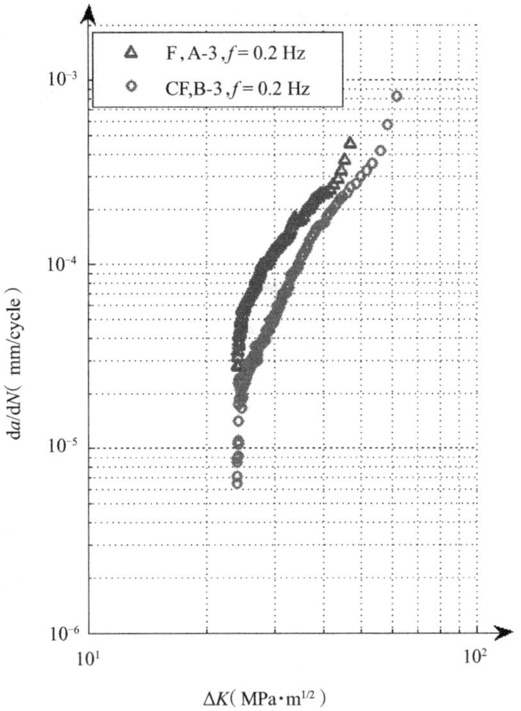

图 5-47　A-3 试件和 B-3 试件的 da/dN 与 ΔK 关系曲线

因此，对比 A-3 试件和 B-3 试件的 da/dN 与 ΔK 关系可以发现，在 0.2 Hz 加载频率空气环境下，焊接试件和母材试件的应力强度因子门槛值相差不大。在裂纹稳定增长阶段和快速增长阶段，A-3 试件的图像更偏左，同一应力强度因子下焊接试件的裂纹扩展速率均小于母材试件，即空气环境下，焊接残余应力在 0.2 Hz 加载频率下对裂纹扩展门槛值影响不大，但会抑制稳定阶段的疲劳裂纹扩展速率，提高其断裂韧度。

研究发现，存在焊接残余应力的试件腐蚀疲劳裂纹扩展速率更慢，即更难发生裂纹扩展。这一点可分别结合前面章节的软件模拟结论和相关文献中得到解释：试验加载方向为垂直焊接方向，而缺口开在 2 mm 位置的焊接残余应力试件在其裂纹扩展路径上存在压应力，对于试验施加的拉应力，残余压应力的存在抵消了一部分拉应力，因而其裂纹扩展受到一定程度的抑制。因此，通过上述分析可得出以下结论。

焊接残余应力在 1 Hz 加载频率下对腐蚀疲劳裂纹扩展门槛值、稳定阶段扩展速率以及断裂韧度均影响不大，这一点可以解释为由于加载频率相对较高，焊接残余应力在拉伸过程中释放，因而作用效果并不明显。而在 0.2 Hz 加载频率下，不论是处于空气环境还是腐蚀溶液环境，焊接残余应力均会抑制稳定阶段的腐蚀疲劳裂纹扩展速率，提高其断裂韧度，这一点与焊接试件表面存在的残余压应力在一定程度上抵消了外界拉应力有关。

由于焊接残余拉应力将会降低钢材的腐蚀疲劳寿命,而残余压应力则会在一定程度上提高钢材的腐蚀疲劳寿命,因此为保证或延长实际工程管道钢的使用寿命,需对焊接位置采取振动消除焊接残余应力、通过激光喷丸将焊接拉应力转换为压应力等方法,来消除残余拉应力或引入残余压应力,从而提高管道的腐蚀疲劳寿命。

5.3.3　腐蚀溶液对存在焊接残余应力试件疲劳裂纹扩展的影响

由于 0.2 Hz 海水激励频率下的腐蚀协同作用最明显,因此将 0.2 Hz 环境下的 A-3、A-4、B-3、B-4 4 个试件进行对比分析,以得到腐蚀溶液对存在焊接残余应力试件疲劳裂纹扩展的影响。4 个试件的 da/dN-ΔK 曲线如图 5-48 所示。

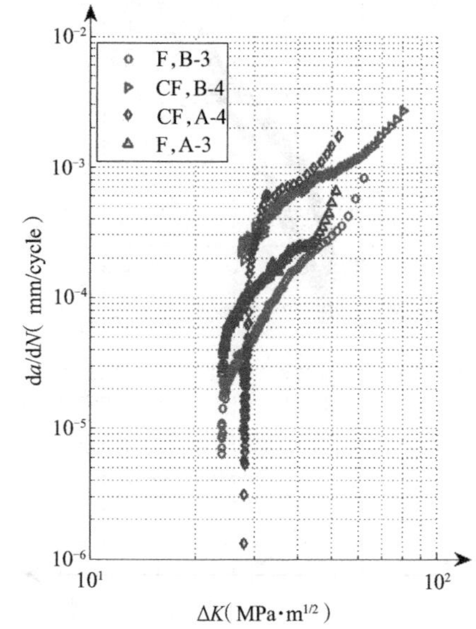

图 5-48　4 组试件的 da/dN-ΔK 曲线

对于第一阶段的近门槛区,可以发现腐蚀溶液中的试件应力强度因子门槛值 ΔK_{th} 明显高于空气环境下的应力强度因子门槛值,因此可以得出在接近海水激励频率的情况下,腐蚀溶液的存在将会提高应力强度因子门槛值 ΔK_{th}。产生该现象的原因可能是在裂纹初始扩展阶段,由于腐蚀溶液的作用,裂纹尖端附着腐蚀产物,抑制裂纹扩展,因而诱发裂纹扩展所需应力强度因子值增大,即裂纹扩展门槛值 ΔK_{th} 升高。

第二阶段为中速稳定扩展区,也是目前大多数研究的区域,工程上常用 Paris 公式进行表达,该阶段在同一应力强度因子条件下,裂纹扩展速率: A-4 > B-4 > A-4 > B-3。腐蚀溶液环境下的裂纹扩展速率明显高于空气环境,印证了在 0.2 Hz 激励频率下腐蚀溶液对裂纹扩展的促进作用。

第三阶段为高速扩展区,在该区间,根据曲线走势,可以得到断裂韧度: B-4 > B-3 > A-4 > A-3。即对于存在焊接残余应力的试件和母材试件,腐蚀溶液环境下的断裂韧度更高;腐蚀溶液环境下,同一加载条件,存在焊接残余压应力位置的断裂韧度要高于母材位置的断裂韧度。由此可见,腐蚀溶液的作用抵消不了焊接残余压应力对断裂韧度的影响,焊接残余压应力的存在会提高试件的断裂韧度。

对 4 组数据的中速稳定扩展区利用 Paris 公式进行拟合,拟合结果见表 5-13。R-squared 表示拟合效果,越趋近于 1 其拟合效果越好。可以看出,在空气环境下试件的拟合结果与腐蚀环境下的拟合结果相差较大:腐蚀溶液环境下拟合得到的 Paris 公式 C 值比空气环境下的值要大, m 值要小;且存在焊接残余应力的试件在腐蚀溶液环境下的 C 值要高于母材试件。即对于存在焊接残余压应力的试件,腐蚀溶液可明显提高 Paris 公式的 C 值,降低 Paris 公式的 m 值。

表 5-13　Paris 公式参数拟合结果

试件编号	C	m	R-squared
A-3,F	2.195×10^{-9}	3.623	0.890 9
B-3,F	5.485×10^{-9}	3.640	0.911 7
A-4,CF	3.400×10^{-7}	2.118	0.942 8
B-4,CF	4.143×10^{-6}	1.460	0.985 5

腐蚀溶液环境会提高 Paris 公式拟合 C 值,降低 m 值。在接近海水激励频率 0.2 Hz 的情况下,腐蚀溶液能明显提高腐蚀疲劳裂纹扩展速率,但在近门槛区则会由于裂纹闭合效应而提高其腐蚀疲劳裂纹门槛值;因此应采取质量较高的防腐涂层、管道外侧包裹保护层等方式隔绝海水这一腐蚀介质,从而避免管道过早进入稳定扩展阶段,保证管道可长期稳定处于近门槛区,提高其腐蚀疲劳寿命。此外还应严格控制焊接质量,防止表面出现凹坑等细小缺陷,降低管道从某一细小缺陷发生腐蚀,诱发腐蚀坑增大,从而产生腐蚀疲劳裂纹源、加速腐蚀疲劳裂纹扩展等现象。

5.3.4　加载频率对存在焊接残余应力试件腐蚀疲劳裂纹扩展的影响

由于本试验分别在 1 Hz、0.5 Hz、0.2 Hz 加载频率下进行腐蚀疲劳试验,因此将不同加载频率下的 A-1、A-2、A-4 3 个母材试件进行对比分析,如图 5-49 所示,以研究加载频率对母材试件腐蚀疲劳裂纹扩展的影响,从而与存在焊接残余应力的试件进行对比。对于母材试件,可以看出其裂纹扩展的应力强度因子门槛值由大到小依次为 A-4 > A-1 > A-2。可以看出腐蚀溶液环境下, 0.2 Hz 激励频率能明显提高腐蚀疲劳裂纹扩展门槛值,这一点与裂纹闭合效应紧密相关。在裂纹的稳定扩展阶段, 3 个试件的裂纹扩展速率由大到小依次为 A-4>A-2>A-1,即加载频率越低,裂纹扩展速率越高。加载频率越接近于 0.2 Hz 激励频率,腐蚀在疲劳裂纹扩展过程中起到的协同作用越明显,对裂纹扩展的促进效用越高,因此裂纹扩展速率越高。

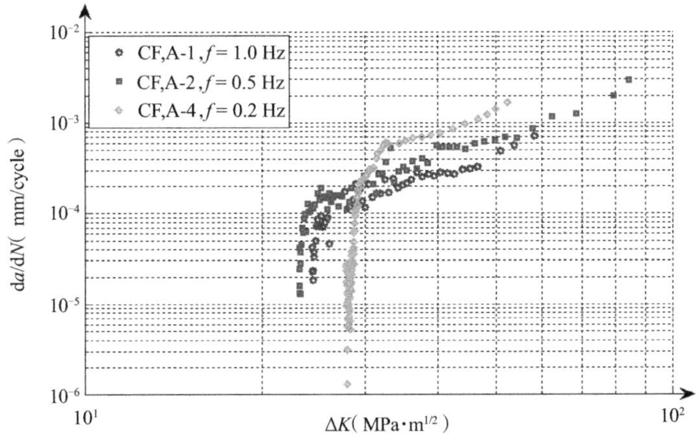

图 5-49　A-1、A-2、A-4 试件的 da/dN-ΔK 曲线

综合以上,可以发现,对于母材试件,加载频率越低,腐蚀溶液的作用效果越明显:在裂纹扩展初期,裂纹尖端由于腐蚀作用形成腐蚀产物引发裂纹闭合效应,从而抑制裂纹扩展;在裂纹稳定扩展阶段,由于其较低的加载频率,腐蚀协同作用明显,因而其裂纹扩展速率会有明显的提升。

将不同加载频率下的 B-1、B-2、B-4 3 个存在焊接残余应力的试件分别进行对比分析,如图 5-50 所示,研究加载频率对存在焊接残余应力试件的腐蚀疲劳裂纹扩展速率的影响。可以看出,其裂纹扩展的应力强度因子门槛值由大到小依次为 B-4 > B-1 > B-2。该结果也与母材试件结果一致,即在腐蚀溶液环境下,0.2 Hz 加载频率对焊接残余应力试件和母材试件的影响效果一致,均能明显提高腐蚀疲劳裂纹扩展门槛值。在裂纹的稳定扩展阶段,3 个试件的裂纹扩展速率由大到小依次为 B-4 > B-2 > B-1。该结果也与母材试件结果一致,即加载频率越低,存在焊接残余应力试件的裂纹扩展速率越高。加载频率越接近于波浪激励频率,腐蚀在疲劳裂纹扩展过程中起到的协同作用越明显,对焊接残余应力试件裂纹扩展的促进效用越高,因此裂纹扩展速率越高。

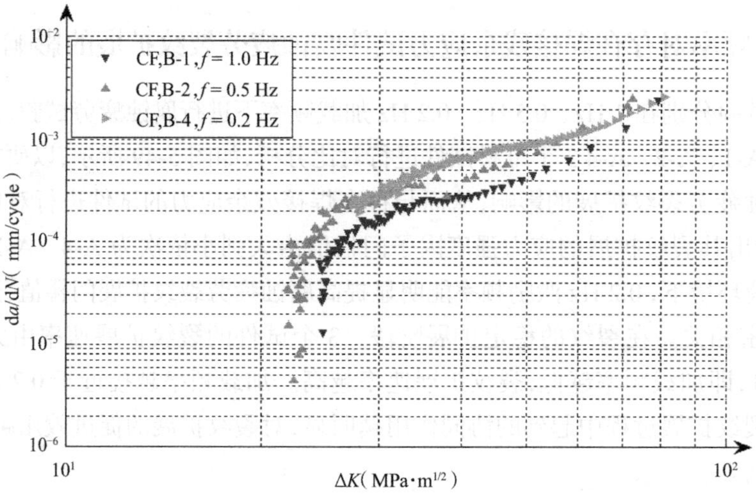

图 5-50 B-1、B-2、B-4 试件的 da/dN-ΔK 曲线

对 6 组数据的中速稳定扩展区利用 Paris 公式进行拟合,拟合结果见表 5-14。可以看出,腐蚀溶液环境下,不论是焊接试件还是母材试件,拟合得到的 Paris 公式 C 值均会随激励频率的增加而增加,m 值均会随激励频率的增加而减小。同一激励频率下,腐蚀溶液环境中存在焊接残余应力试件的 C 值要高于母材试件,而 m 值则略低于母材试件,即腐蚀溶液环境下,焊接残余压应力将提高 Paris 公式的 C 值,降低 Paris 公式的 m 值。

表 5-14 Paris 公式参数拟合结果

试件编号	C	m	R-squared
A-1, CF, f = 1 Hz	4.457×10^{-9}	4.059	0.909 5
A-2, CF, f = 0.5 Hz	8.208×10^{-8}	3.263	0.901 2

续表

试件编号	C	m	R-squared
A-4, CF, f = 0.2 Hz	3.400×10^{-7}	2.118	0.942 8
B-1, CF, f = 1 Hz	7.947×10^{-7}	2.350	0.938 1
B-2, CF, f = 0.5 Hz	8.848×10^{-7}	2.024	0.930 3
B-4 CF, f = 0.2 Hz	4.143×10^{-6}	1.460	0.985 5

5.3.5　断口形貌分析

观察试件断口形貌，以 A-3 试件为例（图 5-51），可以发现无论是在空气环境下还是腐蚀溶液中，断口均明显可以看出预制裂纹阶段和正式试验阶段的分界线——一条呈弧形的界线。在裂纹稳定扩展阶段和脆断阶段，也存在一条明显的弧形界限。由于试件始终处于恒定加载频率的正弦波外力作用下，疲劳裂纹断口较为平滑。后续随着裂纹扩展速率的加快，试件裂纹扩展进入快速扩展阶段，表现在断口形貌上即出现明显的撕裂棱，断口更为粗糙。

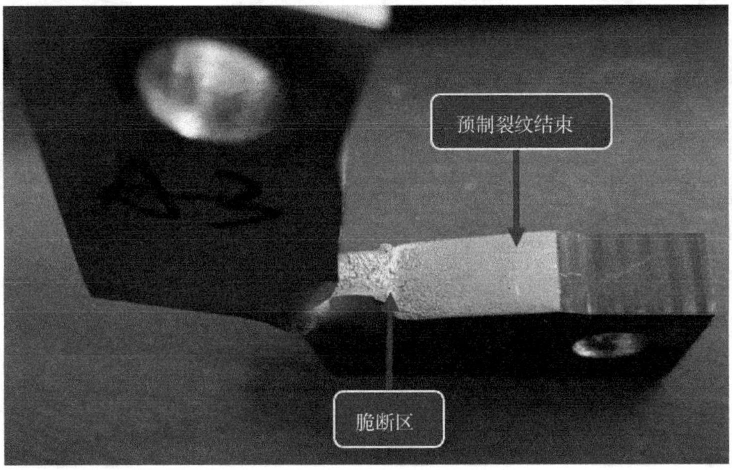

图 5-51　A-3 试件疲劳裂纹断口

图 5-52 所示即为所有试件的断口形貌。观察 A-3 试件和 B-3 试件的断口可以发现，裂纹扩展区表面较为平滑，而瞬断区呈现明显的撕裂棱。由于试件处于空气中，因此不存在腐蚀痕迹，且试件断口存在两处过渡圆弧：第一处为疲劳预裂与正式试验阶段的过渡区域，第二处为正式试验过程中的平稳扩展区与瞬断区的过渡区域。

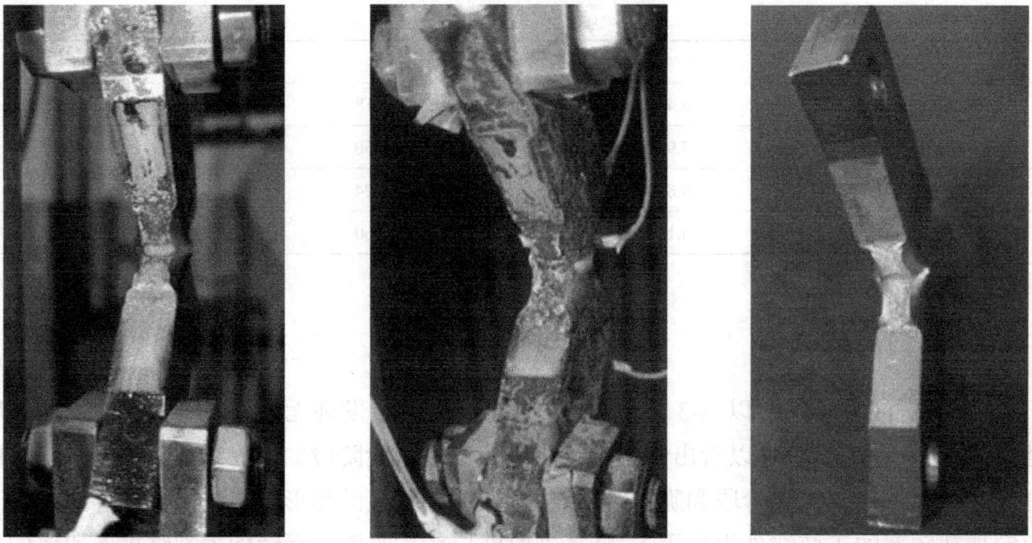

A-2 试件　　A-4 试件　　A-3 试件

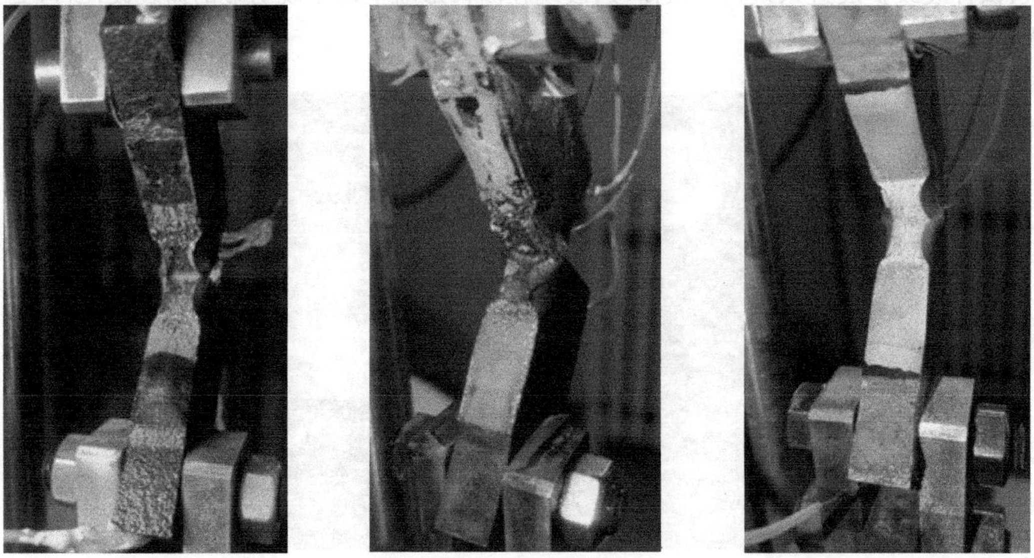

B-2 试件　　B-4 试件　　B-3 试件

图 5-52　试件断口形貌

观察腐蚀溶液中试件的断口表面形貌可以发现,裂纹扩展区表面较为平滑,而瞬断区呈现明显的撕裂棱,疲劳预裂区与稳定扩展区及稳定扩展区与瞬断区之间依旧分别存在两个弧形过渡线。同时,由于试件浸于 3.5% NaCl 溶液中,可明显看出试件与腐蚀溶液接触面呈现腐蚀特征:表面呈现黄黑色;疲劳扩展区、断口外沿出现腐蚀痕迹,而靠近断口内部腐蚀现象并不明显,这一点可能是由于裂纹开口不大,导致腐蚀溶液未浸入;瞬断区由于脆断发生后表面不平整,与空气接触面积大,因而出现黄色锈迹。

对比空气和 3.5% NaCl 溶液下的断口形貌可以发现,腐蚀溶液对试件在裂纹稳定扩展阶段的主要影响区域在于试件断口外沿,加速了裂纹的扩展。

本章通过试验研究了腐蚀溶液及加载频率对存在焊接残余应力试件裂纹扩展的影响，得出以下结论。

（1）对于标准推荐的两种数据处理方法，七点增量多项式法相比于割线法而言曲线分布规律更为清晰，分散的数据点更少，因此七点增量法更适合于 DCPD 试验的数据处理。

（2）在 0.2 Hz 加载频率下，不论是处于空气环境还是腐蚀溶液环境，焊接残余应力均会抑制稳定阶段的腐蚀疲劳裂纹扩展速率，提高其断裂韧度。因此为保证或延长实际工程管道钢的使用寿命，需对焊接位置采取振动消除焊接残余应力、通过激光喷丸将焊接拉应力转换为压应力等方法，来消除残余拉应力或引入残余压应力，从而提高管道的腐蚀疲劳寿命。且在腐蚀溶液环境下，焊接残余压应力将提高 Paris 公式的 C 值，降低 Paris 公式的 m 值。

（3）在 0.2 Hz 加载频率下，腐蚀溶液能明显提高腐蚀疲劳裂纹扩展速率，但在近门槛区则会由于裂纹闭合效应而提高 X65 钢的腐蚀疲劳裂纹门槛值，因此应采取质量较高的防腐涂层、管道外侧包裹保护层等方式隔绝海水这一腐蚀介质，从而避免管道过早进入稳定扩展阶段，保证管道可长期稳定处于近门槛区，提高其腐蚀疲劳寿命。此外还应严格控制焊接质量，防止表面出现凹坑等细小缺陷，降低管道从某一细小缺陷发生腐蚀，诱发腐蚀坑增大，从而产生腐蚀疲劳裂纹源、加速腐蚀疲劳裂纹扩展等现象。对于存在焊接残余压应力的试件，腐蚀溶液可明显提高 Paris 公式的 C 值，降低 Paris 公式的 m 值。

（4）腐蚀溶液对试件在裂纹稳定扩展阶段的主要影响区域在试件断口外沿，加速了裂纹的扩展。

本章部分图例

说明：为了方便读者直观地查看彩色图例，此处节选了书中的部分内容进行展示。页面左侧的页码，为您标注了对应内容在书中出现的位置。

第6章　深海管道损伤识别技术研究

6.1　基于应变模态差的管道损伤识别研究

6.1.1　应变模态差损伤定位理论

应变模态是能够反映结构局部特征变化的一个模态参数，而且对局部结构变化的敏感性大大高于位移模态，可以方便实现结构损伤的定位。应变模态用于结构损伤识别时，模态振型是判断结构损伤状况及损伤程度的一项关键性技术指标。

结构做无阻尼振动时其变形的固有平衡状态即为结构的模态振型，该平衡状态是独立的，其不会受到其他平衡状态的影响。可以认为，不同固有模态之间的关系是互补耦合关系。所以，如果想要对系统的位移响应进行研究，那么就可以让各个模态的贡献相加，可以用各个模态的贡献相加表示系统的位移响应：

$$\{x\}=\sum_{r=1}^{m} q_r\{\varphi_r\}$$

系统的响应应变可以表示为

$$\{\varepsilon\}=\sum_{r=1}^{m} q_r'\{\psi_r^{\varepsilon}\}$$

式中：q_r、q_r'为模态坐标分，表示在响应中所占的分量；$\{\psi_r^{\varepsilon}\}$为应变模态；$\{\varphi_r\}$为位移模态。

对于同一个结构来说，不同的位移模态有不同的应变模态，它们都体现的是能量平衡，只是表现方式不同，所以可以明确，对应的位移模态和坐标模态在模态之和中所占的比例应该相同。

根据多自由度模态分析理论可知，其结构的位移响应公式为

$$\{x\}=\sum_{r=1}^{N}\frac{\{\varphi_r\}^T\{\varphi_r\}}{-\omega^2 m_r+\mathrm{j}\omega c_r+k_r}\{F\}\mathrm{e}^{\mathrm{j}\omega}$$

式中：F为力响应；k_r为模态阻尼；c_r为模态刚度；m_r为模态质量；ω为固有频率；x_i为第i阶位移响应。那么有

$$q_r'=q_r=\sum_{r=1}^{N}\frac{\{\varphi_r\}^T}{-\omega^2 m_r+\mathrm{j}\omega c_r+k_r}\{F\}$$

$$\{\varepsilon\}=\sum_{r=1}^{m} q_r'\{\psi_r^{\varepsilon}\}=\sum_{r=1}^{N}\frac{\{\psi_r^{\varepsilon}\}\{\varphi_r\}^T}{-\omega^2 m_r+\mathrm{j}\omega c_r+k_r}\{F\}$$

所以，在对管道损伤进行识别的时候，可以通过识别应变模态变化实现。通过使用有限元模型，可以对其进行分析，从而获得应变模态。此外，位移属于一阶导数，所以可以通过使

用差分法对其进行推导。

假设 $\left\{\psi_r^{\varepsilon}\right\}_{\mathrm{d}}$ 为管道受损后的应变模态，$\left\{\psi_r^{\varepsilon}\right\}_0$ 为管道受损前的应变模态，那么在管道发生损伤的时候，其应变模态差损伤可以被定义为

$$\Delta\left\{\psi_r^{\varepsilon}\right\}_{\mathrm{d}}=\left\{\psi_r^{\varepsilon}\right\}_{\mathrm{d}}-\left\{\psi_r^{\varepsilon}\right\}_0$$

在管道系统出现损伤之后，就会导致其损伤单元的应变模态发生变化，所以对应变模态曲线进行研究和分析，如果其曲线有突变，那么该部分可能就是损伤单元的位置。

6.1.2　应变模态差损伤定位仿真

ANSYS 软件是由美国一家公司研发和生产的有限元分析（Finite Element Analysis，FEA）软件，该软件可以被应用于多种计算机辅助设计软件，具有方便的数据交换功能和数据共享功能。该软件能有效地完成多种类型的有限元分析，如静态和准静态分析、动态分析、非线性分析、弹塑性分析、流体运动分析、多场耦合分析、热传导分析、疲劳分析等，可应用于各个工程领域，在大量先进产品的研发中发挥着重大作用。本研究使用 ANSYS 软件进行模拟仿真。

本研究的研究模型为一段管道。管道尺寸：外径 D 为 70 mm，内径 d 为 62 mm，长度 L 为 1 m。管道材料的相关参数：泊松比 μ 为 0.3，密度 ρ 为 7 850 kg/m，弹性模量 E 为 200 GPa。管道的一端是简支，另一端是固支。在研究和分析中，采用 solid45 实体单元类型：周向划分 16 个单元，径向划分 16 个单元，轴向划分 25 个单元，轴向节点 26 个。用剔除局部网格的形式模拟损伤，图 6-1 为损伤情况，该损伤缺口为 1/4 周长，深度为 2 mm，用缺口宽度表示损伤程度。

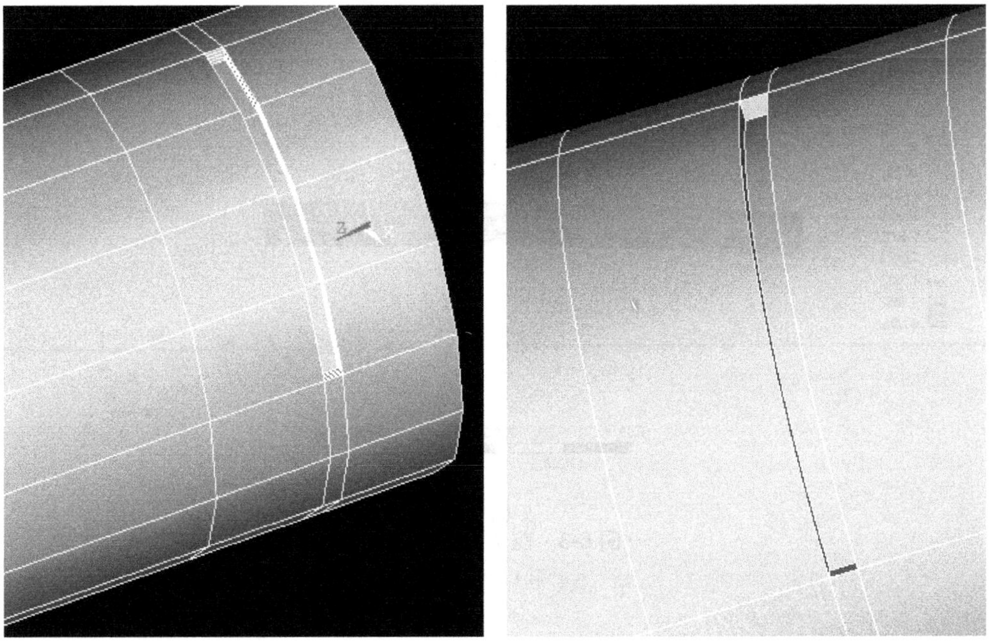

图 6-1　管道缺陷

该研究模型可以模拟多损伤情况，每个单元内都可以模拟最大 40 mm 的损伤。通过改变损伤的位置和程度，可以模拟多种样本工况，如图 6-2 所示。

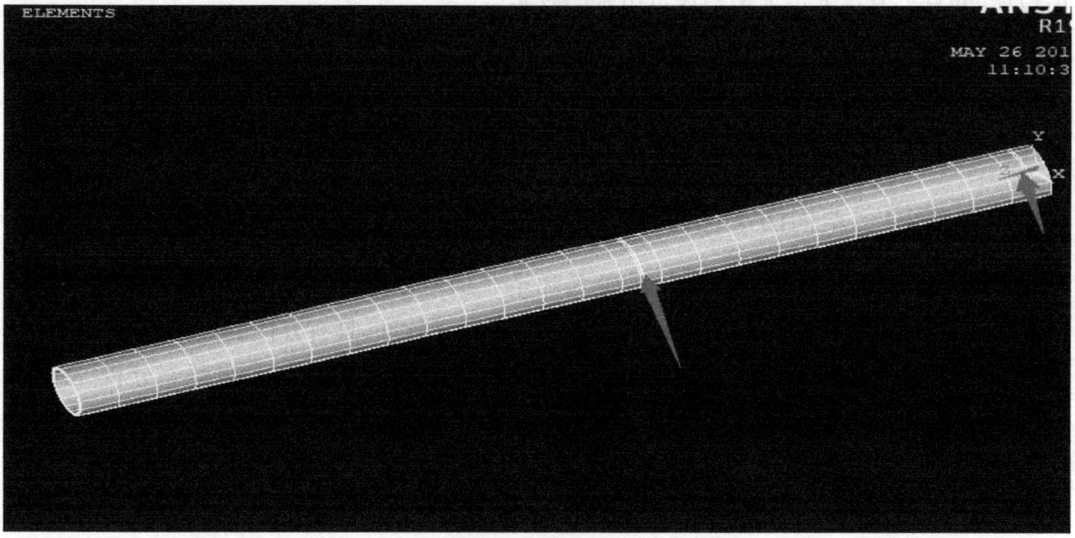

图 6-2　管道样本

使用 ANSYS 软件进行模态分析，对模态分析的主自由度进行定义，利用后处理器对各阶模态进行计算，并获得结果。在结构振动中，占主导作用的是结构低频，并且结构低频对损伤的敏感度更高，所以在进行有限元分析的时候，仅需对前 4 阶模态进行计算。管道第 11 单元损伤的前 4 阶模态如图 6-3 所示。

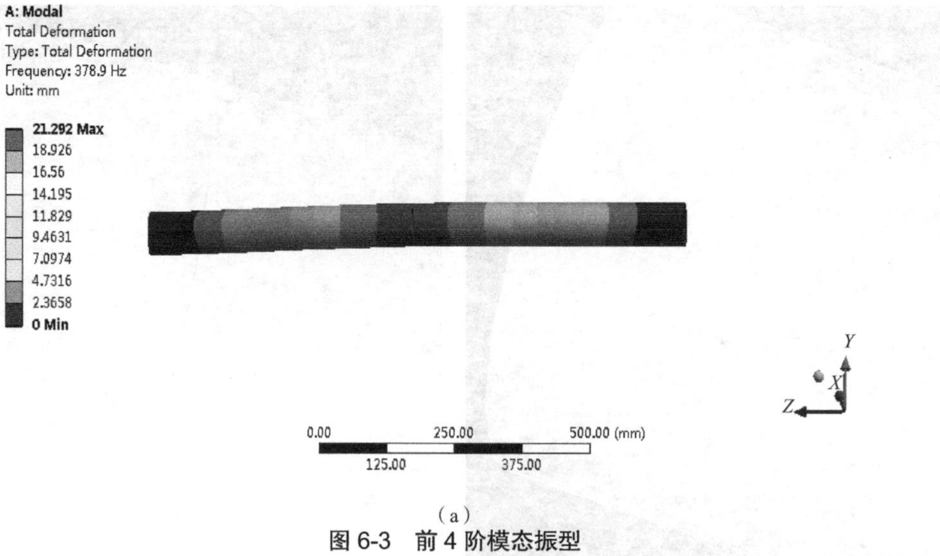

(a)

图 6-3　前 4 阶模态振型

(a)第 1 阶模态振型

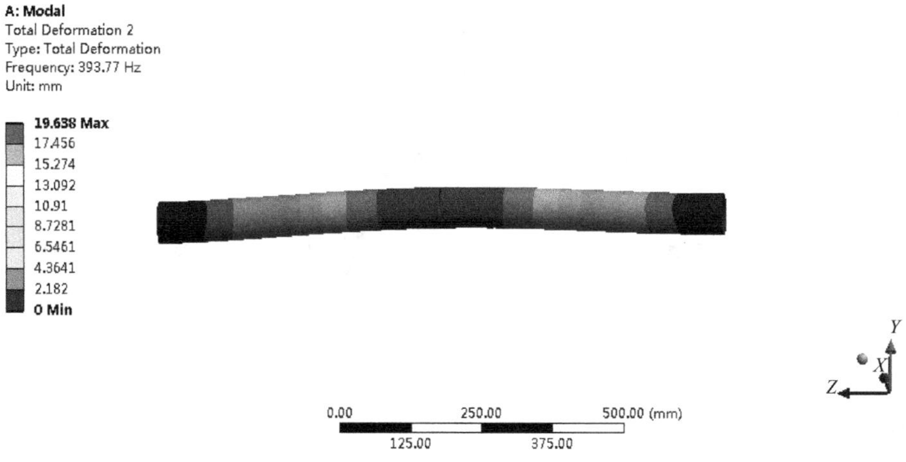

(b)

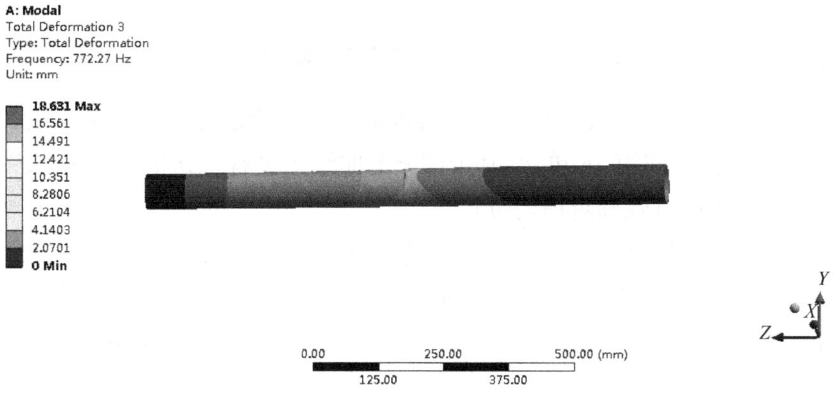

(c)

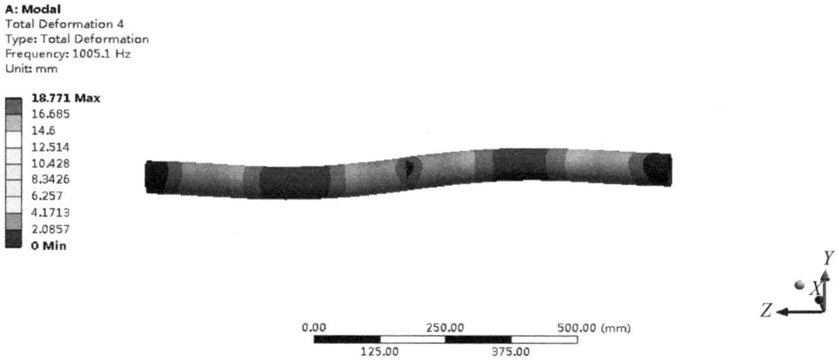

(d)

图 6-3　前 4 阶模态振型(续)

(b)第 2 阶模态振型　(c)第 3 阶模态振型　(d)第 4 阶模态振型

如果管道发生损伤工况 1,发生损伤的单元为第 16 单元,损伤程度为 15 mm,用设定好的模型进行模态分析,可以对其第 4 阶的应变模态差进行曲线绘制,如图 6-4 所示。

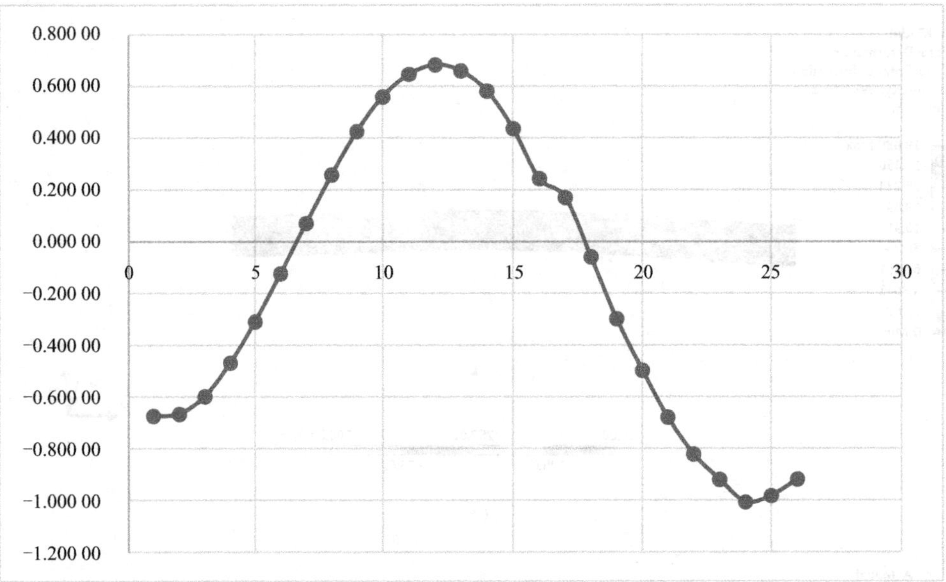

图 6-4 损伤工况 1 第 4 阶应变模态差曲线

由图 6-4 可知,损伤程度为 15 mm 的时候,该部分应变模态差曲线单元突变出现在第 16 节点和第 17 节点之间,即第 16 单元,其余部分的曲线则没有跳跃情况出现。因此,可以认为使用应变模态差可以有效确定损伤位置。

如果管道发生损伤工况 2,并且发生损伤的单元为第 15 单元,损伤程度为 28 mm,那么可对其第 4 阶的应变模态差进行曲线绘制,如图 6-5 所示。对比不同应变模态差值曲线结果可知,对于同阶应变模态差值曲线,当损伤程度发生变化时,损伤单元突变幅值也会发生变化,二者呈正相关。

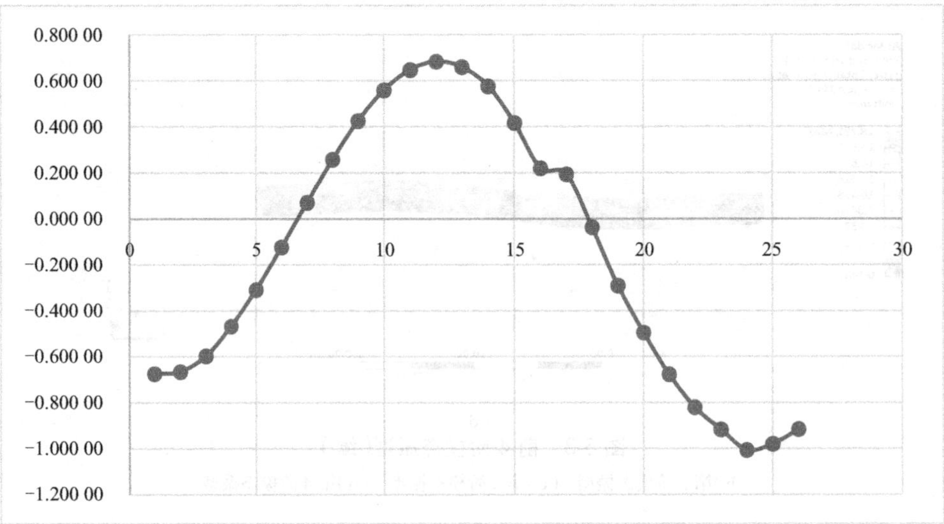

图 6-5 损伤工况 2 第 4 阶应变模态差曲线

在上述基础上识别两个单元损伤,也可以绘制相应的应变模态差值曲线,如果管道发生损伤工况 3,并且发生损伤的第一个单元为第 6 单元,损伤程度为 8 mm;第二个单元为第 16 单元,损伤程度为 33 mm,同样可对其第 5 阶的应变模态差值进行曲线绘制,如图 6-6 所示。

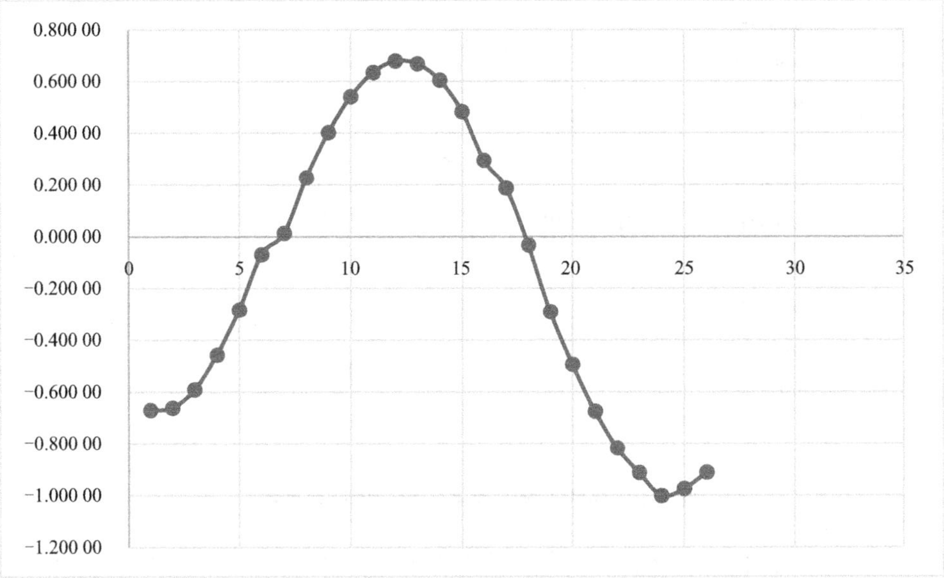

图 6-6　损伤工况 3 第 4 阶应变模态差曲线

同理,可绘制多损伤工况。如果管道发生损伤工况 4,并且发生损伤的第一个单元为第 2 单元,损伤程度为 32 mm;第二个单元为第 17 单元,损伤程度为 19 mm;第三个单元为第 32 单元,损伤程度为 32.5 mm,可对其第 4 阶的应变模态差值进行曲线绘制,如图 6-7 所示。

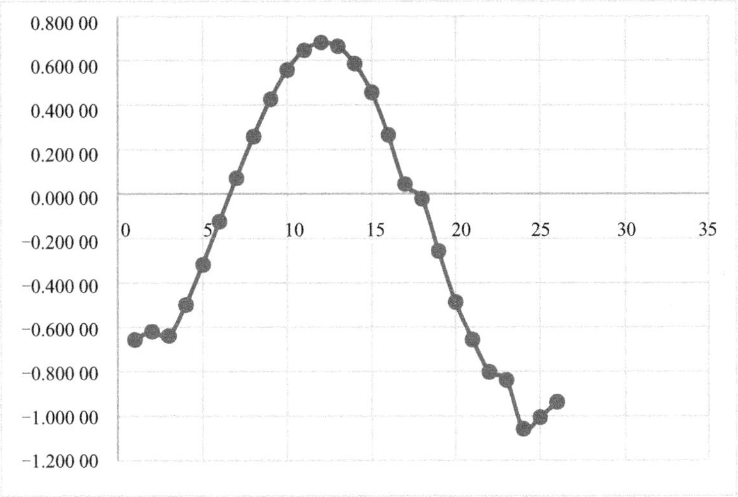

图 6-7　损伤工况 4 第 4 阶应变模态差曲线

如果管道发生损伤工况 5,并且发生损伤的第一个单元为第 4 单元,损伤程度为 29

mm；第二个单元为第 7 单元，损伤程度为 25 mm；第三个单元为第 8 单元，损伤程度为 6 mm；第四个单元为第 15 单元，损伤程度为 19 mm，可对第 4 阶的应变模态差值进行曲线绘制，如图 6-8 所示。

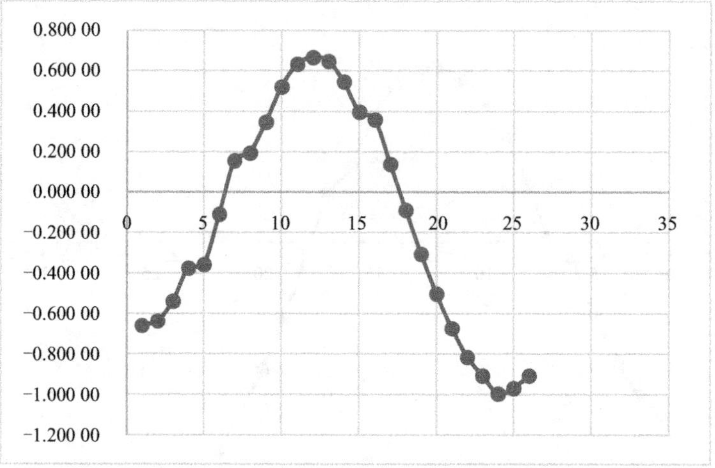

图 6-8 损伤工况 5 第 4 阶应变模态差曲线

如果管道发生损伤工况 6，并且发生损伤的第一个单元为第 4 单元，损伤程度为 22 mm；第二个单元为第 6 单元，损伤程度为 30 mm；第三个单元为第 16 单元，损伤程度为 17 mm；第四个单元为第 17 单元，损伤程度为 14 mm；第五个单元为第 24 单元，损伤程度为 17 mm，可对其第 4 阶的应变模态差值进行曲线绘制，如图 6-9 所示。

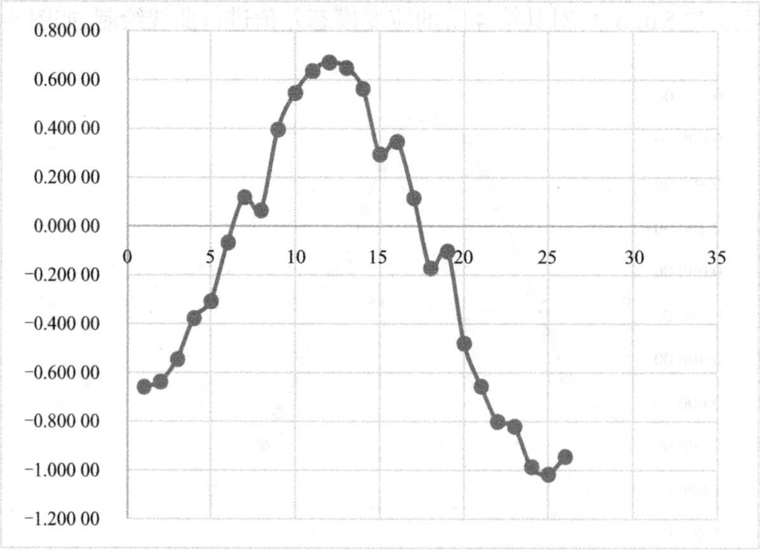

图 6-9 损伤工况 6 第 4 阶应变模态差曲线

对比和分析不同损伤方式、不同工况的应变模态差值，可以获得的结论有：

（1）使用应变模态差指标可以对损伤位置进行定位，且准确性很高；

（2）使用应变模态差指标可以对损伤程度进行定量研究，当损伤程度发生变化时，损伤单元变化幅值也会发生变化，二者呈正相关。

6.1.3　基于应变模态差的管道损伤程度定量研究

损伤识别是一个由果求因的反问题，当系统结构发生变化时，其系统响应会发生变化，结构动力特性也会发生变化。通过使用人工神经网络，可以用网络权值的方式把反问题的映射关系保存，也就是说，让网络权值中保存这种关系分布，使用者在使用的时候不需要对其内部需要的操作进行分析。所以，如果想要进行管道损伤程度的定量研究，可以采用的方式是把所有与因果有关系的数据选出，然后把其输入到特定的人工神经网络，经过训练之后，用网络权值对这种因果关系进行保存。

在使用神经网络的时候，其实际应用效果与其使用的样本有关，其性能与其使用的样本有关，其网络泛化的精度与其使用的样本有关，其复杂性与其使用的样本有关，其学习速度与其使用的样本有关。在对样本数据进行处理的时候，需要完成以下步骤。

（1）数据收集。在收集数据之前，首先需要进行调查，在充分明确实际存在问题和情况的基础上对信息进行收集，比如收集定量数据等。

（2）处理数据变换。在通常情况下，收集的数据中会有多维变量数据存在，这些数据在总数据中的占比较小，但是其会对结果产生重要影响。因此，需要先对数据进行变换处理，让一些没有用的信息被删除，从而使数据空间可以用样本空间代替，也就是说对数据进行归一处理。对归一处理进行研究和分析可以明确，其方法有两种，一种是标准归一法，另一种是比例归一法。

（3）提取特征参数。通过不断变化数据，可以对数据特征进行提取。根据问题需要，可以对是否需要进行量化压缩变换进行确定，需要在保持信息量不发生变化的基础上对有用的特征进行选择，从而使其形成特征空间。对特征参数提取方法进行研究和分析可以明确，经常使用的方式有主成分分析法、神经网络方法、小波分析法等。

（4）构造样本集。对于神经网络来说，其推理性与样本集的构造有关，其训练能力与样本集的构造有关，如果在选择样本的时候样本较少，那么可能会导致无法对关系和规律进行体现，如果选择的样本数量较大，那么就会让训练时间延长，并且还会让数据和网络过于接近，导致网络无法有效地对数据进行归纳。在现代研究中，没有对如何确定样本集的样本数目做出统一要求。在通常情况下，其与网络拓扑结构存在关系，其关系式满足以下条件：

$$p=1+h\frac{(n+m+1)}{m}$$

式中：p 为输入学习样本数量；h 为隐含节点数量；m 为输出变量数量；n 为输入变量数量。

若样本数量比公式计算结果小，则可以把网络定义为静不定结构；若样本数量比公式计算结果大，则可以把网络定义为静定结构；若样本数量与公式计算结果一致，则可以把网络定义为静定结构。经过大量计算和研究可以明确，如果样本数量比公式计算结果小，即网络为静不定结构，其会具有更好的推理能力。因此本研究建议在选择样本数目的时候应让其

符合静不定结构,则有

$$p>1+h\frac{(n+m+1)}{m}$$

本书模拟300种工况,将300组工况作为输入样本,每种损伤工况对应的损伤程度作为输出样本训练神经网络。为区别输入样本与测试样本,输入样本均选取奇数单元,测试样本选取偶数单元,部分数据见表6-1。

表6-1 部分训练样本

工况	损伤单元	损伤程度(mm)
1	1	2
2	5	10
3	11	20
4	21	30
5	25	38
6	1,5	2
7	1,11	10
8	1,21	20
9	5,11	30
10	5,21	38
11	1,5,11	2
12	1,5,21	10
13	1,5,25	20
14	1,11,21	30
15	1,11,25	38
16	1,5,11,21	2
17	1,5,11,25	10
18	1,5,21,25	20
19	5,11,21,25	30
20	1,5,11,21,25	38

将轴向26个节点的第3阶应变模态差作为输入序列:

$$[I_1,I_2,\cdots,I_i,\cdots,I_{26}]$$

式中:I_i为第i个节点的应变模态差。

将25个单元的损伤程度作为目标序列,通过深度网络进行学习:

$$[O_1,O_2,\cdots,O_i,\cdots,O_{25}]$$

式中:O_i为第i个单元的损伤程度。

激活函数采用relu函数,网络参数如图6-10所示。

```
Layer (type)                 Output Shape           Param #    activation
=================================================================
input_1 (InputLayer)        (None, 26)              0          relu
_________________________________________________________________
dense_1 (Dense)              (None, 256)            6912       relu
_________________________________________________________________
```

图 6-10　神经网络参数

设计好神经网络参数后，即可输入训练样本训练神经网络，训练过程如图 6-11 所示。

```
Layer( type )                Output Shape           Param #    activation
=================================================================
input_1( InputLayer )        ( None,26 )            0          relu
_________________________________________________________________
dense_1( Dense )             ( None,256 )           6912       relu
_________________________________________________________________
dense_2( Dense )             ( None,1024 )          263168     relu
_________________________________________________________________
dense_3( Dense )             ( None,1024 )          1049600    relu
_________________________________________________________________
dense_4( Dense )             ( None,256 )           262400     relu
_________________________________________________________________
dense_5( Dense )             ( None,25 )            6425       relu
=================================================================
Total params:1,588,505
Trainable params:1,588,505
Non-trainable params:0
_________________________________________________________________
=================
```

图 6-11　神经网络训练过程

选取第 2 单元损伤分别为 10 和 20 mm、第 14 单元损伤为 15 mm、第 16 单元损伤为 18 mm、第 22 单元损伤为 23 mm 的 5 种损伤工况作为测试样本。把 5 种损伤工况代入训练好的网络，5 种工况见表 6-2，得出其对应的训练结果如图 6-12 所示。

表 6-2　单损伤测试样本工况

工况	损伤单元	损伤程度(mm)
1	2	10
2	2	20
3	14	15
4	16	18
5	22	23

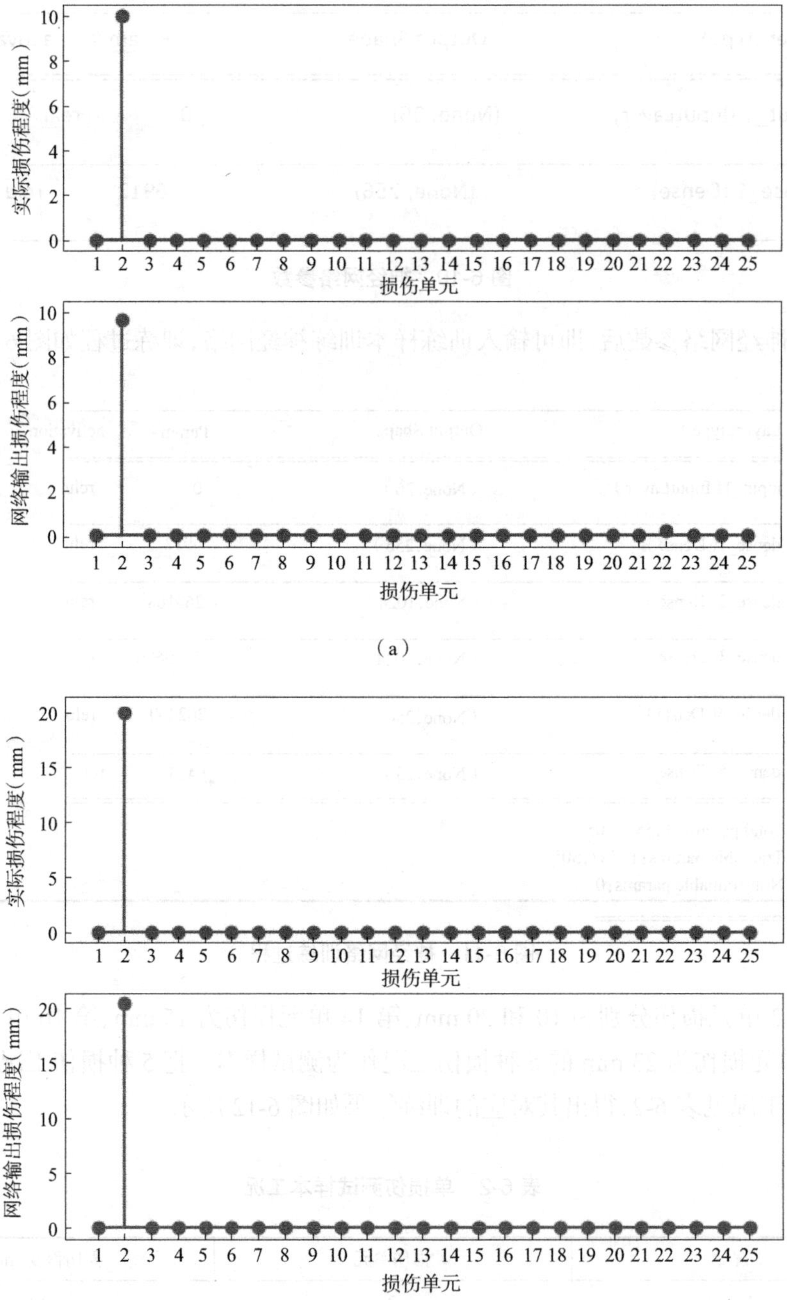

图 6-12 训练结果对比

(a)测试工况 1 的训练结果对比 (b)测试工况 2 的训练结果对比

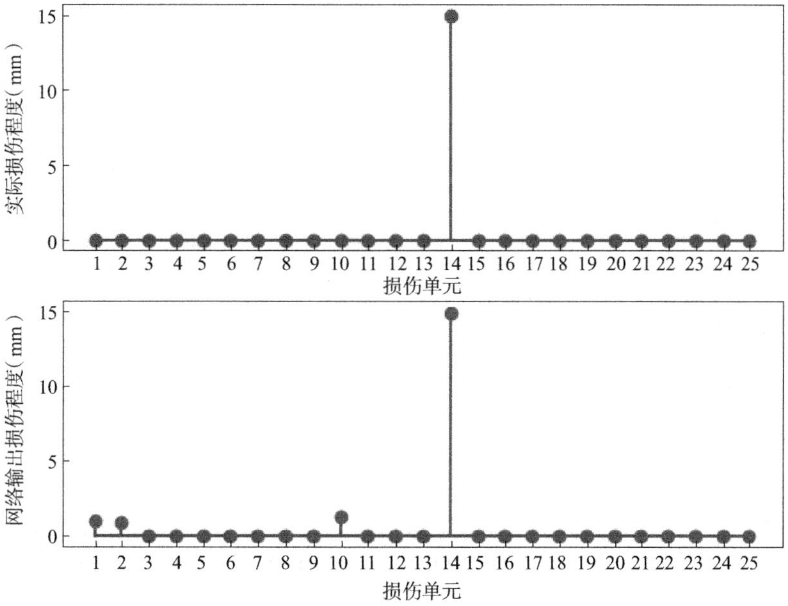

(c)

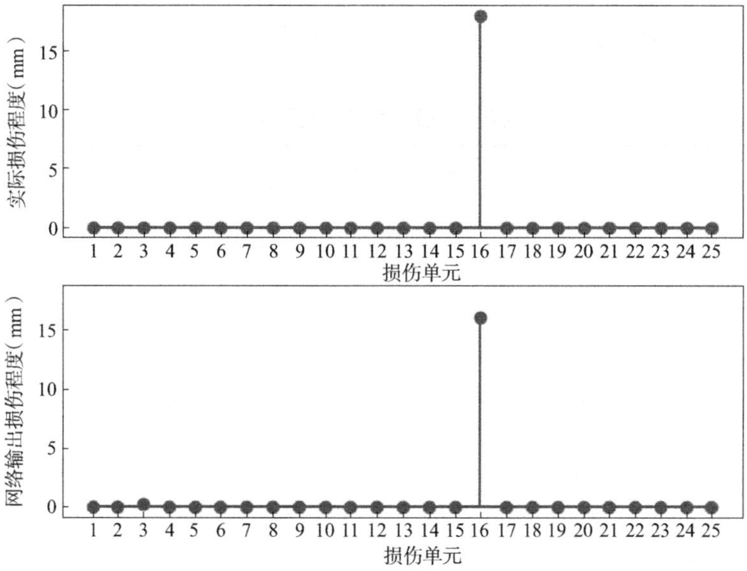

(d)

图 6-12　训练结果对比(续)

(c)测试工况 3 的训练结果对比　(d)测试工况 4 的训练结果对比

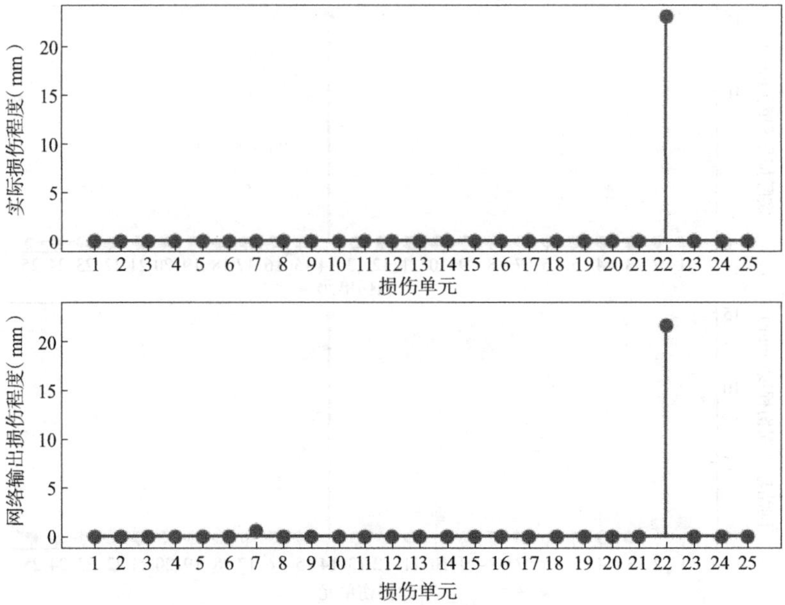

图 6-12 训练结果对比(续)

(e)测试工况 5 的训练结果对比

将每种测试样本对应的网络输出损伤程度与实际损伤程度进行比较,结果见表 6-3。

表 6-3 损伤程度识别结果

损伤单元	实际损伤程度(mm)	网络输出损伤程度(mm)	误差
2	10	9.5	5%
2	20	20.5	2.5%
14	15	15	0
16	18	17	5.6%
22	23	23	0

由表 6-3 可知,利用反向传播(Back Propagation, BP)神经网络学习的结果与实际损伤结果的误差均不超过 6%,能满足实际工程需求,可以利用该算法定量判断单损伤管道损伤程度。选取第 10 单元、第 20 单元,工况 1 分别损伤 12 mm 和 18 mm,工况 2 分别损伤 20 mm 和 20 mm,见表 6-4,将两种损伤工况作为测试样本,分别代入上述训练好的网络,得出其对应的训练结果,如图 6-13 所示。

表 6-4 双损伤测试样本工况

工况	损伤单元	损伤程度(mm)	程度是否相同
1	10,20	12,18	否
2	10,20	20,20	是

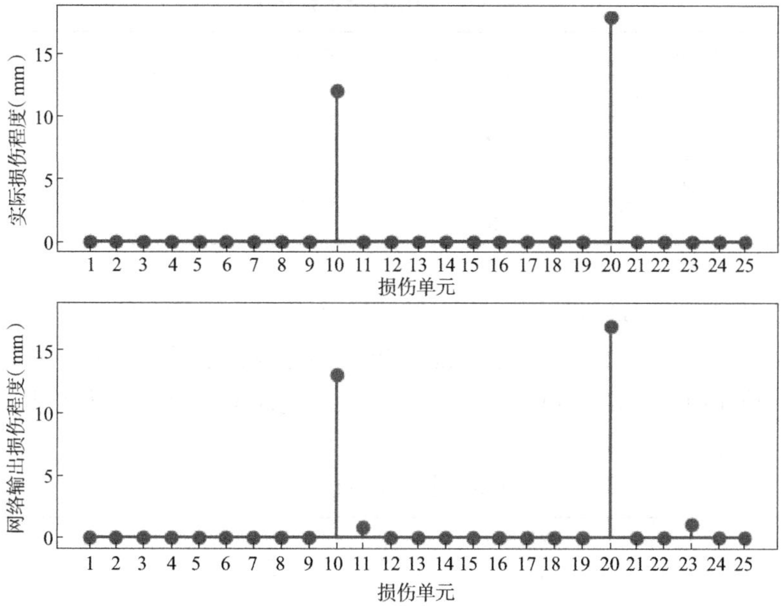

（a）

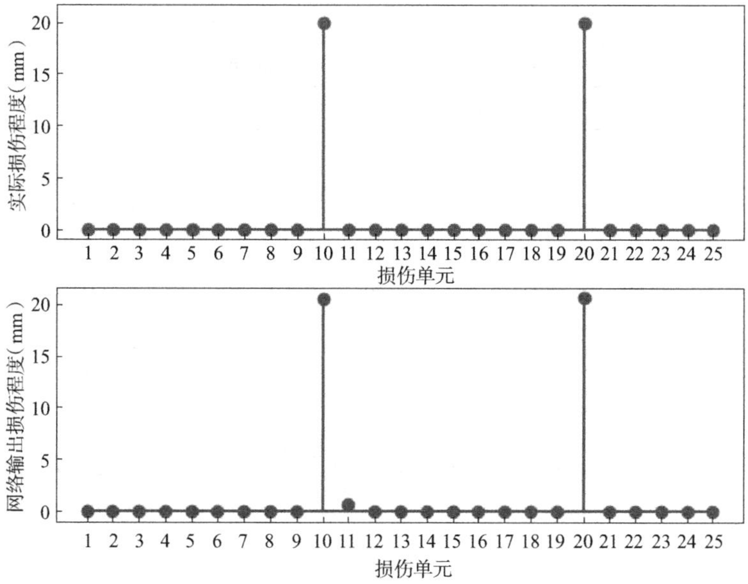

（b）

图 6-13　训练结果对比

（a）测试工况 1　（b）测试工况 2

将每种测试样本对应的网络输出损伤程度与实际损伤程度进行比较,结果见表 6-5。

表 6-5 损伤程度识别结果

工况	损伤单元	实际损伤程度(mm)	网络输出损伤程度(mm)	误差
1	10	12	12.5	4.2%
1	20	18	17	5.6%
2	10	20	20.5	2.5%
2	20	20	20.5	2.5%

由表 6-5 可知,利用 BP 神经网络学习的结果与实际损伤结果的误差均不超过 6%,完全可以满足工程实际的需求。因此,利用应变模态差指标定量判断单损伤管道损伤程度是可行的。

选取 6 种损伤工况(表 6-6),将 6 种工况代入上述训练好的网络,得出其对应的训练结果,如图 6-14 所示。

表 6-6 多损伤测试样本工况

工况 1	损伤单元	损伤程度(mm)	程度是否相同
1	4,5,14	15,15,15	是
2	4,5,14	20,20,20	是
3	4,5,14	36,36,36	是
4	8,12,16	20,10,30	否
5	8,12,16	20,30,10	否
6	8,12,16	30,20,10	否

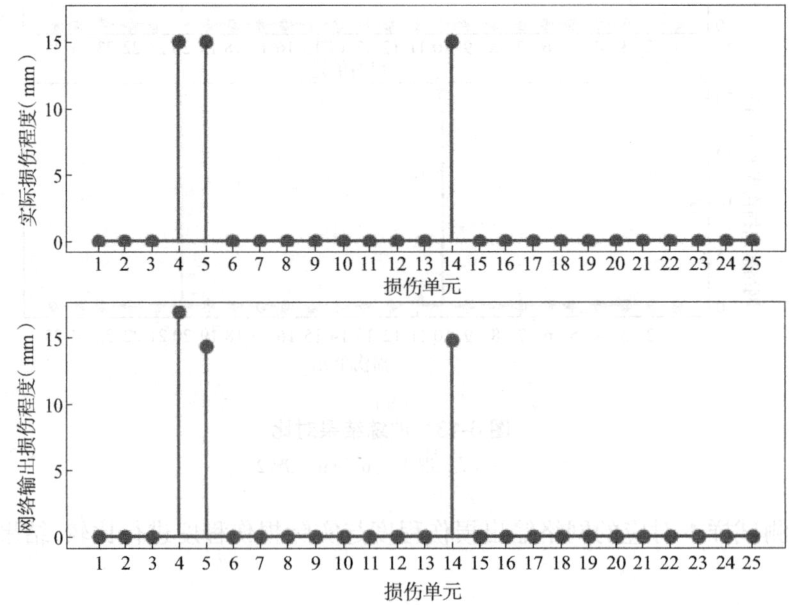

(a)

图 6-14 多损伤测试训练结果对比

(a)多损伤测试工况 1

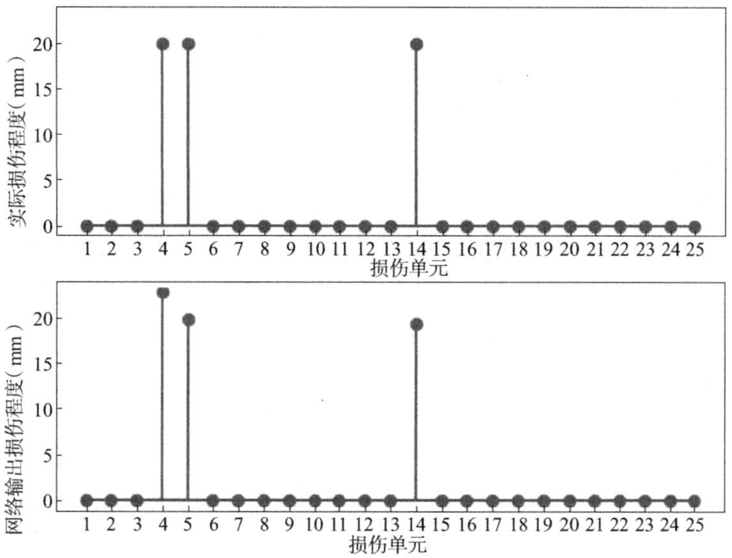

(b)

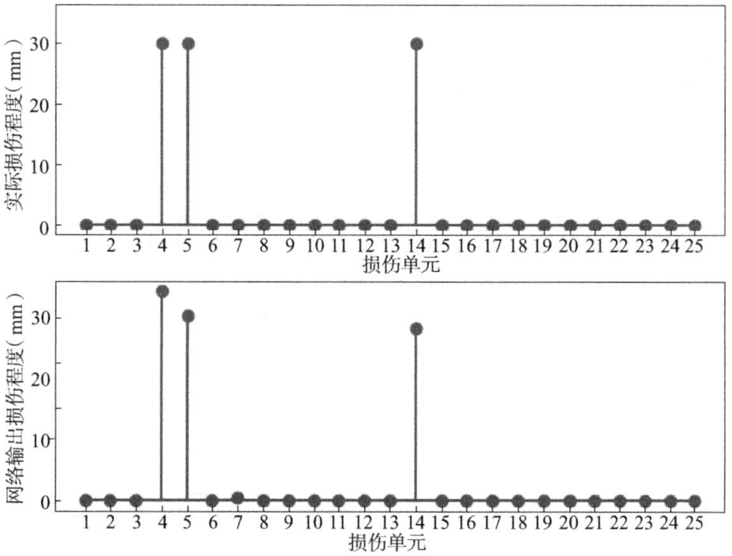

(c)

图 6-14　多损伤测试训练结果对比(续)

(b)多损伤测试工况 2 (c)多损伤测试工况 3

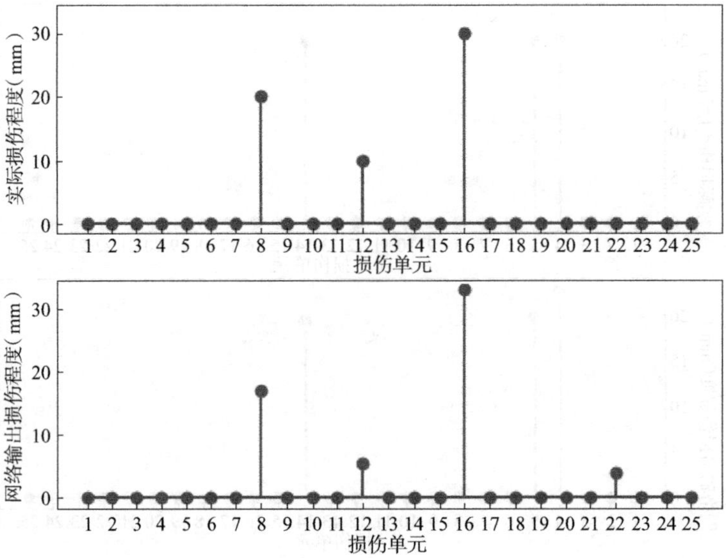

(d)

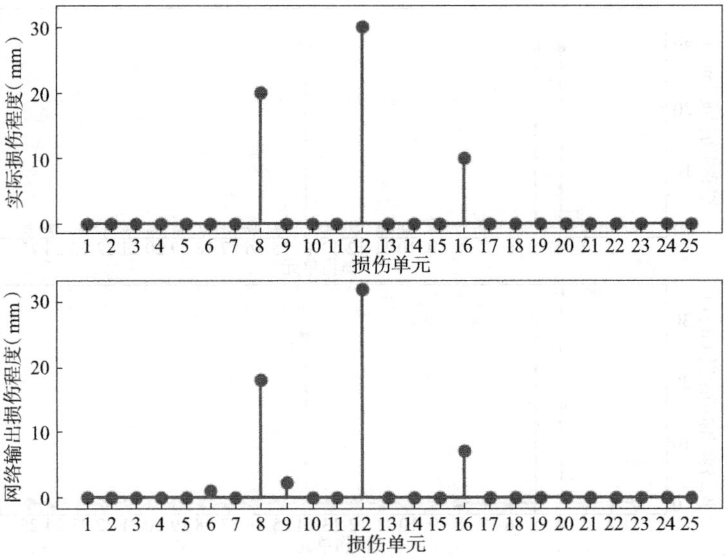

(e)

图 6-14 多损伤测试训练结果对比(续)

(d)多损伤测试工况 4 (e)多损伤测试工况 5

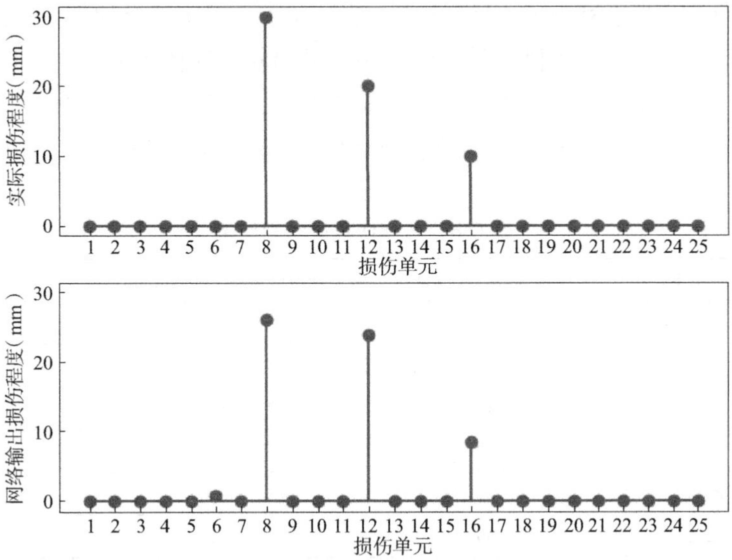

(f)

图 6-14　多损伤测试训练结果对比(续)

(f)多损伤测试工况 6

损伤识别结果如表 6-7 所示。

表 6-7　损伤程度识别结果

工况	损伤单元	实际损伤程度(mm)	网络输出损伤程度(mm)	误差
1	4	15	16.5	10%
1	5	15	14.5	3.3%
1	14	15	15	0
2	4	20	22	10%
2	5	20	20	0
2	14	20	20	0
3	4	30	33	10%
3	5	30	30	0
3	14	30	29	3.3%
4	8	20	19	5%
4	12	10	9	1%
4	16	30	32	6.7%
5	8	20	20	0
5	12	30	31.5	5%
5	16	10	9	10%
6	8	30	28	6.67%
6	12	20	22	10%
6	16	10	9.5	5%

由表 6-7 可知，利用 BP 神经网络学习的结果与实际损伤结果的误差达到了 10%，依旧可以满足工程实际的需求。因此，利用该算法定量判断多损伤管道损伤程度是可行的。特别地，在工程实际中有时需要判断各部位总损伤程度，此时可将不同部位的损伤相加，计算结果见表 6-8。由表可见，该算法在计算管道总损伤程度时依旧能维持较高的精确度水平。

表 6-8 总损伤程度识别结果

工况	损伤单元	实际损伤程度(mm)	网络输出损伤程度(mm)	误差
1	4,5,14	45	46	2.2%
2	4,5,14	60	62	3.3%
3	4,5,14	90	92	2.2%
4	8,12,16	60	60	0
5	8,12,16	60	60.5	0.8%
6	8,12,16	60	59.5	0.8%

对比和分析不同损伤工况下的测试结果，可以获得结论：使用应变模态差指标可以对损伤程度进行定量识别，但是随着损伤个数的增加，损伤程度的输出结果与实际损伤情况的误差逐渐增加。造成这种现象的原因可能是浅层学习自身的局限性。浅层学习的局限性在于以下几个方面。

(1)网络隐层神经元的数目会对网络精度产生影响，过多的神经元数据容易导致网络出现过适性，过少的神经元数据则容易导致网络出现不适性。

(2)和线性网络相比，非线性网络的误差面更复杂，在对多层网络中非线性传递函数进行求解的时候，其最优解并不一定只有一个。在对最优解进行求解的时候，其与选择的起始点有很大关系，如果选择的起始点和局部最优点更加靠近，那么就会导致求得的结果不具有正确性，这也是导致在使用该方法时没有获得最优解的原因。

(3)如果把该方法用于非线性系统，那么该系统是否适合学习是首先需要考虑的问题。当使用 BP 神位网络的时候，由于其训练比较稳定，因此具有较小的学习效率，所以会导致梯度下降得较慢。如果使用动量法，虽然其具有较快的梯度下降速度，但是在实际应用中速度依然较慢。如果是线性网络，学习效率太大反而会导致无法进行稳定的训练。如果学习效率太低，那么又会延长训练时间。因此，如果使用于非线性系统，那么在选择适宜学习率的时候会存在困难。

理论推导了使用应变模态差指标进行损伤识别的科学性，通过有限元仿真验证了使用应变模态差指标在损伤定位中的应用价值。仿真结果同时表明损伤程度发生变化的时候，损伤单元变化幅值也会发生变化，二者呈正相关，这对于管道的损伤定量识别有较好的实用价值。经 BP 神经网络的验证，使用应变模态差指标可以对损伤程度进行定量识别，但是随着损伤个数的增加，损伤程度的输出结果与实际损伤情况的误差逐渐增加。

6.2 基于深度学习的智能损伤识别技术

6.2.1 基于循环神经网络的管道损伤程度识别

循环神经网络(Recurrent Neural Network，RNN)是一种在 BP 神经网络的基础上,考虑样本点之间的前后联系,专门为序列数据所设计的一种人工神经网络。循环神经网络的主要用途是处理和预测序列数据,在全连接神经网络或卷积神经网络中,网络结果都是从输入层到隐含层再到输出层的,层与层之间是全连接或部分连接的,但每层之间的结点是无连接的。

如图 6-15 所示，RNN 与传统的 BP 神经网络仅在层与层之间通过权值的连接存在不同, RNN 在同一层的神经元之间也建立了权连接,随着序列的推进,前面的隐层将对后面的隐层产生影响,进而实现对输入序列样本点之间先后顺序信息的充分利用。

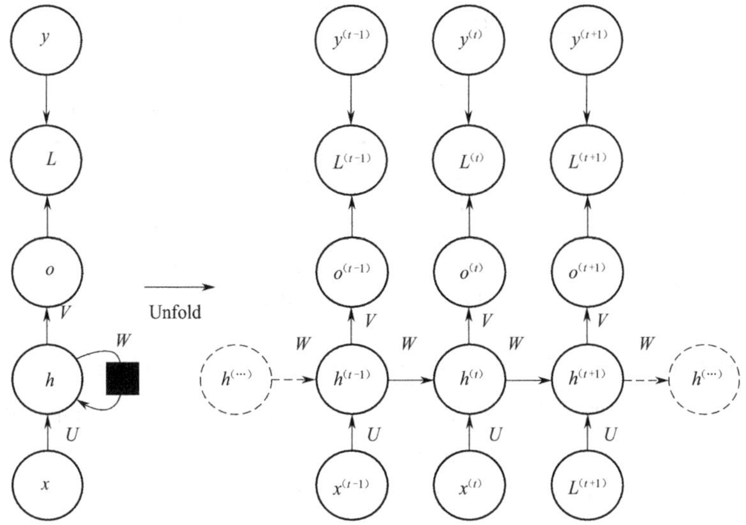

图 6-15　RNN 结构

RNN 的数学模型为

$$h^{(t)} = \phi\left(Ux^{(t)} + Wh^{(t-1)} + b\right)$$

$$o^{(t)} = Vh^{(t)} + c$$

$$\hat{y}^{(t)} = \sigma\left(o^{(t)}\right)$$

$$\phi(x) = \frac{e^{x} - e^{-x}}{e^{x} + e^{-x}}$$

式中:t 为时间;$x(t)$为输入层输入;$h(t)$为 t 时刻的隐含层输出;$h(t-1)$为 $t-1$ 时刻的隐含层输出; $\phi(x)$ 为隐含层激活函数,选择 tanh 函数; $O^{(t)}$ 为输出层输入; $\hat{y}(t)$ 为输出层输出; σ 为输出层激活函数,选择 Pureline 函数; U 为输入层到隐含层的连接权值; W 为隐含层之间的连接权值; b 为隐含层之间的连接偏置值; V 为隐含层与输出层的连接权值; c 为隐含层与输

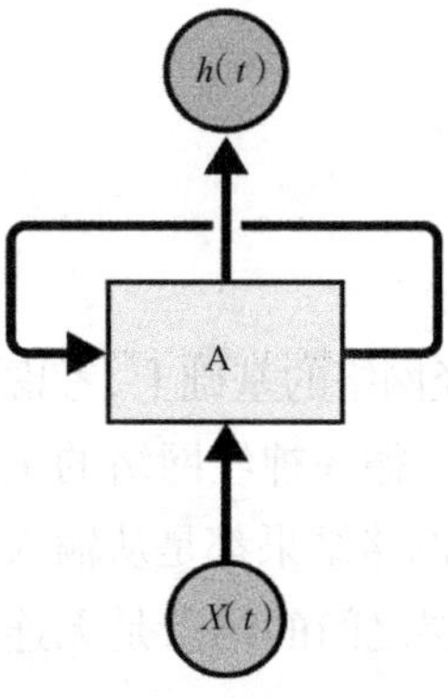

图 6-16　典型的 RNN 结构

出层的连接偏置值。

循环神经网络的来源就是为了刻画一个序列当前的输出与之前信息的关系。从网络结果上来说，RNN 会记忆之前的信息，并利用之前的信息影响后面的输出。也就是说，RNN 隐藏层之间的结点是有连接的，隐藏层的输入不仅包括输入层的输出，还包含上一时刻隐藏层的输出。

典型的RNN结构如图6-16所示。对于RNN来说，一个非常重要的概念就是时刻，RNN会对每一个时刻的输入结合当前模型的状态给出一个输出，从图中可以看出，RNN 的主体结构 A 的输入除了来自输入层的 $x(t)$，还有一个循环的边来提供当前时刻的状态。同时 A 的状态也会从当前步传递到下一步。

将循环展开，可以很清晰地看到信息在隐藏层之间的传递，如图 6-17 所示。

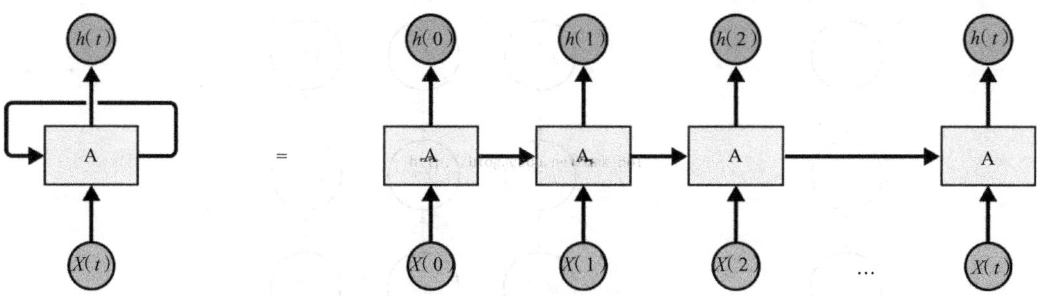

图 6-17　RNN 信息传递

链式的特征揭示了 RNN 本质上是与序列和列表相关的。RNN 是对于这类数据的最自然的神经网络架构。在经典的循环神经网络中，状态的传输是从前往后单向的。然而，在有些问题中，当前时刻的输出不仅和之前的状态有关，也和之后的状态相关。这时就需要双向 RNN（BiRNN）来解决这类问题了。例如预测一个语句中缺失的单词不仅需要根据前文来判断，也需要后面的内容，这时双向 RNN 就可以发挥它的作用了。

双向 RNN 是由两个 RNN 上下叠加在一起组成的。输出由这两个 RNN 的状态共同决定。双向 RNN 的主体结构就是两个单向 RNN 的结合。在每一个时刻 t，输入会同时提供给这两个方向相反的 RNN，而输出则是由这两个单向 RNN 共同决定（可以拼接或者求和等）。

模拟 300 种工况，部分数据见表 6-9。把 300 组工况作为输入样本，将每种损伤工况对应的损伤程度作为输出样本训练神经网络。

表 6-9　RNN 部分训练样本

工况	损伤单元	损伤程度（mm）
1	22	21
2	22	37

续表

工况	损伤单元	损伤程度(mm)
3	16	28
4	16	22
5	8,21	23,34
6	8,13	19,10
7	10,12	12,1.3
8	11,19	38,3
9	2,17,23	1,8,22
10	2,13,18	26,21,35
11	6,17,23	7,1.3,28
12	6,12,19	5,11,30
13	6,17,23,24	15,29,17,6
14	2,11,21,23	25,35,30,7
15	3,6,20,21	19,27,21,1
16	4,6,14,16	17,17,12,23
17	2,3,14,17,20	16,3,13,27,8
18	3,6,15,19,21	6,31,22,20,13
19	8,10,12,19,22	15,35,3,18,10
20	6,9,11,13,15	32,30,22,18,19

将轴向 26 个节点的第 3 阶应变模态差值作为输入序列,其格式为

$$[I_1,I_2,\cdots,I_i,\cdots,I_{26}]$$

其中,I_i 为第 i 个节点的应变模态差。将 25 个单元的损伤程度作为目标序列,通过深度网络进行学习,其格式为

$$[O_1,O_2,\cdots,O_i,\cdots,O_{25}]$$

其中,O_i 为第 i 个单元的损伤程度。网络参数如图 6-18 所示。

```
==============================================================================
===================
input_1 (InputLayer)              (None, 26, 1)           0
______________________________________________________________________________
___________________
bidirectional_1 (Bidirectional) (None, 26, 2048)        6303744        input_1[0][0]
______________________________________________________________________________
___________________
bidirectional_2 (Bidirectional) (None, 2048)              18880512       bidirectional_1[0][0]
______________________________________________________________________________
```

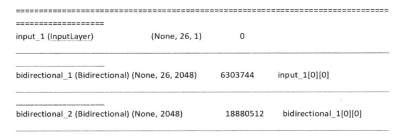

图 6-18　循环神经网络参数

设计好神经网络参数后,训练过程如图 6-19 所示。

```
________________________________________________________________________________
Layer(type)                      Output Shape          Param #     Connected to
================================================================================
input_1(InputLayer)              (None,26,1)           0
________________________________________________________________________________
bidirectional_1(Bidirectional)(None,26,2048)  6303744     input_1[0][0]
________________________________________________________________________________
bidirectional_2(Bidirectional)(None,2048)     18880512    bidirectional_1[0][0]
________________________________________________________________________________
dense_1(Dense)                   (None,512)            1049088     bidirectional_2[0][0]
________________________________________________________________________________
dense_2(Dense)                   (None,1024)           525312      dense_1[0][0]
________________________________________________________________________________
dense_3(Dense)                   (None,1024)           1049600     dense_2[0][0]
________________________________________________________________________________
dense_4(Dense)                   (None,512)            524800      dense_3[0][0]
________________________________________________________________________________
dense_6(Dense)                   (None,25)             12825       dense_4[0][0]
________________________________________________________________________________
dense_5(Dense)                   (None,25)             12825       dense_4[0][0]
________________________________________________________________________________
multiply_1(Multiply)             (None,25)             0           dense_6[0][0]
                                                                   dense_5[0][0]
================================================================================
Total params:28,358,706
Trainable params:28,358,706
Non-trainable params:0
________________________________________________________________________________
```

图 6-19　循环神经网络训练过程

选取第 3 单元损伤 33 mm、第 13 单元损伤 19.5 mm、第 9 单元损伤 28.5 mm、第 7 单元损伤 3.1 mm 这 4 种损伤工况作为测试样本，见表 6-10。将这 4 种损伤工况输入训练好的网络，得出对应的训练结果，如图 6-20 所示。

表 6-10　单损伤测试样本工况

工况	损伤单元	损伤程度(mm)
1	3	33
2	13	19.5
3	9	28.5
4	7	31.4

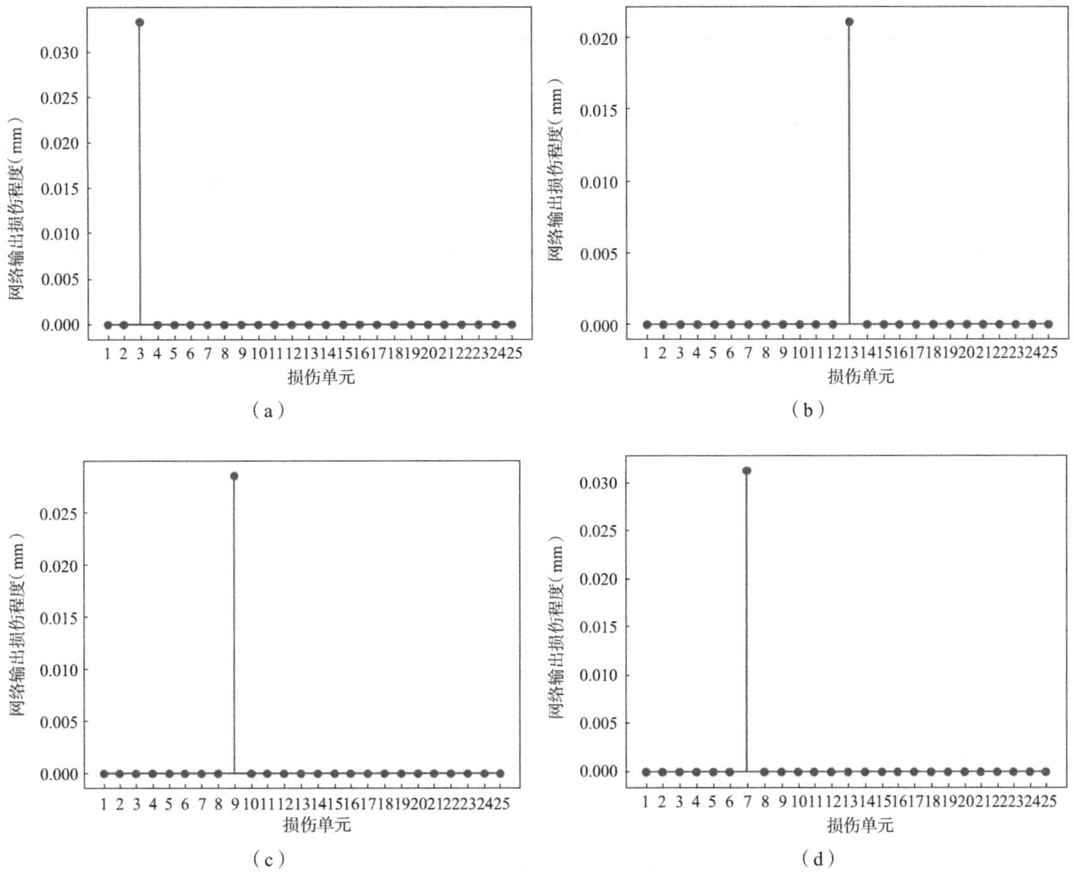

图 6-20　单损伤测试工况训练结果

(a)测试工况 1　(b)测试工况 2　(c)测试工况 3　(d)测试工况 4

将每种测试样本对应的网络输出损伤程度与实际损伤程度进行比较,其结果见表 6-11。

表 6-11　损伤程度识别结果

损伤单元	实际损伤程度(mm)	网络输出损伤程度(mm)	误差
3	33	33.3	0.9%
13	19.5	21	7.9%
9	28.5	28.5	0%
7	31.4	31.2	0.6%

由表 6-11 可知,利用 RNN 学习的结果与实际损伤结果的误差均不超过 6%,能满足实际工程需求,可以利用该算法定量判断单损伤管道损伤程度。

选取第 17、20 单元损伤 4.3 mm 和 33.4 mm,第 16、21 单元损伤 11.2 mm 和 33.6 mm,第 6、24 单元损伤 22.8 mm 和 31.6 mm,第 4、24 单元损伤 12 mm 和 12.5 mm 这 4 种损伤工况作为测试样本,见表 6-12。将这 4 种损伤工况代入上述训练好的网络,得出其对应的训练结果,如图 6-21 所示。

表 6-12　双损伤测试样本工况

工况	损伤单元	损伤程度(mm)
1	16,17	22.7,3.2
2	2,10	4.5,6.7
3	6,24	22.8,31.6
4	13,15	21.1,7.7

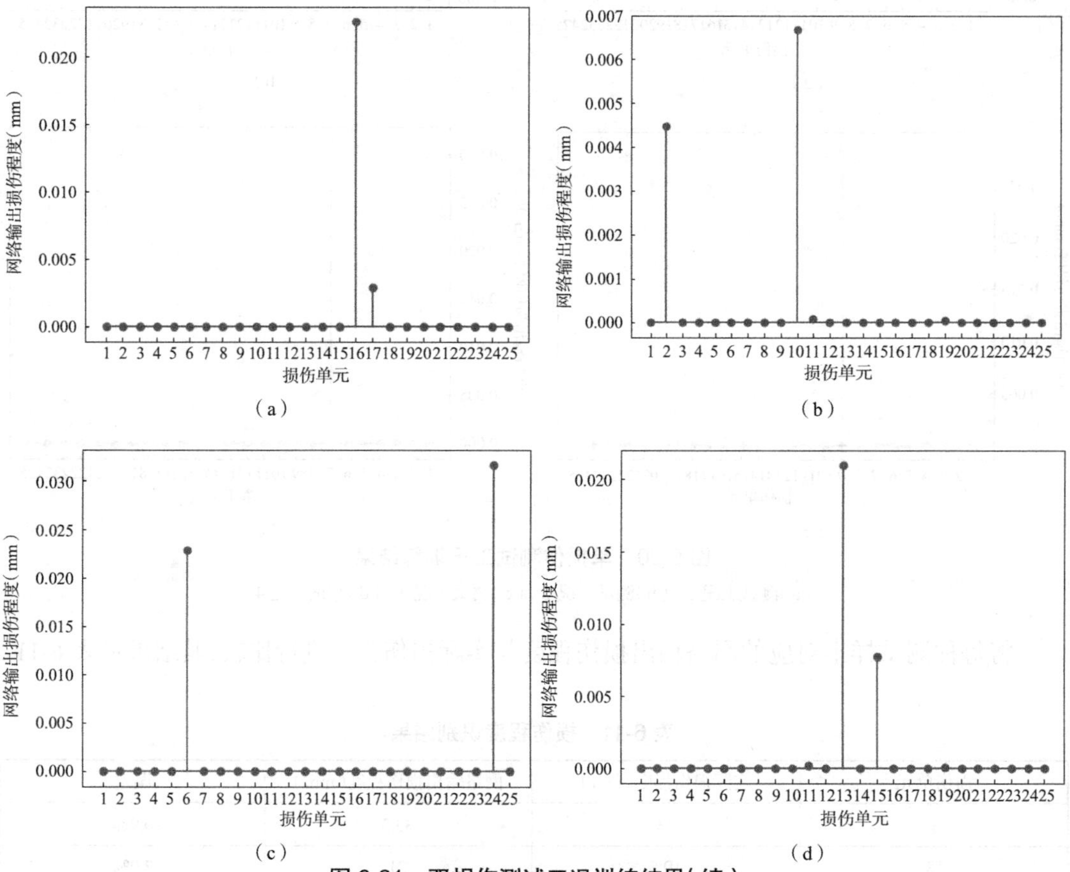

图 6-21　双损伤测试工况训练结果(续)

(a)测试工况 1　(b)测试工况 2　(c)测试工况 3　(d)测试工况 4

将每种测试样本对应的网络输出损伤程度与实际损伤程度进行比较,结果见表 6-13。

表 6-13　损伤程度识别结果

工况	损伤单元	实际损伤程度(mm)	网络输出损伤程度(mm)	误差
1	16	22.7	22.5	0.9%
1	17	3.2	2.9	9.3%
2	2	4.5	4.5	0
2	10	6.7	6.7	0

续表

工况	损伤单元	实际损伤程度(mm)	网络输出损伤程度(mm)	误差
3	6	22.8	22.8	0
3	24	31.6	31.7	0.3%
4	13	21.1	21.0	0.5%
4	15	7.7	7.7	0

由表 6-13 可知,利用 RNN 学习的结果与实际损伤结果的误差大多不超过 1%,仅有个别数据误差较大。因此,利用该算法定量判断双损伤管道损伤程度是可行的。

选取表 6-14 中的 6 种损伤工况,将这 6 种工况代入上述训练好的网络,得出其对应的训练结果,如图 6-22 所示。

表 6-14　多损伤测试样本工况

工况	损伤单元	损伤程度(mm)
1	7,10,21	33.2,35.5,34.4
2	2,3,12	6.2,37.6,34.6
3	6,16,20,23	5.6,10.1,14.7,34.8
4	11,12,15,19	31,27.7,11.7,17.7
5	6,17,18,23,24	38.3,20.5,6.8,21.5,22.6

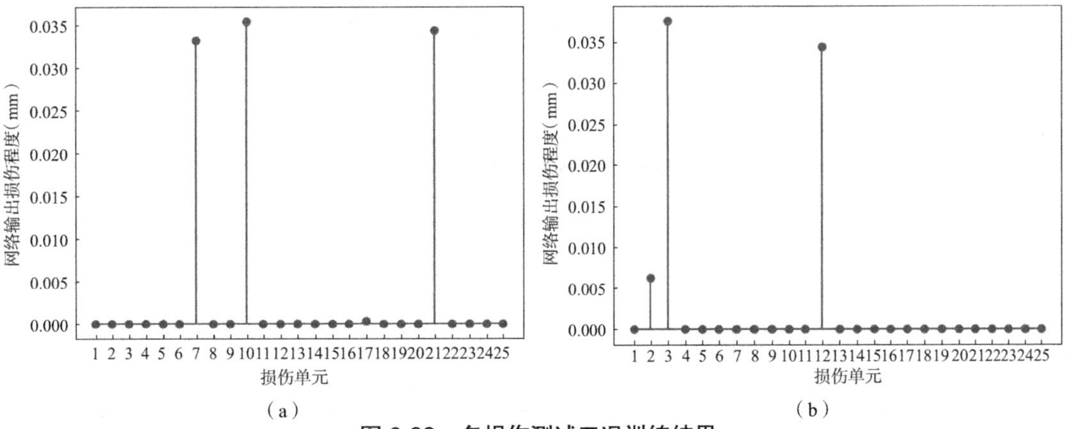

图 6-22　多损伤测试工况训练结果

(a)测试工况 1　(b)测试工况 2

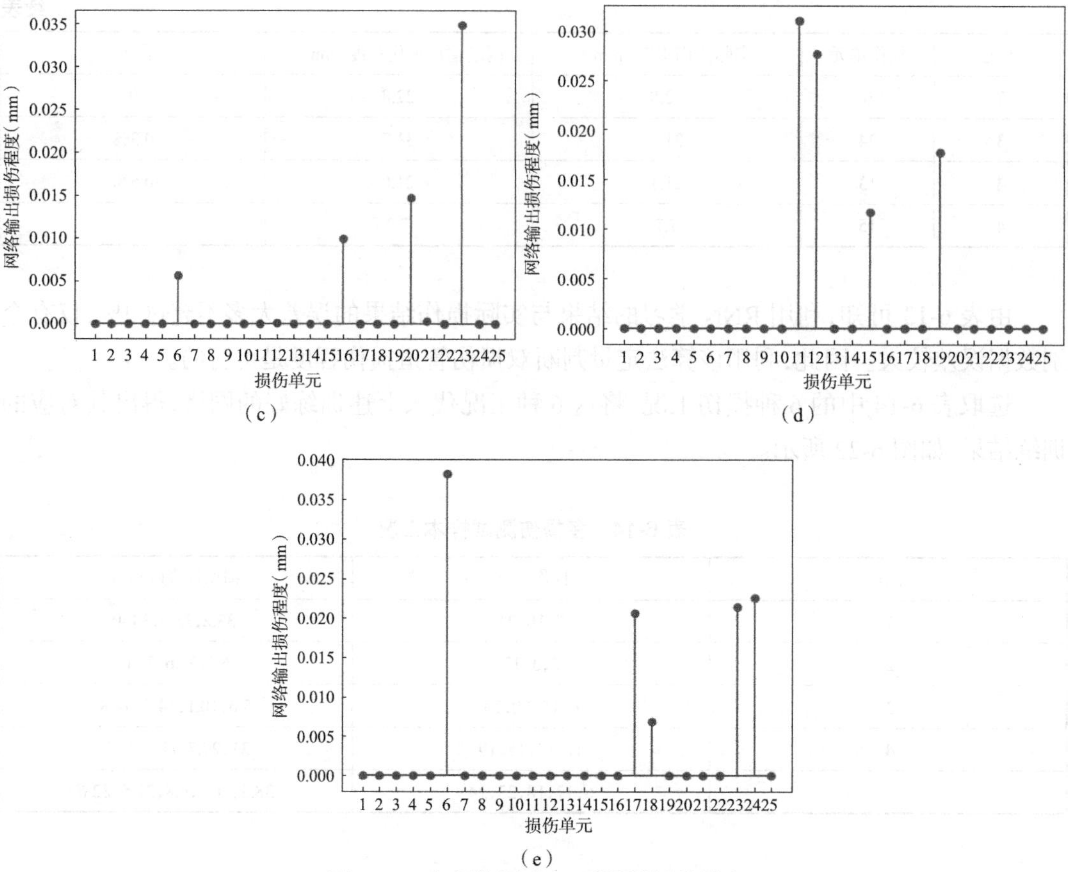

图 6-22 多损伤测试工况训练结果(续)

(c)测试工况 3 (d)测试工况 4 (e)测试工况 5

损伤识别结果见表 6-15。

表 6-15 损伤程度识别结果

工况	损伤单元	损伤程度(mm)	实际网络输出损伤程度(mm)	误差
1	7	33.2	33.2	0
1	10	35.5	35.5	0
1	21	34.4	34.4	0.5%
2	2	6.2	5.6	9.7%
2	3	37.6	37.4	0
2	12	34.6	34.5	0.3%
3	6	5.6	5.6	0
3	16	10.1	9.9	2%
3	20	14.7	14.7	0
3	23	34.8	34.8	0
4	11	31	31	0

续表

工况	损伤单元	损伤程度(mm)	实际网络输出损伤程度(mm)	误差
4	12	27.7	27.7	0
4	15	11.7	11.7	0
4	19	17.7	17.7	0
5	6	38.3	38.2	0.3%
5	17	20.5	20.6	0.5%
5	18	6.8	6.8	0
5	23	21.5	21.5	0
5	24	22.6	22.6	0

由表 6-15 可知,利用 RNN 学习得到的结果与实际损伤结果的误差大多不超过 2%,仅有个别误差较大,但仍不超过 10%,可以满足工程实际的需求,利用该算法定量判断多损伤管道损伤程度是可行的。与 BP 神经网络的不同之处在于, RNN 可以利用它内部的记忆来处理不同时序长度的输入序列。但是随着迭代次数的增加, RNN 中会出现梯度爆炸或者梯度消失问题。因此,RNN 在预测应用上难以捕捉信息在较长时间中的相关性。

在以 RNN 作为研究对象的工作中,Fang 等使用两层隐藏层的传统 RNN 模型来预测非线性微波电路的电流。由于传统 RNN 的局限性,其模型无法有效提取到记忆单元内保存的信息。Zhang 等使用 RNN 模型预测经过麦基-格拉斯方程重构后的数据,但是该模型无法处理样本数据大于三维的情况。由此可见, RNN 在处理时序数据时,存在一定的局限性。对于海底管道损伤工况这样具有较长时间序列数据集的情况,需要一个比传统 RNN 更理想的预测模型。

6.2.2　基于卷积神经网络的管道损伤程度识别

一般地,卷积神经网络的基本结构包括以下两层。

(1)特征提取层。每个神经元的输入与前一层的局部接收域相连,并提取该局部的特征。一旦该局部特征被提取后,它与其他特征间的位置关系也随之确定下来。

(2)特征映射层。网络的每个计算层由多个特征映射组成,每个特征映射是一个平面,平面上所有神经元的权值相等。特征映射结构采用影响函数核小的 Sigmoid 函数作为卷积网络的激活函数,使得特征映射具有位移不变性。

此外,由于一个映射面上的神经元共享权值,因而减少了网络自由参数的个数。卷积神经网络中的每一个卷积层都紧跟着一个用来求局部平均与二次提取的计算层,这种特有的两次特征提取结构减小了特征分辨率。

单层神经网络如图 6-23 所示。

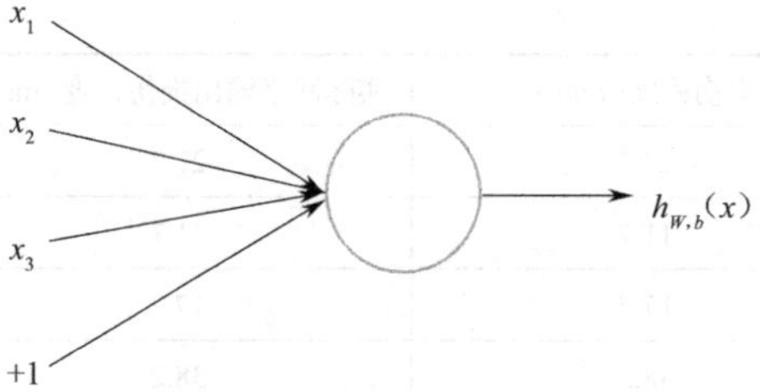

图 6-23 单层神经网络

单层神经网络的表达式为

$$h_{W,b}(x)=f\left(W^{T}x\right)=f\left(\sum_{i=1}^{3}W_{i}x_{i}+b\right)$$

其中,该单元也可以被称作 Logistic 回归模型。当将多个单元组合起来并具有分层结构时,就形成了神经网络模型,如图 6-24 所示。

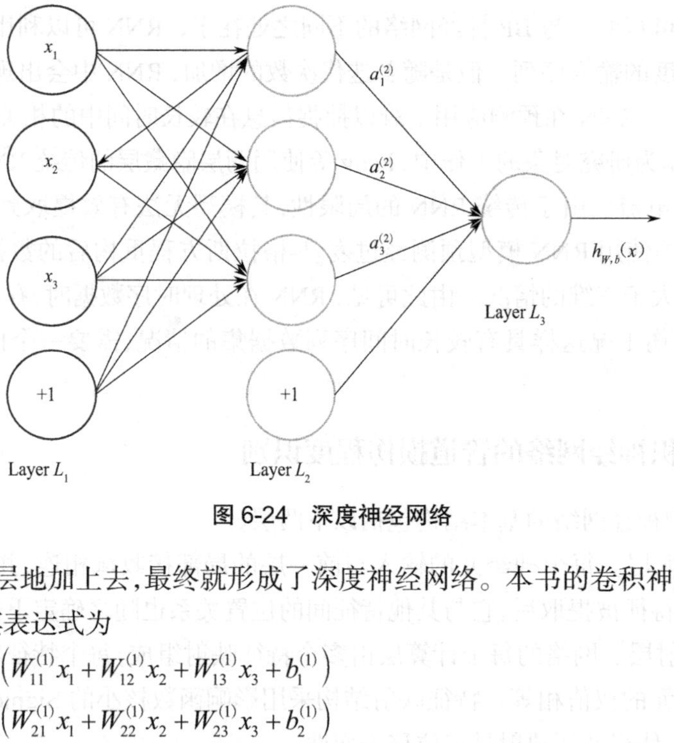

图 6-24 深度神经网络

如此一层一层地加上去,最终就形成了深度神经网络。本书的卷积神经网络就是一种深度神经网络,其表达式为

$$a_1^{(2)}=f\left(W_{11}^{(1)}x_1+W_{12}^{(1)}x_2+W_{13}^{(1)}x_3+b_1^{(1)}\right)$$
$$a_2^{(2)}=f\left(W_{21}^{(1)}x_1+W_{22}^{(1)}x_2+W_{23}^{(1)}x_3+b_2^{(1)}\right)$$
$$a_3^{(2)}=f\left(W_{31}^{(1)}x_1+W_{32}^{(1)}x_2+W_{33}^{(1)}x_3+b_3^{(1)}\right)$$
$$h_{W,b}(x)=a_1^{(3)}=f\left(W_{11}^{(2)}a_1^{(2)}+W_{12}^{(2)}a_2^{(2)}+W_{13}^{(2)}a_3^{(2)}+b_1^{(2)}\right)$$

CNN 算法有以下 3 个特点。

(1)局部连接。每个神经元不再和上一层的所有神经元相连,而只和一小部分神经元相连,这样就减少了很多参数。

(2)权值共享。一组连接可以共享同一个权重,而不是每个连接有一个不同的权重,这样又减少了很多参数。

(3)下采样。可以使用 Pooling 来减少每层的样本数,进一步减少参数数量,同时还可以提升鲁棒性。

本研究模拟 300 种工况,部分数据见表 6-16。把 300 组工况作为输入样本,将每种损伤工况对应的损伤程度作为输出样本用于训练神经网络。

表 6-16　CNN 部分训练样本

工况	损伤单元	损伤程度(mm)
1	22	21
2	22	37
3	16	28
4	16	22
5	8,21	23,34
6	8,13	19,10
7	10,12	12,1.3
8	11,19	38,3
9	2,17,23	1,8,22
10	2,13,18	26,21,35
11	6,17,23	7,1.3,28
12	6,12,19	5,11,30
13	6,17,23,24	15,29,17,6
14	2,11,21,23	25,35,30,7
15	3,6,20,21	19,27,21,1
16	4,6,14,16	17,17,12,23
17	2,3,14,17,20	16,3,13,27,8
18	3,6,15,19,21	6,31,22,20,13
19	8,10,12,19,22	15,35,3,18,10
20	6,9,11,13,15	32,30,22,18,19

本书设计的卷积神经网络的结构如下。

(1)输入层:用于数据的输入。

(2)卷积层:使用卷积核进行特征提取和特征映射。

(3)激励层:由于卷积也是一种线性运算,因此需要增加非线性映射。

(4)池化层:进行下采样,对特征图稀疏处理,减少数据运算量。

(5)全连接层:在卷积神经网络的尾部进行重新拟合,减少特征信息的损失。

残差网络的提出是深度部位网络的一场革命。残差网络的提出使深度神经网络模型开始往深度发展。经过之前对网络的研究,学者们了解到越深的网络会有更好的识别效果,但是对于深度网络的训练存在着梯度消失或爆炸以及尺度不均匀等问题,在更深的网络中反而没有浅层模型表现好。而其中最重要的原因是损失函数的影响,对于卷积神经网络,需要通过反向传播来调整网络的参数,通过以下改进思路和技术,来降低神经网络节点,提高学习效率,具体如下。

(1)局部感知视野:每个神经元其实没有必要对全局图像进行感知,只需要对局部进行感知,然后在更高层将局部的信息综合起来就得到了全局的信息。

(2)多核卷积:可以添加多个卷积核来学习多个特征。

(3)多层卷积:在实际应用中,使用多层卷积,然后再使用全连接层进行训练、多层卷积的使用是因为一层卷积学到的特征往往是局部的,层数越高,学到的特征就越全局化。

本书将轴向 26 个节点的应变模态差值作为输入序列,其格式为

$$[I_1, I_2, \cdots, I_i, \cdots, I_{26}]$$

其中,I_i 表示第 i 个节点的应变模态差。将 25 个单元的损伤程度作为目标序列,通过深度神经网络进行学习,其格式为

$$[O_1, O_2, \cdots, O_i, \cdots, O_{25}]$$

设计好神经网络参数后,训练过程如图 6-25 所示。

dense_3(Dense)	(None,1024)	1049600	dense_2[0][0]	
dense_4(Dense)	(None,512)	524800	dense_3[0][0]	
dense_6(Dense)	(None,25)	12825	dense_4[0][0]	SIGMOID
dense_5(Dense)	(None,25)	12825	dense_4[0][0]	RELU
multiply_1(Multiply)	(None,25)	0	dense_6[0][0] dense_5[0][0]	

Total params:11,544,818

Trainable params:11,544,818

Non-trainable params:0

图 6-25 卷积神经网络训练过程

分别选取第 3 单元损伤 33 mm、第 13 单元损伤 19.5 mm、第 9 单元损伤 28.5 mm、第 7 单元损伤 3.1 mm 这 4 种损伤工况作为测试样本,见表 6-17。将这 4 种损伤工况输入训练好的网络,得出对应的训练结果,如图 6-26 所示。

表 6-17 单损伤测试样本工况

工况	损伤单元	损伤程度(mm)
1	3	33

续表

工况	损伤单元	损伤程度(mm)
2	13	19.5
3	9	28.5
4	7	31.4

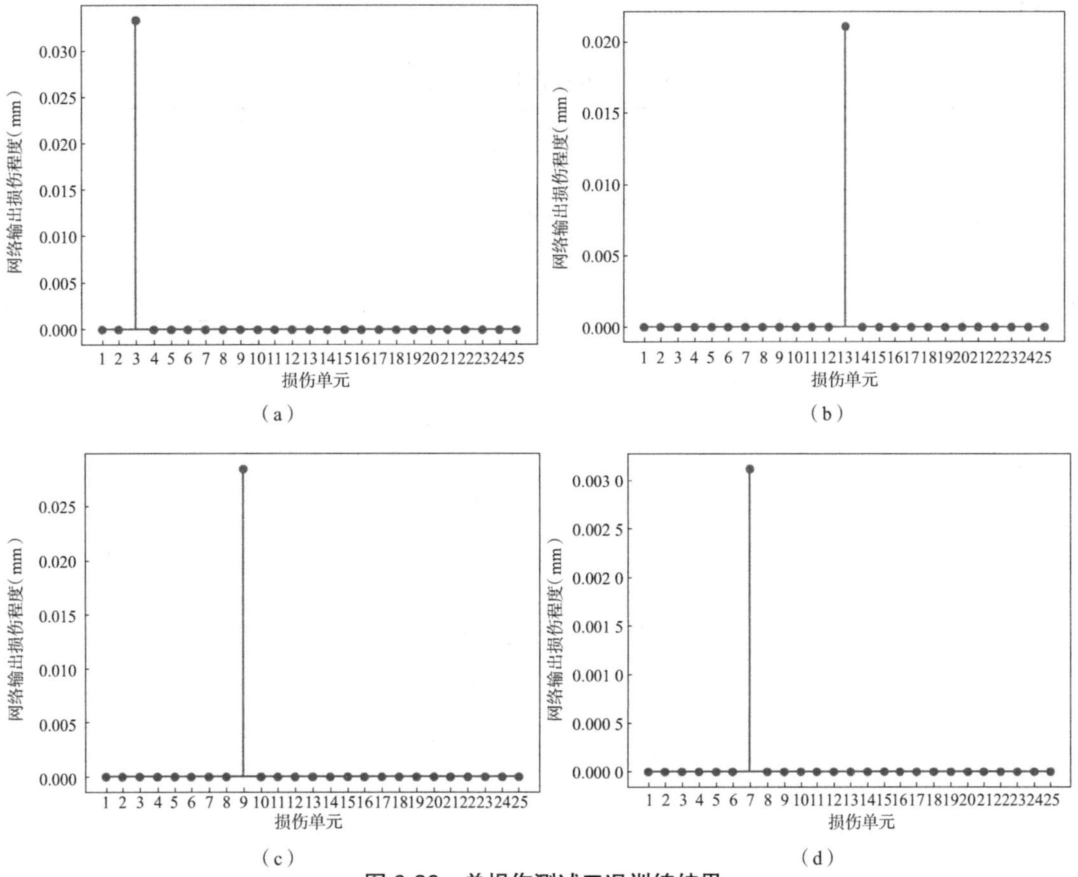

图 6-26　单损伤测试工况训练结果

(a)测试工况 1　(b)测试工况 2　(c)测试工况 3　(d)测试工况 4

将每种测试样本对应的网络输出损伤程度与实际损伤程度进行比较,结果见表 6-18。

表 6-18　损伤程度识别结果

损伤单元	实际损伤程度(mm)	网络输出损伤程度(mm)	误差
3	33	33.1	0.3%
13	19.5	20	2.5%
9	28.5	28.7	0.7%
7	31.4	31.2	0.6%

由表 6-18 可知，利用卷积神经网络学习的结果与实际损伤结果的误差均不超过 3%，能满足实际工程需求，可以利用该算法定量判断单损伤管道损伤程度，且稳定性高于循环神经网络。

选取第 17、20 单元分别损伤 4.3 mm 和 33.4 mm，第 16、21 单元损伤 11.2 mm 和 33.6 mm，第 6、24 单元损伤 22.8 mm 和 31.6 mm，第 4、24 单元损伤 12 mm 和 12.5 mm 这 4 种损伤工况作为测试样本，见表 6-19。将这 4 种损伤工况代入上述训练好的网络，得出对应的训练结果，如图 6-27 所示。

表 6-19　双损伤测试样本工况

工况	损伤单元	损伤程度(mm)
1	16,17	22.7,3.2
2	2,10	4.5,6.7
3	6,24	22.8,31.6
4	13,15	21.1,7.7

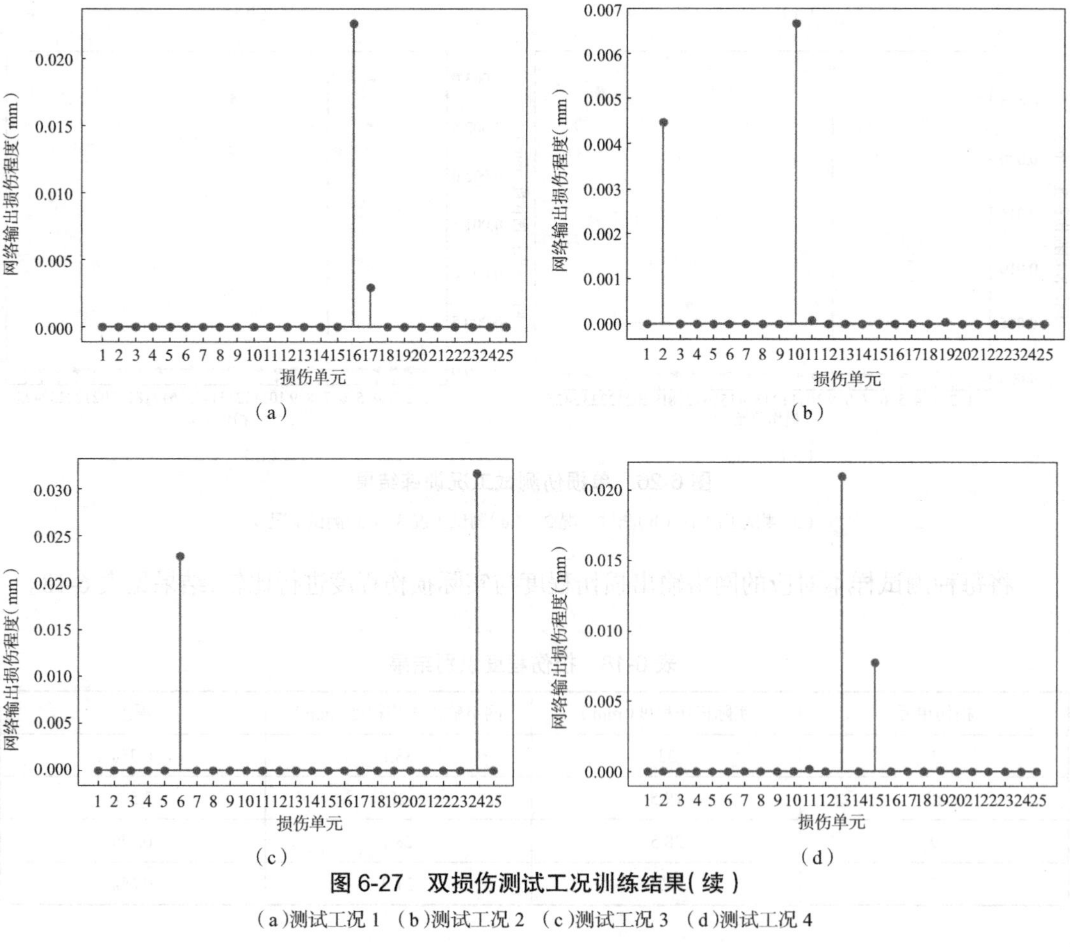

图 6-27　双损伤测试工况训练结果(续)

(a)测试工况 1　(b)测试工况 2　(c)测试工况 3　(d)测试工况 4

将每种测试样本对应的网络输出损伤程度与实际损伤程度进行比较，结果见表 6-20。

表 6-20　损伤程度识别结果

工况	损伤单元	实际损伤程度（mm）	网络输出损伤程度（mm）	误差
1	16	22.7	22.5	0.9%
1	17	3.2	3.1	3%
2	2	4.5	4.5	0
2	10	6.7	6.7	0
3	6	22.8	22.8	0
3	24	31.6	31.7	0.3%
4	13	21.1	21.0	0.5%
4	15	7.7	7.7	0

选取表 6-21 中的 6 种损伤工况代入上述训练好的网络，得出对应的训练结果，如图 6-28 所示。

表 6-21　多损伤测试样本工况

工况	损伤单元	损伤程度（mm）
1	7,10,21	33.2,35.5,34.4
2	2,3,12	6.2,37.6,34.6
3	6, 16,20,23	5.6,10.1,14.7,34.8
4	11,12,15,19	31,27.7,11.7,17.7
5	6,17,18,23,24	38.3,20.5,6.8,21.5,22.6

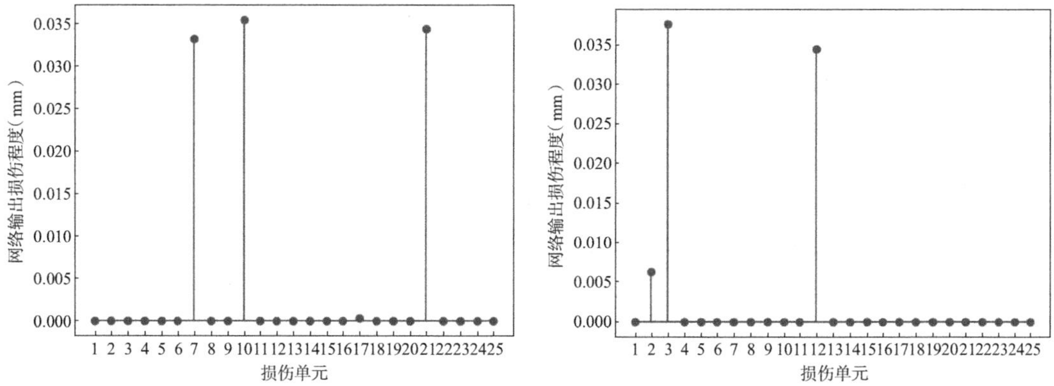

（a）　（b）

图 6-28　多损伤测试工况训练结果

（a）测试工况 1　（b）测试工况 2

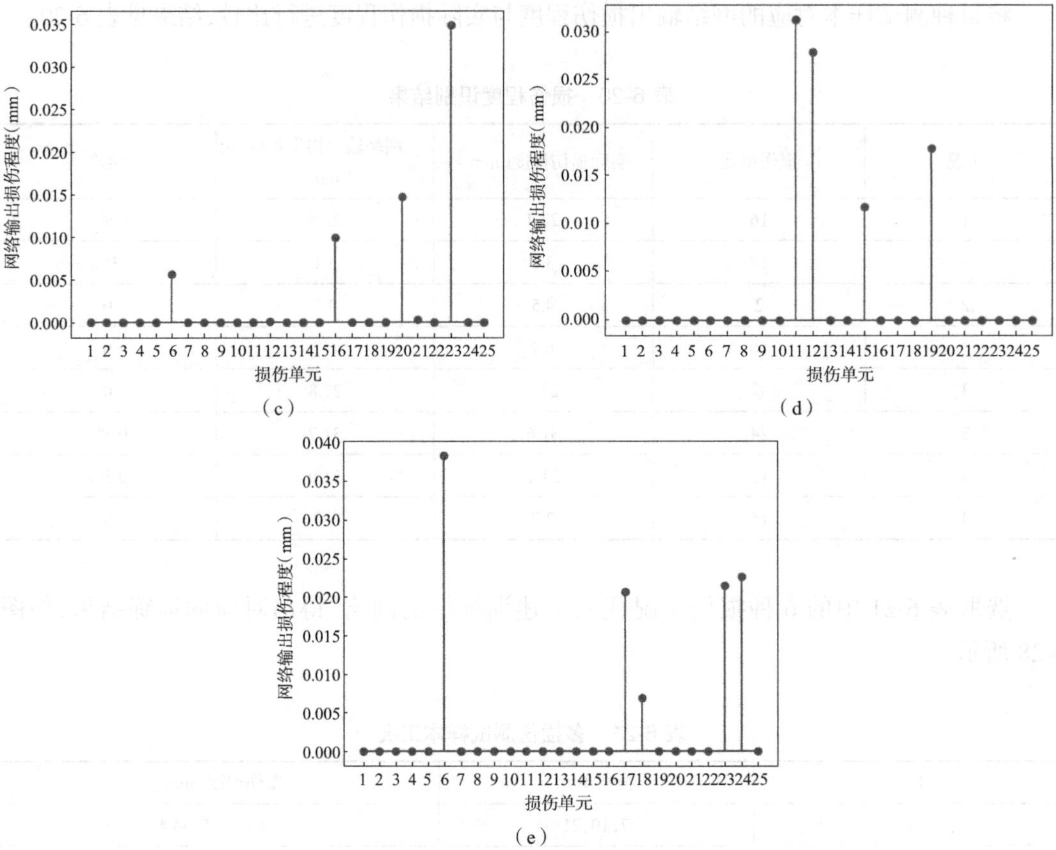

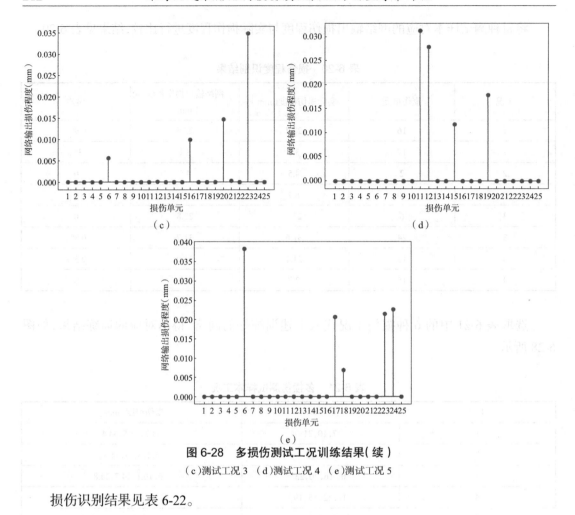

图 6-28　多损伤测试工况训练结果(续)

(c)测试工况 3　(d)测试工况 4　(e)测试工况 5

损伤识别结果见表 6-22。

表 6-22　损伤程度识别结果

工况	损伤单元	实际损伤程度(mm)	网络输出损伤程度(mm)	误差
1	7	33.2	33.2	0
1	10	35.5	35.5	0
1	21	34.4	34.4	0
2	2	6.2	6.2	0
2	3	37.6	37.6	0
2	12	34.6	34.4	0.6%
3	6	5.6	5.6	0
3	16	10.1	9.9	2%
3	20	14.7	14.7	0
3	23	34.8	34.8	0
4	11	31	31	0
4	12	27.7	27.7	0

续表

工况	损伤单元	实际损伤程度(mm)	网络输出损伤程度(mm)	误差
4	15	11.7	11.7	0
4	19	17.7	17.7	0
5	6	38.3	38.2	0.3%
5	17	20.5	20.6	0.5%
5	18	6.8	6.8	0
5	23	21.5	21.5	0
5	24	22.6	22.6	0

由表 6-22 可知，利用卷积神经网络学习的结果与实际损伤结果的误差均不超过 2%，完全可以满足工程实际的需求，且稳定性高于循环神经网络，因此选取卷积神经网络作为智能损伤识别系统的主算法；设置了深度学习的基本结构和相关学习程序，把振动模态参数作为输入样本，把单元损伤位置和损伤程度作为输出样本，通过测试样本进行验证，得出深度学习不仅对于单损伤程度的定量识别结果有很高的可靠性，对于双损伤甚至更多损伤的定量识别也能够起到很好的效果。

本章提出了智能的损伤识别方法，能够根据海底管道材模拟数千组工况，并生成应变模态参数和损伤的对应数据。利用循环神经网络训练上述数据可得到计算模型，将管道上提取到的应变模态差数据输入模型即可输出管道损伤识别结果，提示损伤风险区，为后续维修提供指导。

本章部分图例

说明：为了方便读者直观地查看彩色图例，此处节选了书中的部分内容进行展示。页面左侧的页码，为您标注了对应内容在书中出现的位置。

参 考 文 献

[1] CHEN B, YU J, YU Y, et al. Study on key performance parameters of hydro-pneumatic tensioner for top tensioned riser[J]. Applied ocean research, 2019, 84:206-215.

[2] CUMMINS W E. The impulse response function and ship motions[J]. Schiffstechnik, 1962, 9:101-109.

[3] JAMALKIA A, ETTEFAGH M M, MOJTAHEDI A. Damage detection of TLP and spar floating wind turbine using dynamic response of the structure[J]. Ocean engineering, 2016, 125:191-202.

[4] GU J Y, CHEN Y, GENG P T, et al. Study on the dynamic response and tension characteristics of a TLP with one tendon broken[J]. Journal of ship mechanics, 2015, 19(12): 1488-1497.

[5] KIM M H, ZHANG Z. Transient effects of tendon disconnection on the survivability of a TLP in moderate-strength hurricane conditions[J]. International journal of naval architecture and ocean engineering, 2009, 1(1):13-19.

[6] OKOH P. Maintenance grouping optimization for the management of risk in offshore riser system[J]. Process safety and environmental protection, 2015, 98:33-39.

[7] OYEJOBI D O, JAMEEL M, SULONG N. Stochastic response of intact and a removed tendon tension leg platform to random wave and current forces[J]. Arabian journal for ence and engineering, 2016, 42(3):1065-1076.

[8] RAGHUNATHAN S. The wells air turbine for wave energy conversion[J]. Progress in aerospace sciences, 1995, 31(4):335-386.

[9] SETOGUCHI T, KIM T W, TAKAO M, et al. The effect of rotor geometry on the performance of a wells turbine for wave energy conversion[J]. International journal of ambient energy, 2004, 25(3):137-150.

[10] WANG T, LIU Y. Dynamic response of platform-riser coupling system with hydro-pneumatic tensioner[J]. Ocean engineering, 2018, 166:172-181.

[11] YU J, HAO S, YU Y, et al. Mooring analysis for a whole TLP with TTRs under tendon one-time failure and progressive failure[J]. Ocean engineering, 2019, 182:360-385.

[12] ZHI Z, KIM M H, WARD E G. Progressive Mooring-Line Failure of a Deepwater MODU in Hurricane Conditions[C]//ASME 2009 28th International Conference on Ocean, Offshore and Arctic Engineering. 2009.

[13] 陈柏全，余杨，余建星，等. 顶张式立管液压气动式张紧器的数学模型 [J]. 中国造船，

2018, 59(1):10.

[14] 郝帅，余杨，吴雷，等. 复杂载荷下深水顶张式立管屈曲失效风险分析 [J]. 天津大学学报:自然科学与工程技术版，2018，51(6):11.

[15] 乐丛欢，丁红岩，董国海，等. 基于模糊故障树的海洋立管破坏失效风险分析 [J]. 自然灾害学报，2012，21(2):7.

[16] STACK M M，BADIA T. Mapping erosion–corrosion of WC/Co-Cr based composite coatings：particle velocity and applied potential effects[J]. Surface & coatings technology，2006，201(3-4):1335-1347.

[17] ZHANG G A，XU L Y，CHENG Y F. Investigation of erosion-corrosion of 3003 aluminum alloy in ethylene glycol-water solution by impingement jet system[J]. Corrosion Science，2009，51(2):283-290.

[18] KIEFNER J F，MAXEY W A，EIBER R J，et al. The failure stress levels of flaws in pressurized cylinders [J]. American society for testing and materials. 1973：461-481.

[19] 王凤平，敬和民，辛春梅. 腐蚀电化学 [M].2 版. 北京：化学工业出版社，2017:9.

[20] VERITAS D N . Corroded pipelines[J]. Recommended practice DNV-RP-F101，2004：11.

[21] FATT M. Elastic-plastic collapse of non-uniform cylindrical shells subjected to uniform external pressure[J]. Thin-walled structures，1999，35(2):117-137.

[22] APOSTOLOPOULOS C A，DEMIS S，PAPADAKIS V G. Chloride-induced corrosion of steel reinforcement – mechanical performance and pit depth analysis[J]. Construction & building materials,2013,38:139-146.

[23] SHENG J，XIA J. Effect of simulated pitting corrosion on the tensile properties of steel[J]. Construction and building materials,2017,131:90-100.

[24] PAIK J K，THAYAMBALLI A K，PARK Y I，et al. A time-dependent corrosion wastage model for seawater ballast tank structures of ships [J]. Corros sci，2004，46：471-486.

[25] ZHANG Y，HUANG Y，ZHANG Q，et al. Ultimate strength of hull structural plate with pitting corrosion damnification under combined loading[J]. Ocean engineering,2016,116:273-285.

[26] SHARIATI M，ROKHI M M. Buckling of steel cylindrical shells with an elliptical cutout [J]. Int. J. steel struct，2010,10(2)：193-205.

[27] WEI W H. The elastic properties，elastic models and elastic perspectives of metallic glasses[J]. Progress in materials science,2012,57(3)：487-656.

[28] SURYANARAYANA C，INOUE A. Bulk metallic glasses[M]. Boca Taton：CRC press，2017:265

[29] 汪明文，唐翠勇，陈学永，等. 铁基非晶合金涂层的耐腐蚀及耐摩擦性能研究进展 [J]. 成都工业学院学报,2016,19(2):5.

[30] KISHITAKE K，ERA H，OTSUBO F. Thermal-sprayed Fe-10CM3P-7C amorphous coat-

ings possessing excellent corrosion resistance[J]. Journal of thermal spray technology, 1996, 5(4):476-482.

[31] PANG S, ZHANG T, ASAMI K, et al. Formation of bulk glassy Fe75-x-yCrxMoyC15B10 alloys and their corrosion behavior[J]. Journal of materials research, 2002, 17(3):701-704.

[32] TAKEUCHI A, INOUE A. Classification of Bulk Metallic Glasses by Atomic Size Difference, Heat of Mixing and Period of Constituent Elements and Its Application to Characterization of the Main Alloying Element[J]. Materials transactions, 2005, 46(12):2817-2829.

[33] NI H S, LIU X H, CHANG X C, et al. High performance amorphous steel coating prepared by HVOF thermal spraying[J]. Journal of alloys & compounds, 2009, 467(1-2):163-167.

[34] ZHANG S D, ZHANG W L, WANG S G, et al. Characterisation of three-dimensional porosity in an Fe-based amorphous coating and its correlation with corrosion behaviour[J]. Corrosion science: the journal on environmental degradation of materials and its control, 2015, 93:211-221.

[35] LU Z P, LIU C T, PORTER W D. Role of yttrium in glass formation of Fe-based bulk metallic glasses[J]. Applied physics letters, 2003, 83(13):2581-2583.

[36] LU Z P, LIU C T, THOMPSON J R, et al. Structural amorphous steels[J]. Physical review letters, 2004, 92(24):245503.

[37] PONNAMBALAM V, POON S J, SHIFLET G J. Fe-based bulk metallic glasses with diameter thickness larger than one centimeter[J]. Journal of materials research, 2004, 19(5):1320-1323.

[38] DUARTE M J, KOSTKA A, CRESPO D, et al. Kinetics and crystallization path of a Fe-based metallic glass alloy[J]. Acta materialia, 2017, 127:341-350.

[39] DUARTE M J, KOSTKA A, JIMENEZ J A, et al. Crystallization, phase evolution and corrosion of Fe-based metallic glasses: an atomic-scale structural and chemical characterization study[J]. Acta materialia, 2014, 71:20-30.